现代设施园艺装备与技术丛书

园艺植物有机栽培基质的开发与应用

李萍萍　张西良　赵青松 等　著

科学出版社

北京

内 容 简 介

本书以酿造糟渣醋糟为例，系统地介绍了利用生物质有机废弃物进行园艺植物基质开发及栽培育苗应用中的一些关键技术。书中详细介绍了有机废弃物堆制发酵中的理化性状调节和环境因子调控技术，微生物在促进发酵中的作用及其筛选方法；有机基质在蔬菜育苗、叶菜和果菜栽培中的基质配方技术，蔬菜栽培中的养分和水分供需特点及管理技术；基质中含水量、电导率、pH、氮素等重要性状的快速检测方法，以及有机基质多参数便携式检测仪和无线检测仪的设计方法。其研究结果可为有机废弃物的无害化利用、设施园艺高效基质栽培技术提供理论依据和技术支撑。

本书可作为园艺植物栽培、农业资源与环境、农业工程、环境保护、测控技术等专业技术人员和科研工作者的参考用书，也可作为大专院校、科研单位相关专业的研究生及本科生的课外读物。

图书在版编目(CIP)数据

园艺植物有机栽培基质的开发与应用/李萍萍等著. —北京：科学出版社. 2018.5

(现代设施园艺装备与技术丛书)

ISBN 978-7-03-057027-7

Ⅰ.①园… Ⅱ.①李… Ⅲ.①园林植物–栽培技术–无污染技术 Ⅳ.①S688

中国版本图书馆 CIP 数据核字(2018) 第 055209 号

责任编辑：惠 雪 梅靓雅／责任校对：彭 涛
责任印制：张克忠／封面设计：许 瑞

科 学 出 版 社 出版
北京东黄城根北街 16 号
邮政编码：100717
http://www.sciencep.com

中国科学院印刷厂 印刷
科学出版社发行 各地新华书店经销

*

2018 年 5 月第 一 版 开本：720×1000 1/16
2018 年 5 月第一次印刷 印张：20 1/4
字数：408 000

定价：129.00 元
(如有印装质量问题，我社负责调换)

丛 书 序

近 40 年来，我国设施园艺发展迅猛，成就巨大，目前已成为全球设施园艺生产最大的国家。设施园艺产业的发展，不仅极大地丰富了我国城乡人民的"菜篮子"，摆脱了千百年来冬季南方地区只有绿叶菜、北方地区只有耐贮蔬菜供应的困境，而且也充分利用了农业资源和自然光热资源，促进了农民增收，增加了就业岗位。可以说设施园艺产业是一个一举多得的产业，是人们摆脱自然环境和传统生产方式束缚，实现高产、优质、高效、安全、全季节生产的重要方式。设施园艺对于具有近 14 亿人口的中国来说必不可少。

然而，由于设施园艺是一个集工程、环境、信息、材料、生物、园艺、植保、土壤等多学科科学技术于一体的技术集合体，也就是设施园艺产业的发展水平取决于这些学科的科学技术发展水平，而我国在这些学科的许多领域仍落后于部分发达国家，因此我国设施园艺产业的发展水平与部分发达国家相比还有很大差距，距离设施园艺现代化还相差甚远。缩小这一差距并赶上和超过发达国家设施园艺产业发展水平是今后一段时期内的重要任务。要完成好这一重任，必须联合多学科的科技人员协同攻关，以实现设施园艺产业发展水平的大幅度提升，加快推进设施园艺的现代化。

自 20 世纪 90 年代起，李萍萍教授就以江苏大学特色重点学科——农业工程学科为依托，利用综合性大学的多学科优势，组建了一个集园艺学、生物学、生态学、环境科学、农业机械学、信息技术、测控技术等多个学科领域于一体的科技创新团队，在设施园艺装备与技术的诸多领域开展了创新性研究，取得了一系列研究成果。一是以废弃物为原料研制出园艺植物栽培基质，并开发出基质实时检测技术与设备；二是研制出温室环境调控技术及物联网在温室环境测控中的应用技术；三是深入分析温室种植业的生态经济，研究建立温室作物与环境的模拟模型；四是明确设施果菜的力学特性，研制出采摘机器人快速无损作业技术，并研发果蔬立柱和高架栽培的相应机械化作业装备；五是研制出茶果园防霜技术和智能化防霜装备以及田间作业管理中的智能化装备。这些研究成果，无不体现了多学科的交叉融合，已经完全超越了传统意义上的"农机与农艺结合"。近年来，她又利用南京林业大学大生态、大环境的办学特色和优势，在设施园艺精准施药技术与装备、设施土壤物理消毒技术与装备等领域开展了多校协同的创新性研究。这些研究不仅体现了李萍萍教授的科技创新能力，也充分体现了她的组织协调能力和团结协作精神。这些创新成果已与许多生产应用企业合作，通过技术熟化和成果转化后，开展了大规模的推广应用，其中基质配制与栽培模式、温室环境检测控制、清洁生产技术、自动生产作业的完整技术链，已成为设施园艺工程领域的样板。

　　为深入总结上述研究成果，李萍萍教授组织她的科技创新团队成员编著了一套《现代设施园艺装备与技术丛书》，丛书共包括《园艺植物有机栽培基质的开发与应用》《温室作物模拟与环境调控》《温室物联网系统设计与应用》《设施土壤物理消毒技术与装备》《番茄采摘机器人快速无损作业研究》《温室垂直栽培自动作业装备与技术》《果园田间作业智能化装备与技术》《茶果园机械化防霜技术与装备》八部。这套丛书既体现了设施园艺领域理论与方法上的研究成果，又体现了应用技术和装备方面的研究成果，其中的一些研究成果已在学术界和产业界产生了较大影响，可以说，这套丛书是李萍萍教授带领团队 20 余年不懈努力工作的结晶。相信这套丛书的问世，将成为广大设施园艺及其相关领域的科技工作者和生产者的重要参考书，也将对促进我国设施园艺产业的技术进步发挥积极的推动作用。

　　这套丛书问世之际，我受作者之约，很荣幸为丛书作序。说实话，丛书中的有些部分对我来说也是学习，本无资格为其作序。但无奈作者是我多年朋友，她多年来带领团队努力拼搏开展设施园艺生产技术创新研究令我钦佩，所以当她提出让我作序之时，我欣然接受了。写了上述不一定准确的话，敬请批评指正。

中国工程院院士

2017 年 9 月

序

我国是世界上设施园艺面积最大的国家,其栽培面积已超过 400 万亩,在保障园艺产品周年稳定供应、促进农民增收致富和实现农业可持续发展中发挥了巨大的作用。但是随着园艺设施中连续多年的连作栽培,出现了土壤理化性状变劣、连作障碍严重等问题,迫切需要寻找新的对策予以解决。外源性有机基质的介入就是其对策之一,此外,有机基质也是快速发展的工厂化育苗、立体栽培、无土栽培等各种新型栽培方式中必不可少的介质。因此有机基质的开发和应用就成了设施园艺中一个亟待研究的重要领域。

李萍萍教授率领的园艺、生物、机械、测控相结合的跨学科教师与研究生团队,在近 20 年时间里,在利用农林业及农副产品加工业产生的废渣开发园艺生产的有机基质方面做了大量的工作。尤其是围绕具有地域特点的制醋工业废渣问题,进行了醋糟基质肥料化的深度基础研究和产品开发,从原料配方、发酵环境调控、发酵工艺,到栽培应用、养分水分管理,再到基质理化性状的检测技术与装置,形成了一套完整的有机基质生产和应用技术与装备。所研发的成果实现了高度产业化,彻底解决了醋糟污染和消纳问题,所开发的系列化基质产品在国内十多个省份得到大面积推广应用,取得了显著的社会、经济和生态效益。

李萍萍教授所率领的团队倾力 20 余年,开创了醋糟有机基质的研究领域,该书系统展示了醋糟基质化的研究体系与创新成果,特别是围绕醋糟基质化主题的学科深度交叉融合与完整学术–技术–工程链条极具特色,体现了作者的深厚学识水平与跨学科高度。该书对于其他各类生物质废弃物的基质化开发利用,以及有机基质在蔬菜育苗和栽培中的应用,都有一定的指导或参考价值。

中国工程院院士

2017 年 12 月 3 日

前　言

1995 年，江苏大学（当时为江苏理工大学）首次招收博士后研究人员，学科为农业工程；同时期，该学科打算在传统农机的基础上开辟一个温室装备与技术的新研究方向，需要有从事农学类研究的人员与其合作。于是，我离开工作了 10 年的南京农业大学，成了江苏大学第一个博士后。从农业生态与耕作制度研究，转向农业工程研究，我的研究方向和着力点应该放在哪里？为此我专程去请教了我国园艺学科著名专家南京农业大学李式军教授，他说在工科院校搞设施园艺交叉学科研究很有前景，可以为设施装备的开发做一些配套技术的研究，包括现代温室中的无土基质栽培技术。李教授的话给了我很大的鼓舞，我下决心结合自身的学术背景，先从设施园艺产业急需的有机基质的开发和应用入手。

我经过大量调研，了解到当时的镇江金河纸业有限公司每年有大量的制浆下脚料——芦苇末无法处置，每年治污费用很高，就想到能否用它来作为开发基质的原材料。于是，我取了一些芦苇末的样品拿到李式军老师面前征求意见，李老师看后喜出望外，说这样小颗粒的有机物很理想。于是我们立即决定一起寻找合作单位、申请项目，从而开始了基质的开发与栽培应用研究，第二年就开发出了芦苇末基质产品。一年后，又在镇江市科技局产学研合作项目的支持下，与国内最大的制醋企业——江苏恒顺集团合作进行利用醋糟废弃物开发基质的研究，与团队的师生们一起，边研究、边开发、边生产、边推广，不断深入，不断积累，不仅彻底解决了当地制醋企业的固废处置问题，而且为园艺产业提供了优质的系列化的有机基质。2011 年，我被江苏省委组织部调到南京林业大学工作后，仍然不忘初心，继续坚持了这一领域的研究。

20 年来，我们团队得到了国家科技支撑计划、国家星火计划、国家农业科技成果转化资金、江苏省基础研究计划、江苏省自然科学基金、江苏省科技支撑计划、江苏省农业三新工程项目等项目经费支持；在整个研究过程中，江苏恒顺醋业股份有限公司和其下属的镇江恒欣生物科技有限公司从人、财、物等方面给予了本项目极大的支持。研究过程中，得到了李式军、毛罕平、郭世荣、李天来、喻景权、蒋卫杰、黄丹枫、张福墁、郑建初、杨林章、邹志荣、沈其荣等一批界内著名专家学者的关心、支持和帮助。在项目执行及试验实施过程中，江苏省农委园艺处王宝海、周振兴，南京农业大学程斐，江苏省土肥站殷广德，镇江市土肥站王柏英、陈笃江，镇江市京口区农委陈兰芳、朱忠贵、刘卫红，江苏恒顺醋业股份有限公司叶有伟、李国权、孙乐六、夏蓉，镇江恒欣生物科技有限公司沙爱国、王秋园，江苏艺轩园林景观工程有限公司陈勇，江苏培蕾基质科技发展有限公司蔡培元、蔡立新等，都提供了许多具体的帮助。尤其令我难忘的是在研究之初，时任京口区袁家湾村支部书记的王永平在第一时间就帮我们落实了试验场地，并布置实施了芦苇末与醋糟堆制发酵的试验及后续芦苇末基质产品的开发；时任镇江市京口区丹徒镇镇长的马国进在百忙之中亲自为我们收集并运送来整车的秸秆材料。正是有了这么多政府部门和企业、一批知名专家及同仁的大力支持，才使得研究不断深入，成果得到推广应用，在此一并表示最衷心的感谢！

本书是对近 20 年中醋糟基质开发和应用研究中主要内容的总结，全书共分为上、中、下三篇。上篇介绍了利用醋糟进行基质开发中的一些关键技术，包括基于调理剂添加的醋糟堆制发酵中理化性状调节技术，发酵过程中的环境因子调控技术，醋糟发酵微生物的筛选技术。中篇介绍了有机基质在育苗和栽培中的应用技术，包括醋糟基质作为蔬菜育苗、水稻育秧和蔬菜栽培基质的配方及应用特点，醋糟基质栽培的养分供需规律和管理技术，基质栽培的水分运移特征及管理技术。下篇介绍了有机基质的快速检测方法及仪器研制，包括基质含水量、电导率、pH 的检测方法及其传感器设计，基质多参数便携式检测仪设计和基质多参数无线检测仪设计，以及基于可见–近红外光谱技术的基质水分与氮素快速检测方法。

参与本书编写工作的人员情况如下。上篇：李萍萍、赵青松；中篇：李萍萍、赵青松、朱咏莉、刘志刚；下篇：张西良、盛庆元、朱咏莉、李萍萍。此外，江苏大学农业工程研究院的胡永光、付为国、刘继展、王纪章、吴沿友、赵玉国、周静、陈歆等老师参与了试验研究工作；江苏大学农业工程研究院和机械工程学院的研究生郑洪倩、孙德民、杨运克、葛婷婷、高蓓、赵丽娟、陈书田、侯坤参与了有关试验工作并撰写了相应的学位论文；另有江苏大学和南京林业大学的一些研究生参与了部分试验工作，在此不再一一列举。

由于研究工作时间跨度大，加上本人水平有限，所以全书整理的内容系统性还不够强。另外，限于篇幅，主要介绍了醋糟基质在黄瓜、番茄、生菜栽培和育苗以及水稻育秧上的应用试验，在其他蔬菜、花卉及园林植物上的试验没能包含在内；尤其是醋糟基质对土传病害的抑制效果及其拮抗微生物筛选方面的研究也没能写入书中，未免有点遗憾。希望读者在阅读过程中进一步提出宝贵意见。

李萍萍

2017 年 8 月

目　　录

中篇　温室园艺植物有机基质栽培调控技术

下篇　有机基质的快速检测方法及仪器研制

上　篇

基于有机废弃物堆制发酵的园艺基质开发技术

20 世纪 80 年代以来，设施园艺在我国得到了迅速而持续的发展。利用温室、大棚等农业设施可以改善农业生产的环境条件，进行春提早、秋延后及反季节栽培，对均衡蔬菜周年供应、提高人民生活水平和菜农的经济收入都起到了积极作用。但是设施农业在长期的生产实践过程中，也逐渐产生了一些令人关切的土壤生态环境问题，如表层土壤次生盐渍化加重、土壤酸化、土壤连作病虫害越来越严重等，反映在蔬菜品质上表现为体内硝酸盐含量及农药含量超标等[1]，严重影响设施栽培的可持续发展。作为解决设施土壤问题的有效途径之一，国外无土栽培技术被引入到国内[2]，并得到了相应较快的发展。

与土壤栽培相比，无土栽培具有作物长势强、产量高，节水、节肥、省力、省工，可以避免土壤传染的病虫草害等优点[3]。无土栽培分为营养液栽培 (水培、雾培) 和固体基质 (简称基质) 栽培两大类。营养液循环栽培需要的装置较复杂，一次性投资较大，而且栽培中的水肥管理技术与传统的土壤栽培之间的差异很大，需要生产者有较高的文化素质和劳动技能；相对而言，基质栽培需要的设施费用相对较少，基质栽培的技术与土壤栽培之间比较接近，劳动者容易掌握。在设施农业发达的西欧、北美一些国家，基质栽培面积不断扩大，且有部分取代营养液循环栽培的趋势。在国内，目前无土栽培的类型也以基质栽培为主。

用于固定植株并且能提供一定营养成分的基础物质统称为基质。无土栽培离不开基质，即使是营养液循环栽培方式，其育苗期间也必须使用基质。对无土栽培基质的要求有物理性状和化学性状两个方面。从物理性状来看，要求粒径、容重和孔隙度等指标适中，以协调通气、透水和持水之间的关系。从化学性状来考虑，要求 pH 为弱酸性至中性，不含有毒物质，不含对植物有害的特殊气味，对养分含量则没有一定要求。

无土栽培的基质分为有机基质和无机基质两大类。无机基质有砂、砾石、岩棉、蛭石、珍珠岩、炉渣等，其养分含量较少，但成分也较稳定。有机基质主要有草炭 (又称泥炭)、碳化稻壳和锯木屑等，基质中含有较多的植物能够利用的养分。国内外的基质栽培以草炭、珍珠岩和炉渣等的混合物居多。由于草炭是不可更新的资源，存量有限，且草炭的开采还伴随着湿地资源的破坏；国内草炭大多是从东北运来，价格高，造成基质栽培成本高、效益低的局面，推广应用受到影响。为解决基质来源少、价格高这一瓶颈问题，国内外对替代草炭的有机基质进行了很多研究，其原料主要是废弃的植物残体。这些废弃物原料的类型主要有：(1) 农作物秸秆类：稻麦和棉花秸秆，玉米芯、花生壳、稻壳、棉籽壳、稻糠、麦糠、菇渣、甘蔗渣、向日葵壳；(2) 林木或加工废弃物：树枝和树叶、树皮、巴旦杏壳、锯木屑、椰糠、椰枣废料；(3) 工业生产下脚料：醋糟、酒糟、中药渣、茶渣、芦苇末 (制纸浆下脚料) 等[4]。这些废弃物来源广泛、种类繁多，既可就地取材、降低成本，又可变废为宝、保护环境。但是尽管基质原料来源多，并且也在生产上进行了应用，而大多是试验性的或自产自用的小规模加工利用，真正进入产业化、商品化生产的极少，所以，迫切需要开发规模化、商品化、标准化的有机基质产品，这对于促进我国设施蔬菜和花卉生产的高产、优质、高效和可持续发展将起到至关重要的作用。

对植物残体废弃物的基质化利用需要低成本的适用技术，目前主要采用的是生物发酵技术，即将废弃物料条垛式堆制后进行好氧发酵，通过高温的作用，使物料得到腐熟，大部分可溶性养分得到矿化，大多数病原菌被杀死，以至于不会对植物产生病害和化学毒害。物料发酵原理与传统的堆肥技术相似，只是由于作为基质使用与作为堆肥有机肥使用相比，其在介质中所占比例更高，所以对其腐熟的要求更为严格。由于植物残体在自然状态下的发酵速度慢，且不同的废弃物所具有的物理和化学性状不同，发酵腐熟所需要的时间也不同。因此，在规模化基质生产中，重要的是创造条件加快物料发酵和腐熟的速度，其关键技术包括三个方面：一是通过添加各种辅料，作为调理剂来调节 pH，或作为营养调节剂来调节碳氮比 (C/N) 和养分等性状；二是通过调节温度、水分等环境因子，来调节发酵微生物繁殖生长所需要的环境；三是添加引爆剂，即引入外源微生物，从而加快物料发酵的进程。

在 1996~2015 年的 20 年期间，本研究团队在国家和省、市项目的支持下，先后进行了利用造纸工业废渣芦苇末、制醋工业废渣醋糟、大田作物秸秆和园艺作物鲜秸秆、食用菌渣、锯木屑等废弃物开发园艺有机基质的研究，从原料配方、环境调控、发酵工艺，到栽培应用、水肥管理，再到基质理化性状检测技术，都进行了深入的研究，成果获得多项国家级和省部级科技进步奖。由于制醋业是江苏大学所在地镇江市的特色工业，对于醋糟废弃物的处理一直是从企业到地方政府特别关注的环保问题，因此，本团队对于醋糟基质化利用的研究也最具特色、最为深入，规模化、商品化和标准化开发的工艺最为成熟，在生产上推广应用最多。本书重点以醋糟为例来论述有机基质的开发和应用技术，对于其他各类废弃物的基质化利用都有指导或参考价值。

第1章 基于调理剂添加的醋糟堆制发酵中理化性状调节技术

醋糟是酿醋工业废弃物，通常每生产 1kg 食醋产出 0.8kg 醋糟。我国年产食醋 300 多万吨，醋糟的年产生量在 240 万吨以上。镇江作为我国食醋生产重要基地，每年产出大量醋糟，长期以来都是作为废弃物处置，如何对其有效处理一直是制醋企业在探索解决的问题。国外由于食醋的生产工艺与我国不同，没有经验可供借鉴。国内对醋糟的利用途径进行过不少研究，如作为食用菌栽培基料、植物栽培基质、有机肥料和饲料辅料等。这些利用途径中，食用菌栽培利用醋糟的消耗量非常有限；用作饲料辅料则因为新鲜醋糟含水率高，干燥设备投资大、耗能高，经济效益差。相对来说，通过条垛式堆制的好氧发酵途径，利用生物发酵过程将其加工成植物栽培用的基质，可以实现醋糟中丰富养分及有机质的资源化循环利用，既比较容易实现对其规模化处理，又是园艺生产上迫切需求的生产资料，所以是一条可行的途径。

新鲜醋糟以稻壳为主，除了一般植物残体有机物所具有的共性外，还具有 pH 低、初始水分高的个性，在自然条件下腐熟速度非常缓慢。发酵前需要通过添加各种辅料作为调理剂来调节 pH 因子，创造微生物生长需要的环境，才能提高堆制发酵效率，并满足植物栽培的需要。针对以上存在的问题，进行了一系列添加不同的调理剂对物料发酵过程、基质理化性状及园艺植物育苗效果影响的试验。

1.1 不同调理剂对醋糟发酵过程和基质理化性状的影响

1.1.1 试验材料和方法

本试验所用的醋糟原料均由江苏省恒顺醋业集团提供。其基本的物理化学指标见表 1.1。

表 1.1 醋糟基本理化性状

pH	水分质量分数/%	粒径/mm	有机物/%	N/%	P/%	K/%
4.4~4.5	67~69	3~5	91.8	2.1~2.5	0.25~0.29	0.18~0.21

针对醋糟酸性的特点，选择了能作为 pH 调理剂的多种有机和无机辅料，共进行了三个批次的堆制发酵试验。添加的调理剂有：有机物质为鸡粪、芦苇末、菇渣、

尿素, 无机物质为粉煤灰、石灰水, 这些物料的 pH 在 7.2~8.2 之间, 其中鸡粪、菇渣和尿素还能作为营养调节剂。

发酵试验一 (预性试验), 设置了以下 5 个处理

处理 1: 纯醋糟 +EM(益生菌);

处理 2: 醋糟 +0.5% 尿素 +EM;

处理 3: 醋糟 +5% 鸡粪 +EM;

处理 4: 芦苇末 +5% 鸡粪 +EM;

处理 5: 纯醋糟 (CK)。

芦苇末是当地制浆工业产生的废弃物, 之前已有开发为商品基质的成功经验[5], 所以也作为一个与醋糟对照的试验。根据以往在芦苇末等其他有机基质研制上的试验, EM 的添加以 0.5%~1% 浓度为适宜范围, 所以本试验中的 EM 添加量为 0.5%。

发酵试验时按照试验要求将醋糟原料、辅料和 EM 按比例混合后, 每处理 1.0m³ 原料, 堆制发酵, 覆盖塑料薄膜。第 9 天翻堆一次。从堆制后第 3 天开始测定并记录发酵过程中各点的温度变化, 每个处理测定 3 个点, 每隔一天测定一次, 测定点位置选取如图 1.1 所示, 测定深度为醋糟表层以下约 40cm。

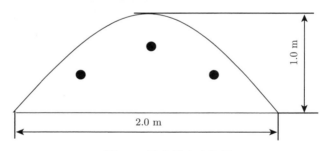

图 1.1　温度测定点位置

发酵结束后取样进行生菜和黄瓜的育苗、栽培试验。在通过该预性试验基本确定醋糟发酵后能够作为栽培基质的基础上, 继续进行了以下调理剂筛选和比较的试验研究。

发酵试验二, 设置了以下 5 个处理

处理 1: 醋糟 + 石灰水;

处理 2: 醋糟 +0.5% 尿素;

处理 3: 醋糟 + 5% 鸡粪;

处理 4: 醋糟 + 粉煤灰;

处理 5: 芦苇末 + 5% 鸡粪 (CK)。

以上每个处理都添加 EM。粉煤灰来自于谏壁发电厂，经检测含重金属元素极微，符合无公害营养食品的生产条件。

发酵试验时处理 2 和处理 3 按照试验要求将醋糟原料、辅助添加物和 EM 按比例混合，而处理 1 中石灰水的添加和处理 4 中粉煤灰的添加则是按照将 pH 调整到 5.0±0.1 的要求将醋糟原料、辅助添加物和 EM 按比例混合。原料混合后，每处理 10m³ 原料，堆制发酵，覆盖塑料薄膜。第 20 天时翻堆一次。其余方法同发酵试验一。

发酵试验三，设置以下 6 个处理

处理 1：醋糟 75%＋芦苇末 25%；

处理 2：醋糟 90%＋芦苇末 10%；

处理 3：醋糟 75%＋菇渣 25%；

处理 4：醋糟 90%＋菇渣 10%；

处理 5：醋糟 95%＋鸡粪 5%＋石灰水 (少许)；

处理 6：纯醋糟 (CK)。

所用的芦苇末 pH 为 7.2，菇渣 pH 为 7.8。由于芦苇末和菇渣都是当地需要处置的面广量大的废弃物，所以添加的比例较高。混料时，石灰水的用量调到 pH 为 5 左右，由于加入了鸡粪，所以处理 5 石灰水用量比试验二中的处理 1 少。各个处理在发酵 15d 时翻堆一次，然后继续堆制。其余方法同发酵试验一。

1.1.2 添加不同调理剂的发酵进程比较

1.1.2.1 添加鸡粪和尿素对醋糟发酵的影响

物料堆制发酵过程中，温度是表征物料是否达到无害化和稳定化的重要标准，其高低直接影响微生物的生长和种类，其变化反映了堆体内微生物的活性强度和发酵进程。基质生产的要求是：基质原料发酵透彻，即温度达到 60~70℃ 以上并维持一段时间；发酵周期短，即 30~40d 料堆温度下降到接近常温，以适合于规模化生产的需要。

试验一中 5 个醋糟发酵处理的物料堆体温度变化结果如图 1.2 所示。从图中可以看到，新鲜醋糟中不添加任何调理剂的处理 5(CK)，堆体中的温度徘徊在 40℃ 以下，离正常发酵 60℃ 以上、杀灭各种有害生物的温度要求相差很远。进一步的观察表明，处理 5 纯醋糟堆制 60d 后才进入高温期，温度达到 60℃ 以上；直到 90d 以后，温度才下降到 45℃ 以下。后来的研究表明，主要原因是由于物料酸性条件加上含水量高，不适合微生物活动，因此自然发酵非常困难。

只添加了 EM 而未加任何营养物质的处理 1，前期发酵堆体的温度很低，发酵所需的时间很长，从发酵始日起至第 27 天，温度一直呈缓慢上升趋势，最高温度不足 50℃。进一步的观察表明，处理 1 醋糟堆制 50d 后温度达到 60℃ 以上，直到

75d 以后, 温度才下降到 45℃以下。这一研究结果表明在原始醋糟的酸性条件下加入了专用微生物对于发酵可以起到促进作用; 但即使提供初始微生物发酵条件, 纯醋糟发酵过程仍然很长。因此, 不调节 pH, 仅靠加入专用微生物还是不能满足工程化生产要求的。

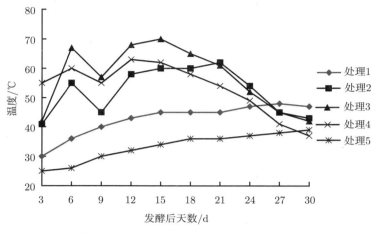

图 1.2　试验一不同处理发酵过程温度变化

　　添加鸡粪的处理 3 堆体温度上升快, 发酵第 6 天温度达到 67℃, 从第 6 天至第 18 天内, 堆体温度在各处理中一直处于最高, 且最高温度达到 70℃, 也位居第一。主要原因是鸡粪中含有较高的能量, 有利于微生物的繁殖; 且加入大量的鸡粪后 pH 提高, 适合于微生物生长。添加尿素的处理 2 比加入鸡粪的处理堆体温度略低, 且达到最高温所需的时间也长, 主要是尿素中不含微生物可利用糖分, 且因为加入的数量少, 调节 pH 的幅度较小。因此加入尿素虽有利于发酵, 但效果不如加入鸡粪的处理。

　　但是与添加同样鸡粪的芦苇末为原料的处理 4 发酵相比, 处理 3 在发酵前 3d 的升温速度比芦苇末要慢得多, 然而 30d 后的醋糟各堆体温度较芦苇末高得多。其原因可能是前期新鲜醋糟水分含量较大, 不利于好氧微生物的生长。但是随着发酵时间的延长, 发酵堆内的温度提高较快, 最高温度能达到 70℃以上, 表明经过加入各种辅助原料作为调理剂处理后的条件已基本适合于醋糟的发酵。

　　堆制 30d 后, 醋糟堆中的温度都还在 42℃以上, 较芦苇末堆中的高 5℃左右, 这是因为醋糟所含有的营养物质比芦苇末高, 所以发酵过程要长些。

1.1.2.2　添加粉煤灰和石灰水对醋糟发酵的影响

　　试验二中添加 4 种不同调理剂处理的物料堆体温度变化见图 1.3。从图 1.3 中 4 个不同处理之间的温度变化对比中可知, 添加粉煤灰的处理 4 和添加石灰水的处理 1 前期温度上升虽不及加入鸡粪处理 3 的发酵速度快，但是较添加尿素的处理 2 好。主要原因可能是加入粉煤灰的数量较尿素大，具有吸湿作用，而石灰水的碱性较强、中和酸度的效果比加入尿素的好，导致微生物发酵所需的环境条件相对较适宜。

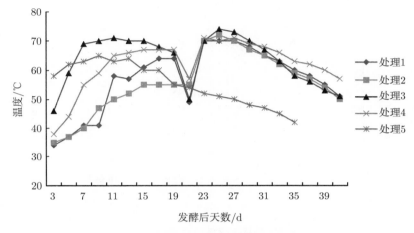

图 1.3　试验二不同处理发酵过程温度变化

从图 1.3 中还可以看出，前期温度上升较慢的 1、2 和 4 三个处理，随着发酵时间的延长，堆体内的温度提高都很快，最高温度都达到 70℃以上，表明经过加入各种调理剂处理后的条件已基本适合于醋糟的发酵，达到了预期的效果。但加入尿素后虽然有中和醋糟酸度作用，然而加量过高后容易造成碳氮比例和氮磷钾比例失调，所以生产上不宜采用单一尿素作为调理剂来调节醋糟性状。

1.1.2.3　添加芦苇末和菇渣对醋糟发酵的影响

试验三中 6 个处理的发酵温度变化结果如图 1.4 所示。从图 1.4 中可见，添加芦苇末和菇渣辅料作为调理剂的处理 1 至处理 5 的前期堆体温度都比纯醋糟发酵处理 6(CK) 的高得多，在第 35 天测定结束时的温度也都降到 40℃以下，基本上完成了发酵过程，而纯醋糟发酵的则堆体温度还在上升过程中，说明所加入的各种有机辅料都是有利于加速醋糟发酵的。

在添加不同调理剂的 5 个处理中，以加入 25% 菇渣的处理 3 温度上升最快，发酵第 6 天温度超过 60℃，从第 3 天至第 27 天内，堆体温度在各处理中一直处于最高，且最高温度达到 71℃，也位居第一。主要原因是菇渣中含有较高的能量，有利于微生物的繁殖；菇渣含水量较少，加入到醋糟中以后，发酵的含水量适中；菇渣的 pH 高于 7.5，加入大量的菇渣后 pH 提高到 6 左右，适合于微生物生长。所有这些条件都导致处理 3 的发酵速度最快。

添加 10%菇渣的处理 4 和添加 5%鸡粪的处理 5 之间的发酵速度较接近，在翻堆以前，处理 5 的温度略高于处理 4，而翻堆以后的温度则是处理 5 低于处理 4。说明加入 5%的鸡粪与加入 10%的菇渣所含的总能量很接近，但加入鸡粪并用石灰水调节酸碱度以后，醋糟原料的发酵条件比较合适，所以温度上升快，最后下降也较快。

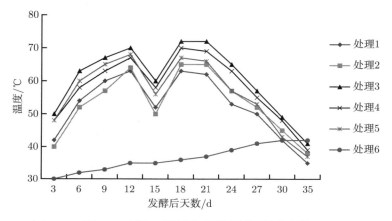

图 1.4　试验三不同处理发酵过程温度变化

添加芦苇末作为调理剂的两个处理，在温度上升速度及最高温度方面都不如添加菇渣和鸡粪的 3 个处理，究其原因，主要是芦苇末的碳氮比高、纤维素含量高、所含有的能量较低，不如鸡粪和菇渣。其中添加 25%芦苇末的处理 1，温度的上升速度比添加 10%芦苇末的处理 2 快，可能是处理 1 的酸碱度和含水量等条件比处理 2 更适合于微生物活动，但翻堆以后则温度低于处理 2，原因是处理 1 添加的芦苇末多，总能量低于处理 2，所以堆体温度下降速度快。总体来看，添加芦苇末的两个处理在发酵 35d 以后的堆体温度也都低于 40℃，基本完成了发酵过程。

以上试验中，通过在发酵中添加石灰、尿素、粉煤灰、鸡粪、菇渣、芦苇末等碱性辅料作为调理剂的方法来调节酸度，起到了较好的效果，使得醋糟发酵时间缩短，发酵后的 pH 有所提高。而用芦苇末、菇渣等物质来调节，不但来源广、本身就是废弃物利用，而且没有任何副作用，所以具有更好的调节效果。但规模化基质生产上究竟采用何种处理配方好，还需要结合其理化性状的测定及所栽培植物的需求而定。

1.1.3　醋糟基质的理化性状分析

在以上醋糟好氧发酵试验完毕后，对后两批试验中不同处理的样本进行取样，分析测定一些主要的理化性状，并与其他常用的栽培基质进行了性状比较。

1.1.3.1 基质物理化学性状的测定方法

物理性状的量内容主要包括：容重、总孔隙度和大小孔隙比。化学性状包括 pH、EC(电导率) 及 N、P、K、Ca、Mg、Fe 等营养元素。

测量方法如下：

1) pH 和 EC

取 5 个发酵处理的醋糟基质，分别加水配制成体积比为 1:5 的溶液，用 pH 计和 EC 计测量各个样本的 pH 和 EC。

2) 容重

取一已知体积 (V) 的容器，称重 (W)，再装满基质，称重 (W_0)，则容重计算公式为 (重量以 g 为单位，体积以 cm^3 为单位)

$$容重(g/cm^3) = (W - W_0)/V \tag{1-1}$$

3) 总孔隙度

取一已知体积 (V) 的容器，称重 (W_1)，加满待测的风干基质，称重 (W_2)，然后将装有基质的容器在清水中浸泡 (加水至容器顶部)24 小时，称重 (W_3)，再通过下式计算总孔隙度

$$总孔隙度(\%) = [(W_3 - W_1) - (W_2 - W_1)]/V \times 100\% \tag{1-2}$$

4) 大小孔隙比

取一已知体积 (V) 的容器，按上述方法测定后，将容器口用一已知重量的湿润纱布 (W_4) 包住，把容器倒置，让容器中的水分流出，直至没有水渗出，称其重量 (W_5)，再通过下式计算

$$通气孔隙(\%) = (W_3 + W_4 - W_5)/V \times 100\% \tag{1-3}$$

$$持水孔隙(\%) = (W_5 - W_2 - W_4)/V \times 100\% \tag{1-4}$$

5) 氮、磷、钾营养元素

氮的测定采用凯氏定氮法，磷的测定采用 721 分光光度计比色法，钾的测定采用 6400 型火焰光度计法。

1.1.3.2 醋糟基质的物理性状及其与其他基质比较

发酵过程结束后，将试验二和试验三中添加不同调理剂发酵处理的醋糟基质物理性状进行了测定，数据列于表 1.2。纯醋糟由于发酵时间长，同时取样没有意义，所以直到 3 个月发酵结束以后，才单独予以取样测定。

表 1.2　添加不同调理剂醋糟基质的物理性状

序号	处理 (基质)	容重/(g/cm³)	总孔隙度/%	通气孔隙/%	持水孔隙/%	大小孔隙比
1	醋糟 + 石灰水	0.252	70.0	41.2	28.2	1.43
2	醋糟 + 尿素	0.236	68.2	40.9	27.3	1.50
3	醋糟 + 粉煤灰	0.232	70.8	42.2	28.6	1.48
4	醋糟 +25％芦苇末	0.221	70.5	39.1	31.4	1.24
5	醋糟 +10％芦苇末	0.230	70.3	40.0	30.3	1.32
6	醋糟 +25％菇渣	0.245	71.2	40.2	31.0	1.30
7	醋糟 +10％菇渣	0.248	70.9	40.8	30.1	1.36
8	醋糟 + 鸡粪+石灰水 (少许)	0.248	72.3	43.5	28.8	1.50
9	纯醋糟	0.240	70.0	43.5	26.5	1.64

从以上 9 种醋糟基质的物理性状来比较：容重以添加石灰为调理剂的处理最大，加 25％芦苇末的最小，这是所添加的辅料石灰容重大、芦苇末容重很小的缘故。但总的来说添加不同调理剂的 8 种基质的容重都较小，在 0.221～0.252g/cm³ 之间。总孔隙度以添加鸡粪的处理最大，达到 72.3％，添加尿素的最小，为 68.2％，其余各个处理的孔隙度都很接近，在 70％～71％之间。通气孔隙的大小基本上是与总孔隙度一致，在 40％～45％幅度内变化。通气孔隙与持水孔隙的比例也是以醋糟加尿素和加鸡粪的两个处理最大，达到 1.50，而添加 25％芦苇末的处理最小，仅为 1.24，其他添加芦苇末和菇渣的处理大小孔隙比也较低，说明添加芦苇末和菇渣等有机物质以后可以降低醋糟的疏松度，提高保水性能。

与纯醋糟相比，8 个处理的大小孔隙比都降低，说明加入各种有机或无机辅助物质后，都有利于醋糟持水性的提高。

为了进一步分析醋糟基质性状的优劣，将生产上所用的其他基质及菜园土的性状列于表 1.3。将表 1.2 与表 1.3 进行比较可知，就容重性状来说，与珍珠岩、蛭石、泥炭、芦苇末等基质材料及菜园土相比，醋糟基质的容重是除珍珠岩和芦苇末以外的容重最小的物质。从孔隙性状来比较，醋糟基质的总孔隙度在 70％左右，处于中间水平，小于蛭石、泥炭，大于煤渣、珍珠岩和菜园土，与芦苇末基质很接近。醋糟的大小孔隙比例比其他基质都高，与珍珠岩较接近，但添加 25％芦苇末的处理大小孔隙比例已大大降低，低于珍珠岩，添加 10％芦苇末的处理及添加菇渣的两个处理也与珍珠岩较接近。总的来说，醋糟本身的颗粒较粗，通气性能很好，醋糟基质因为添加了各种调节物质，不像纯醋糟那样过于疏松，孔隙度较适中，有利于作物根系生长，对于作物根系的支撑固定效果也较好。因此，在基质生产中或栽培中，要注意与保水性能好的有机物质相混合，以较好地协调基质中的水气比例。

从以上分析中可知，由物理性状来看，添加各种调理剂后的醋糟基质容重、孔隙度等指标都较理想，作为植物无土栽培基质是适宜的。

表 1.3　其他各种基质及菜园土的物理性状

基质	容重/(g/cm^3)	总孔隙度/%	通气孔隙/%	持水孔隙/%	大小孔隙比
东北泥炭	0.21	84.4	7.1	77.3	0.09
芦苇末	0.20	70.0	35.0	35.0	1.0
蛭石	0.25	95.5	30.0	65.0	0.46
珍珠岩	0.163	93.0	53.0	40.0	1.33
煤渣	0.70	54.8	21.7	33.0	0.46
菜园土	1.10	60.0	21.0	45.0	0.47

1.1.3.3　醋糟基质的化学性质及其与其他基质的比较

试验二中添加 3 种无机辅料的处理及试验三中 5 种不同处理醋糟基质的 pH 和 EC 测定结果如表 1.4。

表 1.4　醋糟不同处理的 pH 和 EC

序号	处理 (基质)	pH	EC/(mS/cm)
1	醋糟 + 石灰水	6.3	1.81
2	醋糟 + 尿素	5.9	2.11
3	醋糟 + 粉煤灰	6.1	1.72
4	醋糟 +25%芦苇末	6.1	1.70
5	醋糟 +10%芦苇末	5.9	1.73
6	醋糟 +25%菇渣	6.3	1.82
7	醋糟 +10%菇渣	6.1	1.75
8	醋糟 + 鸡粪+石灰水	6.2	1.75

pH 表征了基质的酸碱度。从表 1.4 结果可见,经过添加各种调理剂发酵处理后,醋糟基质中的 pH 在 5.9~6.3 之间。比较 8 种醋糟基质,添加石灰水和菇渣的两个处理 pH 最高,添加尿素和添加 10%芦苇末的两个处理的 pH 最低,但相互之间的差异较小。

蔬菜作物对 pH 的要求一般在 5.5~6.5 之间,其中 pH 在 6.0~6.5 之间的基质适应性最广。从对其他各类基质的 pH 和 EC 测定结果 (表 1.5) 来看,芦苇末基质的 pH 在中性和偏碱性之间,煤渣的 pH 也偏高。比较而言,醋糟基质的 pH 比芦苇末、煤渣和蛭石等基质的 pH 低,跟泥炭和珍珠岩接近,处在园艺作物生长的合适范围内,对作物生长不会造成生理障碍,表明用试验中的各种调理剂及其比例来调节醋糟酸度是合适的。

EC 即溶液的电导率,与溶液中的盐分总含量成一定的相关性。从栽培的角度来看,有机基质 1.5~2.0mS/cm 之间的 EC 对于无土栽培是很合适的。EC 过低,对营养元素的提供能力、缓冲能力较弱，主要依靠人工提供营养液或追加肥料来支撑作物生长。而 EC 过高，则会造成养分浓度过高，限制了根系对水分的吸收，而导致作物生长不良。8 种不同发酵处理的醋糟基质的 EC 以添加尿素的处理最高，添加 25% 菇渣和石灰水的次之，添加 25% 芦苇末的最低，但不同处理的 EC 除添加尿素的达到 2.11mS/cm，属略偏高外，其他均在 1.70~1.82mS/cm 之间，是适宜的范围。

表 1.5　其他不同基质的 pH 和 EC

基质	pH	EC/(mS/cm)
泥炭	6.0	0.48
芦苇末	7.2	1.60
蛭石	6.50	—
珍珠岩	6.30	—
煤渣	6.80	—

与其他有机基质相比，醋糟的 EC 略高于芦苇末基质，而大大高于东北泥炭。东北泥炭虽然有机物含量高，但是性质较稳定，速溶性的养分含量很低，所以 EC 也很低。

从以上的化学性状来比较，所研制的醋糟基质的酸碱度和盐分浓度都是较合适于做基质的。

1.1.3.4　不同基质营养元素的比较

经测定，4 种不同处理醋糟基质中的氮、磷、钾营养元素含量及其与其他基质的比较如表 1.6 所示。

表 1.6　醋糟不同处理的氮、磷、钾养分含量比较　　　　（单位：g/kg）

处理 (基质)	全氮	全磷	全钾	速效氮	速效磷	速效钾
醋糟 + 石灰水	19.30	3.13	3.32	2.82	0.80	1.72
醋糟 + 尿素	23.88	3.26	3.45	3.86	0.76	1.14
醋糟 + 粉煤灰	21.82	2.97	5.84	3.06	0.64	1.12
醋糟 + 鸡粪	22.44	3.40	3.72	3.38	0.85	1.49
醋糟 +25% 芦苇末	17.9	3.01	4.23	2.73	0.67	1.81
醋糟 +10% 芦苇末	18.5	3.03	3.75	2.75	0.70	1.74
醋糟 +25% 菇渣	20.3	3.34	3.56	2.93	0.79	1.61
醋糟 +10% 菇渣	19.1	3.28	3.45	2.89	0.74	1.46

从表 1.7 对各处理基质的营养成分比较可知，醋糟基质中 N、P、K 含量都较高，但不同处理之间的差异也较大。从全氮和有效态氮来看，以加入尿素的处理最高，添加芦苇末的两个处理最低。从磷的含量来看，添加鸡粪的全磷含量最高，添加

菇渣的两个处理次之,添加粉煤灰的最低,速效磷的含量与全磷的趋势大体相同。从钾的含量来看,以添加芦苇末的处理含量最高,而添加尿素与粉煤灰的处理含量较低。

表 1.7　　其他不同基质的氮磷钾养分含量　　　　　　　（单位：g/kg）

基质	全氮	全磷	全钾
泥炭	20.0	2.10	2.10
芦苇末	12.36	2.41	6.36
蛭石	0.11	0.63	0.501
珍珠岩	0.05	0.82	0.162
煤渣	1.83	0.33	0.203
菜园土	1.06	0.77	0.120

与菜园土及煤渣、蛭石、珍珠岩等无机基质相比,醋糟基质的养分含量大大高于这些基质。与东北泥炭相比,氮的含量比较接近,但磷、钾比泥炭高。而且由于泥炭是一种比较稳定的物质,一方面,它的有效态氮、磷含量并不高,分别仅为 260mg/kg 和 16mg/kg 左右;另一方面,在作物栽培过程中,泥炭不容易分解和被吸收,所以能供给作物利用的有效养分并不很高。与之相比,醋糟经发酵前添加各种辅助原料,及堆料发酵中有机物的矿化,所以营养元素的总含量比发酵前有所提高。在作物栽培过程中,醋糟基质中所含的这些养分会缓慢释放,供作物吸收,对营养元素的缓冲性较大。因此,与泥炭相比,醋糟基质的化学性质要活跃得多;与芦苇末基质相比,醋糟中的氮、磷含量要高得多。

此外,还对醋糟基质的钠离子含量进行了测定。结果表明,送检 4 种基质中的钠离子含量在 1.30~1.74mmol/100g。这一结果表明醋糟中的钠含量很低,对醋糟作为基质的特性没有任何影响。

1.1.4　添加不同调理剂发酵的醋糟基质育苗效果比较

为比较不同调理剂添加对醋糟基质在育苗生产实践中的应用,本节将发酵试验二添加无机和有机调理剂和发酵试验三添加不同有机调理剂处理的醋糟基质分别进行了蔬菜育苗试验,对其育苗效果进行评价。

试验方法:将发酵后的基质分别装在 72 孔塑料穴盘中,分别播种黄瓜和小白菜,或播种番茄,以芦苇末和泥炭基质为对照,每个处理育苗 3 盘。出苗后统计出苗率,移栽时考察幼苗性状。

1.1.4.1　添加 4 种不同调理剂的醋糟基质的蔬菜育苗效果

发酵试验二中醋糟添加石灰水、尿素、粉煤灰和鸡粪等不同调理剂的 4 种醋糟基质的育苗效果列于表 1.8。表 1.8 中的统计结果表明,每一种基质的小白菜和黄瓜的出苗率都达到 90% 以上。与对照蛭石基质相比，醋糟基质中小白菜的出苗速度略迟，但有 2 个处理的出苗率高于蛭石。黄瓜的出苗速度等同于和迟于蛭石的各为 2 个处理，其中 2 个出苗速度快的处理其出苗率也高于蛭石育苗。总的来看，以鸡粪和粉煤灰作为调理剂的处理 3 和处理 4 的表现最好。

在幼苗生长过程中，蛭石出一片真叶后就必须浇营养液，未喷营养液的幼苗叶片明显呈现黄色。而 4 个醋糟基质在 5 叶期黄瓜移栽之前，及小白菜收获以前一直未施营养液，只是每天浇清水，幼苗生长正常，叶色嫩绿，未出现任何异常现象。表明醋糟基质育苗比蛭石等无机基质更适用。

表 1.8　发酵试验二不同处理基质对小白菜和黄瓜育苗的影响

序号	处理(基质)	小白菜		黄瓜	
		50%出苗时间/h	出苗率/%	50%出苗时间/h	出苗率/%
1	醋糟 + 石灰水	66	90	120	90
2	醋糟 + 尿素	64	90	120	90
3	醋糟 + 鸡粪	60	95	96	95
4	醋糟 + 粉煤灰	60	95	96	95
5	蛭石 (CK)	56	90	96	90

取上述 4 种醋糟基质，以芦苇末基质和泥炭基质作为对照，进一步进行了 6 种基质的番茄穴盘育苗试验。每个穴盘中顺序放 3 种基质，每个处理重复 3 次。由于在高温条件下育苗，每天喷水 2~3 次。

不同处理的出苗率列于表 1.9。从表中的结果可见，在 6 个处理中，以 CK2 泥炭的出苗率最高，添加粉煤灰的处理 4 的出苗率与 CK2 基本接近，添加鸡粪的处理 3 及 CK1 芦苇末基质的平均出苗率都达到了 90% 以上。而处理 1 和处理 2 的平均出苗率都低于 70%，究其原因可能是过多的尿素或过多的钙质阻碍了种子发芽和出苗。

表 1.9　发酵试验二不同处理基质的番茄出苗率比较

序号	处理 1 (醋糟+石灰水)		处理 2 (醋糟+尿素)		处理 3 (醋糟+鸡粪)		处理 4 (醋糟+粉煤灰)		处理 5 (芦苇末基质(CK1))		处理 6 (泥炭 (CK2))	
	出苗数	出苗率/%	出苗数	出苗率/%	出苗数	出苗率/%	出苗数	出苗率/%	出苗数	出苗率/%	出苗数	出苗率/%
1	17	70.8	14	58.3	21	87.5	22	91.7	22	91.7	23	95.8
2	13	54.2	14	58.3	21	87.5	23	95.8	22	91.7	23	95.8
3	16	66.7	16	66.7	23	95.8	23	95.8	21	87.5	23	95.8
平均		63.9		61.1		90.3		94.4		90.3		95.8

在每个穴盘中取 4 株进行了幼苗性状考察，计算每个处理的平均值。从表 1.10 的结果看，添加鸡粪的处理 3 无论是在株高、茎粗及开展度指标上都居于领先地

位，比 CK 泥炭略好。处理 4 和处理 5 的各项指标处于中间地位，而添加尿素的处理 2 各项指标均为最差。

表 1.10 试验二发酵试验不同处理基质的番茄幼苗性状比较

性状	处理 1 (醋糟＋石灰水)	处理 2 (醋糟＋尿素)	处理 3 (醋糟＋鸡粪)	处理 4 (醋糟＋粉煤灰)	处理 5 (芦苇末)	处理 6 (泥炭 (CK))
株高/cm	7.5	5.7	8.7	8.4	8.1	8.5
茎粗/cm	0.20	0.18	0.25	0.20	0.24	0.25
开展度/cm	7.1	5.6	7.9	7.0	7.5	7.8

从以上试验结果可见，在醋糟添加不同辅料作调理剂的处理中，以鸡粪为调理剂的处理育苗效果最好，粉煤灰为调理剂的处理其次，而以石灰水尤其是尿素为调理剂的效果较差。因此，单一添加尿素或石灰水作为醋糟调理剂是不合理的。

1.1.4.2 添加 5 种有机调理剂的醋糟基质的蔬菜育苗和栽培效果

发酵试验三中醋糟添加不同种类或比例的有机调理剂发酵的 5 种处理基质，在生菜和番茄的穴盘育苗和栽培中表现出良好的效果。从表 1.11 对生菜幼苗的比较试验中可以看出，无论何种醋糟基质，其出苗率均在 93.9% 以上，与试验二发酵物料相比有明显的提高，没有出现任何障碍现象，表明添加有机物质发酵比添加无机物质发酵在生产中的应用效果好。从不同的处理来比较，移栽时的株高和单株鲜重都是加 25% 菇渣的处理最高，加入 10% 菇渣和 3% 鸡粪的两个处理其次。除加入 10% 芦苇末的处理外，其余各个处理的株高和鲜重都较芦苇末基质高。收获时对单株产量进行测定的结果也显示出相同的差异趋势，但是不同处理之间的差异较小，生物统计结果表明，仅有醋糟加 25% 菇渣的处理产量在 0.05 水平上有差异，其他处理之间都无显著差异。

表 1.11 发酵试验三不同处理基质的生菜幼苗性状比较

性状	处理 1 (醋糟＋25%芦苇末)	处理 2 (醋糟＋10%芦苇末)	处理 3 (醋糟＋25%菇渣)	处理 4 (醋糟＋10%菇渣)	处理 5 (醋糟＋3%鸡粪＋石灰水)	处理 6 (芦苇末 (CK))
出苗率/%	95.4	94.0	97.2	95.4	95.0	94.4
株高/cm	18.1	18.2	18.8	18.3	18.4	18.2
鲜重/g	25.4	25.0	27.3	26.7	26.1	25.2

表 1.12 是 5 种不同醋糟基质与芦苇末基质栽培番茄的试验效果比较。从表中的平均数据可见，在番茄育苗中各基质的出苗率都较高。移栽期进行苗情考察的结果显示，无论是株高、茎粗还是开展度指标，以添加 25% 菇渣作为调理剂的处理都是最高，添加 10% 菇渣的其次，添加鸡粪的处理居中，这三者都比对照芦苇末

基质高,而加入芦苇末的处理 1 和处理 2 则与对照之间很接近,不同的指标上各有高低。从栽培中进行观察及对产量的统计结果都呈现出与苗期生长一致的趋势,但不同处理之间的产量差异较小,与对照之间的产量都在 6.3% 以内。

以上试验结果表明醋糟添加菇渣、鸡粪和芦苇末等作为调理剂是可行的,尤其以添加菇渣和鸡粪的效果更好。

表 1.12   发酵试验三不同处理基质的番茄幼苗性状比较

性状	处理 1 (醋糟+ 25%芦苇末)	处理 2 (醋糟+ 10%芦苇末)	处理 3 (醋糟+ 25%菇渣)	处理 4 (醋糟+ 10%菇渣)	处理 5 (醋糟+ 3%鸡粪)	处理 6 (芦苇末 (CK))
出苗率/%	91.2	90.3	94.0	92.6	92.1	91.2
株高/cm	7.6	7.8	8.3	8.1	8.0	7.7
茎粗/cm	0.22	0.20	0.26	0.24	0.23	0.22
开展度/cm	7.4	7.6	8.0	7.7	7.5	7.5

1.2   草木灰作为调理剂对醋糟发酵过程和基质养分含量的影响

前述试验对多种有机物和无机物作为发酵调理剂的效果研究,取得了一定的基础性资料。但是在规模化生产中,发现鸡粪、菇渣等有机物质来源分散,不同来源的物料 pH 等性状差异大,基质产品的质量不容易控制。此外,在醋糟基质栽培生产中,常发现醋糟基质氮含量丰富而钾含量缺乏,在作物栽培后期常出现缺钾症状。针对这一实际问题,课题组进行了用含钾丰富而 pH 又呈碱性的草木灰物质作为醋糟发酵调理剂的试验研究。草木灰是发电厂等工业生产中常见的废弃副料,来源广、重量轻、性状一致,如果能够提高发酵效率、改善基质的理化性状,则对于醋糟基质的规模化生产利用具有更大的意义。

1.2.1   试验材料和方法

原料来源:试验所用的醋糟原料由江苏省恒顺醋业集团提供,其基本的物理化学指标见表 1.1。草木灰为秸秆发电的燃烧产物,其基本理化性状为 pH 11.6、全氮含量为 0.182%、全钾含量为 5.36%、全磷含量为 0.392%、有机质含量为 14.2%。

供试菌种:复合微生物剂(自制),主要菌种包括纤维素分解菌、木质素分解菌、固氮菌等,菌株质量分数为 $10 \times 10^8 CFU/mL$。

试验设置了 4 个处理,具体为

处理 1:醋糟 + 菌剂;

处理 2:醋糟 + 菌剂 +5%草木灰;

处理 3: 醋糟 +5% 草木灰;

处理 4: 纯醋糟 (CK)。

堆制方法: 在总结前期的发酵试验时, 发现纯醋糟发酵温度上升缓慢与其初始含水量高、不适合于微生物活动有关。因此, 随后的试验中, 在堆制前对新鲜醋糟进行适度滤水。其余同 1.1.1 节。

试验测定项目及方法:

1) 温度和含水率

每天上午 9: 00 和下午 16: 00 测定, 取上、中、下三层温度的平均值为当天堆体温度。含水率采用 105℃烘 24h 至恒重。

2) pH

物料:去离子水 (W/V)=1:5, 用 pH 计测试。

3) 氮、磷、钾养分含量

氮、磷、钾全量测定方法同 1.1.3 节。NH_4^+-N 和 NO_3^--N 含量的测定方法: 采用 1mol/L KCl 振荡 1h 浸提后, 先用快速滤纸过滤, 再用 0.45μm 滤膜过滤后, 用紫外分光光度计测试。

4) 灰分含量和有机物含量

105℃烘 24h 至恒重, 称重后, 再转入马弗炉 550℃灼烧 5∼6h 至恒重, 通过计算灼烧前后样品质量的差值可得灰分含量和有机物含量 (VS), 然后通过公式计算有机碳的百分含量[6](TOC)

$$碳的百分含量 = (100\% - 灰分百分含量)/1.8 \times 100\% \tag{1-5}$$

5) 氮素损失率

根据堆制腐熟过程中灰分无损失 (绝对量不变), 推导有机质降解率及氮素损失率[7] 的计算公式:

$$VS降解率(\%) = (1 - H_0/H_n) \times 100\% \tag{1-6}$$

$$N_L(\%) = \frac{N_0 - H_0/H_n \times N_n}{N_0} \times 100\% \tag{1-7}$$

式中, VS 降解率为有机质降解率; N_L 为氮素损失率; N_0 为堆肥 0d 时全氮质量分数 (以干基计); H_0 为堆肥 0d 时灰分含量分数; N_n 为堆肥为 nd 时全氮质量分数; H_n 为堆肥 nd 时灰分质量分数。

6) 发芽率指数 (GI)

用培养皿培养法测定, 以蒸馏水作为对照, 取 5mL 浸提液于铺有滤纸的 9cm 培养皿中, 均匀放入 20 粒饱满的小白菜种子, 于 (20±1)℃的培养箱中培养 48h 后

测种子的发芽指数 GI[8]

$$GI = (浸提液种子发芽率 × 根长)/(对照种子发芽率 × 根长) × 100\% \qquad (1\text{-}8)$$

运用 SPSS 13.0 统计分析软件进行数理分析，采用 Excel 进行绘图。

1.2.2　添加草木灰对堆体中温度、水分和 pH 的影响

1.2.2.1　添加草木灰对堆体温度变化的影响

根据有机物料堆体温度变化，发酵进程可划分为升温期、高温期、降温期和稳定期 4 个阶段。图 1.5 为醋糟不同处理堆体温度变化。由该图可以看出，各处理温度在 3d 内达到高温期 (>50℃)，60℃以上高温持续近 30d，完全达到了物料无害化和腐熟的条件。比较不同处理堆体温度升温过程可以看出，醋糟添加草木灰处理堆

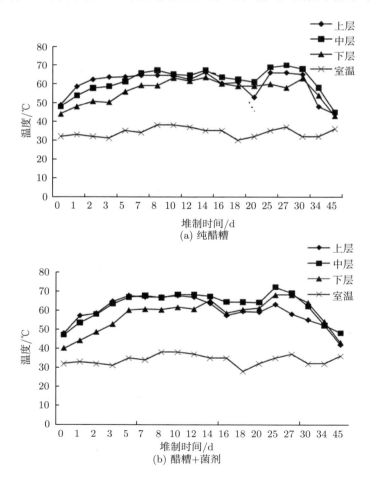

(a) 纯醋糟

(b) 醋糟+菌剂

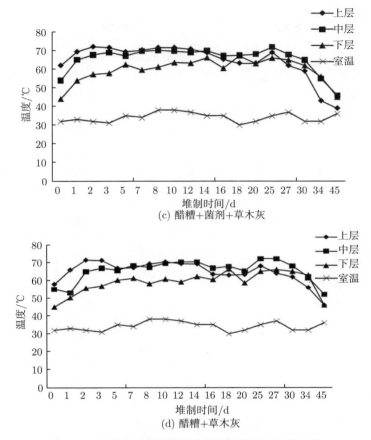

图 1.5 不同处理堆体各层次温度随堆肥时间的变化

体升温迅速,堆体温度迅速升高到 70℃,相比,不添加草木灰处理的醋糟堆体温度上升到 70℃时间较久且维持时间较短。

通过分析醋糟发酵过程中堆体不同层次间温度差异可以看出,不同处理堆体温度层次变化表现出相同的趋势,即堆肥升温期基质上层温度最高而下层最低;随着堆体进入高温期,堆体中部温度逐渐上升并超过堆体上部温度;在堆肥的降温期,堆体下层温度也逐渐上升并和中层温度差异较小,此阶段基质上层温度最低。

1.2.2.2 添加草木灰对堆体相对含水量变化的影响

醋糟物料发酵过程中堆体含水率是堆肥过程中有机质分解和微生物活动的基础,条垛式堆体含水率的下降主要是由翻堆过程中水分散失以及堆体高温下的高蒸发作用引起。

研究表明醋糟发酵过程中最佳含水率在 40%~60% 之间。本试验采用两阶段发酵技术, 即在发酵中期 (堆体相对含水量降至 40% 以下, 堆温开始由高温期转至下降时), 通过向堆体添加水分保持堆肥内微生物对水分的需求, 进行再次发酵。由图 1.6 可以看出, 在相同水分处理下, 添加菌剂处理的堆体含水率较不添加菌剂处理的低, 说明添加菌剂处理可以有效提高堆体微生物活性, 进而使堆体维持在较高的温度加速了水分的蒸发, 而添加草木灰对堆体含水量变化影响不明显。

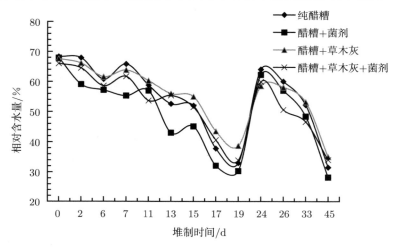

图 1.6　不同处理堆体相对含水量随堆肥时间的变化

1.2.2.3　添加草木灰对堆体 pH 变化的影响

图 1.7 为不同处理堆体发酵过程中 pH 随发酵时间的变化趋势, 可以看出不同处理 pH 均表现出一个明显的先下降后上升过程, 添加草木灰处理其初始 pH 较其他处理高, 且 pH 上升过程也较快, 发酵结束后其 pH 也稳定在较高水平。

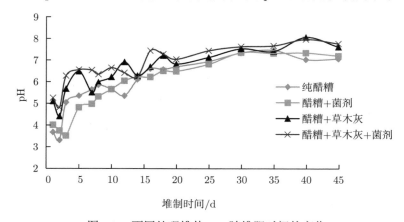

图 1.7　不同处理堆体 pH 随堆肥时间的变化

本发酵试验中各处理初期 pH 有一个短暂的下降,这是由于发酵初期物料本身含水率较高,下部极易形成厌氧环境,有机质在厌氧条件下先进行厌氧硝化过程,厌氧硝化过程经历酸性硝化和碱性硝化两个阶段。在酸性硝化阶段,高分子有机物在兼性厌氧菌的作用下被水解和酸化,转化为短链脂肪酸,使 pH 下降。而在碱性硝化阶段,短链脂肪酸被专性厌氧的产甲烷菌分解为二氧化碳、甲烷和氨,从而中和了酸性硝化阶段产生的酸,使整个环境变为弱碱环境。发酵过程中随着翻堆及堆体含水率的下降,物料转为好氧发酵阶段,氨化作用释放的氨使堆体的 pH 迅速升高。

1.2.3 添加草木灰对堆体有机质和氮磷钾养分含量的动态影响

1.2.3.1 添加草木灰对堆体有机质含量和降解率的影响

图 1.8 为不同发酵处理有机质含量随堆制过程的变化,由图可以看出不同堆制处理初始有机质含量和最终有机质含量差异较大,纯醋糟处理有机质含量初始值和最终值都最大,醋糟堆体中添加草木灰后堆体有机质含量有较大下降,堆制结束后有机质降解率较未添加草木灰处理降解率高。

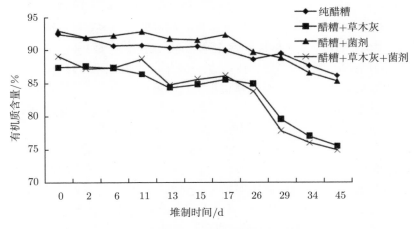

图 1.8 不同处理堆体有机质含量随堆制时间的变化

在堆制过程中,微生物参与各种生化反应,而有机质是微生物活动的能量和碳源,因此总有机质的变化能在一定程度上反映堆制的进程。

表 1.13 为不同处理堆制前后有机质相对含量变化。可以看出,堆制结束后有机质含量均有不同程度的下降,纯醋糟处理有机质含量下降最少,有机质降解率也最小。添加菌剂和草木灰后可以有效地提高堆体有机质的降解率,单独添加菌剂可使有机质降解率提高 7%,添加草木灰处理可使有机质降解率提高 6%,同时添加草木灰和菌剂使有机质降解率提高 11%,说明在醋糟堆体发酵过程中,添加菌剂

和草木灰可以有效地增加醋糟基质的有机质降解率。

从表 1.13 中不同处理堆制发酵前后 C/N 变化可以看出，腐熟后各处理 C/N 均显著降低，其中以添加草木灰和菌剂处理 C/N 变化最多，相比初始值下降 39.5%。C/N 下降是由于堆肥中有机碳被微生物分解转化成 CO_2，总有机碳含量随堆制时间延长不断减少，而各处理总氮的相对含量在增加，使 C/N 在堆制中不断下降。

表 1.13   堆制前后有机质含量和 C/N 的变化

处理(基质)	有机质 含量			C/N			有机质降解率/%
	发酵前/%	发酵后/%	变化/%	发酵前/%	发酵后/%	变化/%	
纯醋糟	92.4a	86.1a	−6.8d	24.2b	16.8a	−30.6b	45.4d
醋糟 + 菌剂	92.9a	85.2a	−13.7b	24.5a	16.9a	−30b	49.4c
醋糟 + 草木灰	87.4b	75.4b	−8.3c	26.5a	15.8b	−30.9b	52.4b
醋糟 + 菌剂 + 草木灰	89.0b	74.8b	−16.0a	25.6a	15.5b	−39.5a	56.4a

注： a, b, c 等小写字母表示 5% 显著差异性。下同。

1.2.3.2   添加草木灰对各种形态氮素含量及损失率的影响

堆制发酵过程中，物料各形态氮素在微生物的作用下，发生有机氮矿化、氨挥发、硝化、反硝化等过程，在氮素各个过程中都可能导致氮素的损失。

图 1.9 为不同处理各形态氮素随发酵时间的变化。从图 1.9 中可以看出全氮含量表现为先升后降然后再上升的过程，堆制初期的上升是由于堆体有机质的降解，使总氮相对含量迅速上升，随着发酵进程堆体温度迅速上升，氨挥发的氮素损失迅速增加，氮相对含量下降，发酵后期随着堆体温度下降，氨挥发导致的氮素损失迅速下降，同时堆体有机质进一步降解，最终使总氮含量上升。

堆制过程中，氨的产生随着进程而变化，在高温期达到最高值，堆制后期有所下降。硝态氮含量的初始值极低，随着发酵进程有所上升，但在堆制中期其含量仍较氨态氮含量低一个数量级，表明醋糟为主要堆料的堆制过程硝化作用较弱。比较不同处理堆制过程中氮素形态变化可以看出，纯醋糟处理的全氮含量在中期和后期最高，醋糟 + 菌剂处理前期最高、中后期次之，醋糟 + 草木灰处理明显低于其他处理。比较堆制结束时不同处理有效氮含量，醋糟 + 菌剂处理硝态氮含量显著高于其他处理，而醋糟 + 草木灰 + 菌剂处理氨态氮含量最高，而纯醋糟的硝态氮和氨态氮含量都低。

表 1.14 为堆制前后堆体全氮、无机氮 (氨态氮 + 硝态氮) 含量变化及氮素损失情况。可以看出，堆制结束时纯醋糟、醋糟 + 菌剂、醋糟 + 草木灰和醋糟 + 菌剂 + 草木灰 4 个处理的堆体全氮含量分别上升了 34.2%、32.8%、23.4% 和 39%，其中以醋糟 + 草木灰 + 菌剂处理全氮含量上升最多，纯醋糟次之，不同堆制处理间差异显著。

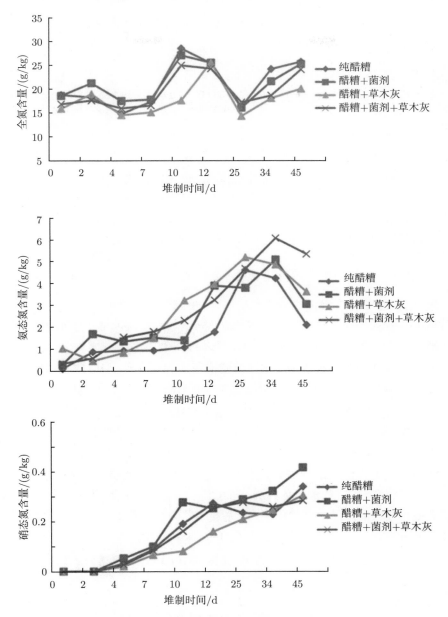

图 1.9 不同处理堆体全氮、有效氮含量随堆制时间的变化

不同处理的无机氮含量都有很大程度上升，以醋糟 + 菌剂 + 草木灰处理有机氮含量上升最多，达到 99.7%。不同处理有机氮含量也有不同程度上升，其中以纯醋糟堆体有机氮上升量最高，不同处理间差异显著。

表 1.14 堆制发酵前后不同处理的氮素损失率

处理(基质)	全氮			无机氮 (氨态氮 + 硝态氮)			氮素损失率/%
	发酵前/%	发酵后/%	变化/%	发酵前/%	发酵后/%	变化/%	
纯醋糟	21.2a	28.5a	+34.2b	0.3b	2.7d	+729.0b	26.8c
醋糟 + 菌剂	21.1a	28.0a	+32.8b	0.5a	3.8c	+649.2c	31.8b
醋糟 + 草木灰	18.4b	22.6c	+23.4c	0.6a	4.3b	+616.9d	40.7a
醋糟 + 菌剂 + 草木灰	19.3b	26.8b	+39.0a	0.6a	6.0a	+990.7a	39.4a

注：+ 表示上升，− 表示下降。下同。

结合表 1.13 的不同处理有机质降解率，计算得到表 1.14 中各处理氮素损失率。可以看出，添加草木灰处理物料氮素损失率明显高于未添加处理，其中醋糟 + 草木灰处理氮素损失率最大，达到 40.7%，较纯醋糟基质处理氮素损失率上升了 13.9%，说明在醋糟发酵过程中添加草木灰增加了氮素损失。

1.2.3.3 添加草木灰对堆制发酵中全磷、全钾及总养分含量的影响

表 1.15 为堆制前后全磷、全钾及总养分的变化。由表中可以看出，各处理在发酵后的钾含量都比发酵前提高。不同处理间比较，添加草木灰的两个处理初始钾和最终钾的含量都比未添加草木灰的处理提高 2 倍以上。

全磷含量在发酵后也有所上升，纯醋糟基质相对含量上升最高达到 30.9%。

从氮磷钾总养分的含量变化可以看出，堆制前后堆体全氮、磷、钾总养分含量明显上升，其中醋糟与醋糟 + 菌剂处理总养分上升值最大，达到了 33%。添加草木灰后使堆体总养分含量明显上升，添加草木灰的两个处理比未添加草木灰的两个处理，总养分提高 5.4~8.3g/kg。

比较不同处理的氮磷钾三要素之间的比例，发酵后纯醋糟处理全氮:全磷:全钾为 6.7:1:1，而醋糟 + 草木灰处理为 1.9:0.3:1。可以看出向堆体中添加草木灰的处理能有效提高堆制产品中钾的比例，使基质中养分更加均衡，同时也显著地提高了堆体总养分含量，从整体上提高了基质的品质。

表 1.15 堆制前后全磷、全钾和氮磷钾总养分含量变化

处理 (基质)	全钾/(g/kg)			全磷/(g/kg)			总养分 (全氮+全磷+全钾)/(g/kg)		
	发酵前	发酵后	变化	发酵前	发酵后	变化	发酵前	发酵后	变化
纯醋糟	2.6b	3.4b	+29.9%b	3.5b	4.6a	+30.9%a	27.4b	36.5b	+33.3%a
醋糟+菌剂	3.0b	4.0b	+34.9%a	3.6b	4.2b	+28.6%ab	27.8b	36.7b	+33.9%a
醋糟+草木灰	13.0a	14.1a	+9.0%c	4.2a	5.4a	+27.2%b	35.5a	42.1a	+18.6%c
醋糟+菌剂 +草木灰	12.0a	13.2a	+10.6%c	3.9a	4.7b	+23.0%c	35.1a	44.8a	+27.5%b

1.2.4　添加草木灰对堆体发芽指数变化的影响

发芽率是用来评价培养介质对植物毒性的参数，是检验发酵物料腐熟度最精确最有效的方法，一般认为当GI>50%时，物料基本没有毒性，当GI>80%时物料的植物毒性完全消失。

图 1.10 为不同处理堆体物料在不同发酵阶段发芽指数的变化。可以看出在发酵前两周发芽指数很低，随后逐渐上升并达到腐熟 (GI>80%)。比较不同处理可以看出，不同处理在发酵结束后均能达到腐熟，纯醋糟处理较其他处理落后，添加草木灰后对发芽指数没有影响。

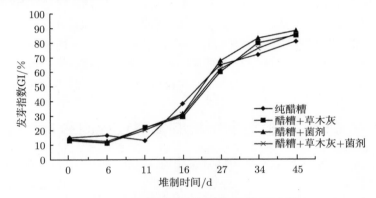

图 1.10　不同处理堆体 GI 随堆制时间的变化

第2章　环境因子调控对醋糟发酵过程及基质性状的影响

根据好氧发酵系统的特点，微生物活性以及影响微生物活性的物料含水率、氧气浓度、pH 和碳氮比等都是影响物料发酵进度的主要因素。在醋糟堆制过程中，由于微生物的作用，其物料堆中的温度、含水率等环境物理量和 pH 指标都会随之发生变化。而要提高发酵效率、缩短发酵周期，就是要通过各种途径使堆体的温度快速上升、水分较快下降。本节通过添加回料、改变翻堆频率等措施，观察堆料中环境因子的变化及其与发酵进程的关系，为设计醋糟好氧发酵处理工艺提供依据。

2.1　回料对醋糟堆制发酵过程的影响

回料是指将已经过堆制发酵的物料添加到新鲜物料中一起再行发酵的过程。回料中含有醋糟发酵适宜的微生物，通过回料处理可以增加适应性强的微生物、减少接种微生物的成本，并具有调节物料初始水分的作用。

试验设置了 2 个处理。处理 1：将经过堆置发酵处理 30d 的醋糟腐熟料，与新鲜醋糟按照 1:9 的比例进行混合。腐熟料的含水率 42.0%，pH 7.2，有机质含量 85%；与鲜醋糟混合后含水率 68.3%，pH 4.8。处理 2：鲜醋糟接种 0.5% 的商业菌种，作为对照。

每个处理为一个条垛，长 20m，高 1.0m，底面宽 1.6m。每个条垛分为两段，分别测定上、中、下层堆温。每隔 2~3d 机械翻堆。翻堆混匀物料后四分法取样。

从图 2.1 的试验结果可以看到，回料处理在堆制发酵早期很快进入高温阶段。在堆制前 10d，对照的堆温基本在 60℃以下，在堆制 16d 才升到 70℃以上；而回料处理在堆制第 6 天即升到 70℃以上，但第 16 天以后则降到 70℃以下，此时物料含水率在 60%~65%，pH 在 6~6.5，适合于醋糟发酵，因此可以认为是物料中易降解有机物含量降低所致。由图 2.1 和图 2.2 可知，回料处理的含水率下降速度快于添加微生物的对照，并且前者 pH 快速上升期早于后者，说明回料更有助于促进发酵的过程。但是回料本身占据了料堆的时间和空间，所以适合在发酵场地充足的条件下应用。

回料比加入菌种更有助于促进发酵的过程，主要原因除了在回料中含有大量土著菌种外，还降低了鲜醋糟的水分，使得更有利于初始温度的上升。那么如果在生产工艺中增加水分压滤的过程，能否促进醋糟料堆的初始发酵过程，对此作者又进行了多次试验，证明把水分压滤到 60% 左右，可以比 70% 以上的水分大大提高初始增温速率。滤去水分加上菌种后促进发酵的作用更加明显，达到与回料添加相同的效果。

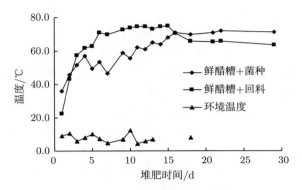

图 2.1　鲜醋糟、混合糟堆肥的堆温变化

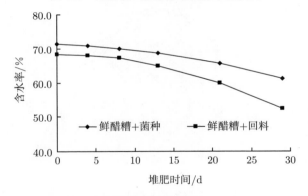

图 2.2　鲜醋糟、混合糟堆肥的含水率变化

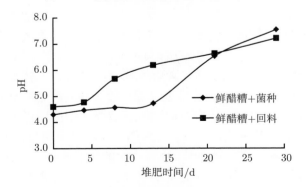

图 2.3　鲜醋糟、混合糟堆肥的 pH 变化

2.2　增加翻堆频率对醋糟堆制发酵的影响

2.2.1　醋糟堆制发酵过程的分层效应

常规的堆肥发酵中，由于温度是主导因素，所以堆制过程中不经常翻堆，只是在发酵中期才翻堆 1~2 次，以保证料堆中保持较高的温度。但是在发酵过程中，由于上、中、下不同层次所处的环境条件不同，承受的压力不同，所以这种堆制发酵方法形成的基质物料性状是否会有较大的差异，是否会影响基质产品的品质，针对该问题进行了专门的试验研究。

试验设置：将醋糟堆成条垛形，条垛长度 10m，底面宽约 1.2m，高约 0.8m。堆制第 20 天，在堆体中部作横剖面，按实际分层情况，分别选三个点取样并混合作为该层样品。

根据对醋糟发酵 20d 后的料堆横剖面观察，从颜色、气味、湿度等性状上，料堆被明显地分为 4 层，层次的划分如图 2.4 所示。

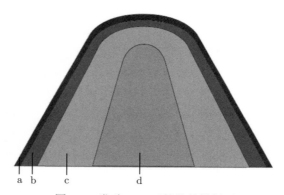

图 2.4　发酵 20d 后的堆体横剖面

不同层次的具体特征如表 2.1 所示。最外层 (即 a 层) 可能因为水蒸气凝结并吸收大量氨气的缘故，含水率较高，并呈弱碱性；b 层分布有大量真菌菌丝并呈青灰色；c 层堆温在 70℃左右，可以判断该层嗜热菌生命活动旺盛；料堆最内部则因为压实作用造成通气性差、微生物代谢活性弱，物料仍有一定醋酸味。

导致料堆层次效应即空间变异性的原因可能主要有两个：一是料堆自内而外温度由高到低的梯度变化。因为不同微生物的适宜温度不同，以及不同温度下水分挥发强度不同，因此温度的空间变异性导致微生物种群和物料含水率的空间变异；同时，水分状况也影响微生物的生长，而微生物的种群差异又导致物料养分、中间代谢物等的空间差异。二是物料自身的压实作用。翻堆条垛发酵系统的通气方式为翻堆和条垛自身的"烟囱效应"。翻堆时，空气进入物料空隙，实现气体交换；"烟囱效应"是因为条垛内部空气温湿度高，周围环境空气的温湿度较低，两者的密度差产生向上的浮力，从而引起的自然通风。影响自然通风效果的因素主要有两个，一是堆体的温度；二是物料的自由空域 (free air space, FAS)。堆体内外温差的大小决定了通气动力的强弱，而自由空域的大小关系着通气阻力的大小。物料的压实作用使其自由空域呈垂直减小，通气阻力从上到下逐渐增大，堆体内产生明显的气流通道作用[9,10]，造成通气状况的空间差异，继而造成各部位微生物代谢活性的差异。

表 2.1　醋糟堆肥中期 (第 20 天) 各层基本特征

堆层	厚度/cm	颜色	气味	含水率/%	pH
a	2~4	深棕色	氨味	74	8.0
b	4~10	青灰色	—	50	7.4
c	10~20	浅褐色	—	51	6.3
d	10~15	深褐色	醋酸味	57	5.7

2.2.2　每周翻堆频率的堆体温湿度和 pH 变化

由于醋糟堆体中不同层次的差异大，加上醋糟初始水分含量高，在发酵过程中加快水分散失成了矛盾的主要方面，因此，在醋糟发酵过程中加快翻堆频率进行通风换气是非常必要的。为此，进行了每周翻堆一次对发酵进程影响的试验研究。

试验设置：将醋糟堆成条垛形，条垛长度 10m，底面宽约 1.2m，高约 0.8m。每天上午 10:00、下午 16:00 左右测定堆体从顶部向下 15cm、40cm、65cm 处温度，即为上、中、下三层的堆温 (图 2.5)。并在以各层测温点为圆心、半径 10cm 的水平圆上选三个点取样并混合，作为该层样品。分别于第 7、13、20、31 天人工翻堆，持续 45d 后堆制结束。水分含量为烘箱 80℃下烘干至恒重时的测定值。

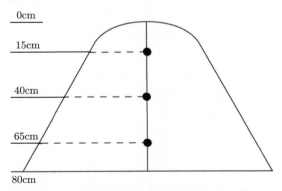

图 2.5　醋糟堆肥条垛测温及取样点示意图

●—堆温测量点

2.2.2.1　每周翻堆频率的堆温变化

发酵过程中, 堆体温度的变化主要决定于微生物分解代谢强度和堆体空气交换强度, 当产热量高于散热量时, 堆温升高, 反之则堆温下降; 而堆温的变化反过来又造成物料中微生物群落组成的变化, 当堆温升至 60℃以上, 通常只有嗜热细菌存活。

由图 2.6 可知, 醋糟发酵过程中, 堆温经历明显的升温、高温和降温过程, 并且升温速度较快, 最高温在 70℃左右。在每经过一次翻堆后, 料堆中温度都明显下降, 但是次日开始温度又大幅上升。

从料堆不同层温度变化看, 堆制早期, 中、下层温度变化基本同步, 上层升温速度明显较快, 结合表 2.2 可知, 上层比中、下层提前 3d 到达高温期 (45℃以上), 提前 4~5d 升到 60℃以上; 堆制中期, 中、上层温度接近, 下层较之低 5~15℃, 上、中、下层最高温分别达 73.4℃、74.0℃、66.6℃, 由表 2.2 可知, 各层保持 45℃以上天数都在 30d 以上且相差不大, 而中、上层 60℃以上保持天数大大高于下层, 说明从整个堆制过程看, 下层的微生物生命活动的强度比中、上层低得多; 堆制 30d 后, 堆温持续下降, 45d 后降到 30℃左右, 基本上接近环境温度。

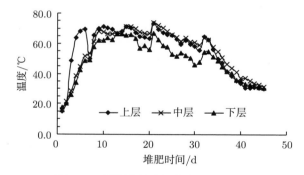

图 2.6　醋糟堆制过程中各层堆温变化

表 2.2　醋糟发酵堆体各层温度变化统计

堆层	升至 45℃/d	升至 60℃/d	升至 70℃/d	最高堆温/℃	45℃以上/d	60℃以上/d	70℃以上/d	降至 45℃/d
上层	3	4	9	73.4	34	26	6	37
中层	6	8	15	74.0	32	25	5	38
下层	6	9	—	66.6	30	11	—	36

2.2.2.2　每周翻堆频率的堆体含水率变化

由图 2.7 可知, 物料堆制过程中的含水率总体呈下降趋势, 其中上层水分散发最快。影响含水率变化的主要因素有微生物活动、堆温变化及物料总孔隙度等。含水率是影响微生物活性的重要因素，而反过来，微生物产热促进空气流动并携带走大量水蒸气从而使物料含水率下降。随着堆中微生物活动堆温不断提高，一方面促使水分从液态转化为气态，另一方面会加强烟囱效应，加大料堆内外压差，促进空气流动和水分散失。物料总孔隙度和含水率决定了物料的有效空域，孔隙度越低，含水率越高，则有效空域越小，空气流动性越差，反之则空气流动性越强。而醋糟的颗粒较粗，总孔隙度达到 70% 左右，所以堆制中水分散失较快。

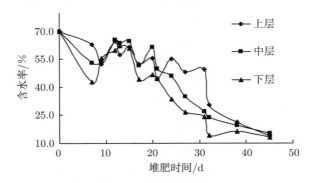

图 2.7 每周翻堆频率的醋糟发酵堆体含水率变化

从图 2.7 中还可以看到，每翻堆一次后，测得料堆中的含水量都有大幅的下降，但随后又会出现不同幅度的起伏，并且有时候缺乏一定的规律性。可能原因有，一是翻堆后温度变化大，温度与相对湿度互作所致；二是料堆各部位含水率差异很大，而每次测定的部位并不固定所致。但是从整体上还是反映出了物料水分逐渐下降的变化趋势，在每周一次翻堆的频率下，第 38 天水分下降到 20% 左右，直至第 45 天才下降到 15% 左右。

2.2.2.3 每周翻堆频率的堆体 pH 变化

图 2.8 是醋糟发酵过程中 pH 的变化动态。从图中可见，醋糟堆制过程中，无论是上层、中层还是下层，pH 呈现不规则的逐渐上升的趋势，从堆制初期的 4.3 左右上升至最高 8.0 左右，随后又下降至 7.2 左右的中性 (完全腐熟后将进一步降到 6.3 左右的微酸性，见 2.3.4 节)。有研究表明，富含纤维素和蛋白质的物料堆制的最佳 pH 为接近 8.0，在 5.0≤pH≤9.0 时底物的降解速率很低[11]。常见的堆制原料 pH 小于 8，因此通常在堆制前期，物料 pH 有一个升高过程，高温阶段呈弱碱性，而在降温和腐熟阶段，不同原料其 pH 变化趋势不同，有些会稳定在 8.0 左右[12]，有些则会下降最终稳定在中性或弱酸性[13-15]。堆制过程中 pH 的变化原因是有机物分解产生有机酸和铵态氮，有机酸使 pH 降低，铵态氮使 pH 升高。

醋糟在堆制过程中 pH 逐渐上升，可能是有机物分解产生的铵态氮占优势的原因（见 2.3.3 节）。但醋糟原料的特性决定了发酵结果为中性至弱酸性。

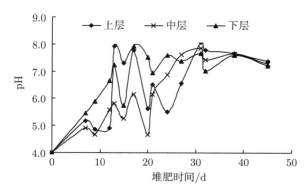

图 2.8　醋糟发酵过程中 pH 变化

2.2.3　增加翻堆频率与添加尿素对发酵过程的影响

从上节的试验可知，每周翻堆一次醋糟堆制的时间仍然需要 40d 以上，那么如果继续增加翻堆频率，加快水分的散失过程，并且添加尿素营养，是否能够加快堆制过程？针对这一问题，又进一步进行探索。

试验设置：分翻堆频率和尿素添加两个因素，每个因素两个水平，共 4 个处理。翻堆频率的两个水平分别为间隔 4d 和 2d；尿素添加的两个水平分别为添加量为 2% 和 0(不添加) 两个水平。处理设置方案见表 2.3。每个处理两次重复即两堆，每堆高约 60cm，底面约 1.0 m 见方。从顶部向下 20cm 处测定堆温，每次翻堆混合后四分法取样。

表 2.3　处理设置方案

因素	处理 1	处理 2	处理 3	处理 4
翻堆间隔/d	4	4	2	2
添加尿素/%	0	2	0	2

2.2.3.1　翻堆频率与添加尿素对堆温的影响

由翻堆频率和尿素添加状况下醋糟堆制过程中堆温变化曲线 (图 2.9) 可知，堆制早期，升温速度由快到慢依次为处理 4、处理 2、处理 3、处理 1，即加氮且 2d 翻堆的处理升温最快，其次是加氮而 4d 翻堆的处理，再次是不加氮且 2d 翻堆的处理，不加氮且 4d 翻堆的处理 1 升温最慢；堆制后期，降温速度快慢顺序与升温阶段相同，尤其是处理 1 比其他处理降温过程晚 4~5d。这说明加氮及提高翻堆频率对醋糟好氧发酵有一定的促进作用。但方差分析中,翻堆频率和添加尿素对堆温变化影响均不显著 ($p > 0.1$)。比较处理 2 与处理 3、4 发现,前者升温和降温速度与后两者没有明显差异,并且前者保持 60℃以上时间较短、降温较快,因此可以认为加尿素后,提高翻堆频率意义不大。同样,比较处理 3 与处理 2、4 发现,提高翻堆频率的同时,再添加尿素对堆温的变化影响也不大。

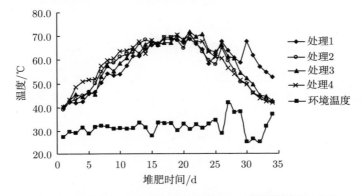

图 2.9 不同翻堆频率和尿素添加状况下醋糟堆制堆温变化

表 2.4 不同翻堆频率与尿素添加状况下醋糟堆制堆温变化统计

处理号	升至 45℃/d	升至 60℃/d	最高堆温/℃	45℃以上/d	60℃以上/d	降至 45℃/d
1	5	12	68.9	30	18	—
2	4	10	68.5	28	15	32
3	3	11	71.9	29	18	33
4	3	9	70.6	29	18	32

Ajay S. Kalamdhad 等[16] 研究认为翻堆频率过高会干扰微生物生长,降低有机质利用率,降低堆温。同样在 Ogunwande G. A 等[17] 翻堆间隔分别为 2d、4d 和 6d 的鸡粪堆制研究中,2d 翻堆处理堆温低于 4d 和 6d 翻堆处理堆温。本研究的结论与这些前人的研究基本相同,由于醋糟的总孔隙度较大,氧气的供应较为充足,翻堆频率在 4d 左右对醋糟好氧发酵有一定促进作用。

2.2.3.2 翻堆频率与添加尿素对含水率的影响

由图 2.10 和图 2.11 可知,醋糟堆制中早期,含水率呈抛物线趋势下降,当降至 30% 左右时,含水率下降速度减慢。而分析翻堆频率及添加尿素对含水率变化过程的影响发现,两者对含水率变化的影响均不显著 ($p > 0.1$)。尤其是不同翻堆频率下醋糟含水率变化曲线基本重合;而添加尿素使 4~20d 含水率下降速度有所加快,使含水率变化曲线趋于线性,但对方差分析结果显示添加尿素的影响不显著

$(p > 0.1)$。

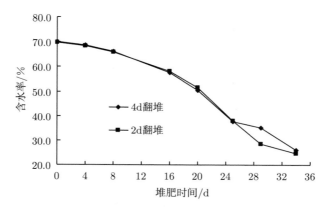

图 2.10   不同翻堆频率下醋糟堆温变化

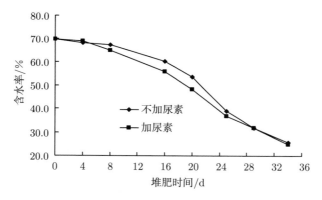

图 2.11   不同尿素添加状况下醋糟含水率变化

2.2.3.3   翻堆频率与添加尿素对 pH 的影响

由图 2.12 可见，提高翻堆频率使 pH 上升速度有所加快，2d 翻堆处理 pH 升到 6.0 和 7.0 的时间分别比 4d 翻堆处理提前 4d，并且前者最高 pH 平均值达 7.9，比后者高出 0.3，但方差分析表明二者间差异不显著 $(p > 0.1)$。而尿素的添加显著地改变了 pH 的变化趋势 $(p < 0.01)$，尤其是堆制 4d 后呈对数曲线变化（图 2.13），堆制 12d 后，pH 由最初的 4.0 升到 7.0 左右，最高升至 8.1，堆制后期略有下降；而未加尿素的两个处理，总体呈 S 形曲线变化，在堆制前 8d 变化很小，12~20d 剧烈变化而后趋于稳定，堆制结束时达 7.2 左右。这跟尿素本身呈现碱性有一定关系。

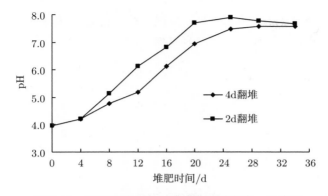

图 2.12 不同翻堆频率下醋糟发酵过程中 pH 变化

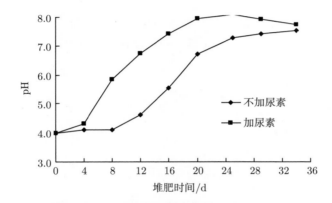

图 2.13 尿素添加对醋糟发酵中 pH 的影响

2.2.3.4 醋糟堆制过程中 pH 与含水率对再升温影响的分析

堆体是一个复杂的多相系统，好氧发酵微生物是一个庞杂而动态变化的生物群体，而各环境条件又具有相互作用、相互影响的关系。根据前面的测定数据，分析醋糟堆制发酵过程中不断变化的 pH、含水率对再升温的影响，有助于了解微生物对环境条件的适应性。

由于 pH、含水率通常都对微生物的生长有显著的影响，因此分别以 pH 和含水率为控制变量分析了 pH 与再升温、含水率与再升温的偏相关关系。结果表明 pH 在 4~8 范围内与再升温偏相关系数为 0.72，但这并不能说明，较低的 pH 是醋糟堆制微生物生长的主要限制条件，由图 2.14 可知，pH 在 4.4~8.2 的范围内，再升温都可达到 60℃以上，而堆制早期再升温较低则可能是因为缺乏微生物量和生物热的积累。另外堆制后期再升温的下降则主要是因为含水率过低。由图 2.15 可知，含水率与再升温呈非线性相关。分两个范围分析了含水率与再升温的相关关系, 当含水率在 20%∼55% 之间时, 与再升温偏相关系数为 0.81, 而当含水率在 55%∼70% 时, 偏相关系数为 −0.69。综合前面的试验, 可以认为 40%∼60% 是醋糟堆制发酵的最适含水率。

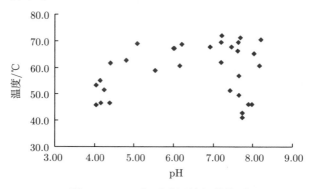

图 2.14　pH 与再升温的相关关系

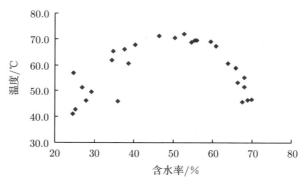

图 2.15　含水率与再升温的相关关系

2.3　两阶段发酵法及其后腐熟作用

醋糟基质使用过程中发现, 无论是频繁翻堆的堆制 30d 左右完成发酵, 还是不翻堆 45d 完成发酵的工艺, 所生产的醋糟基质在大批量堆放、运输过程中常常会出现基质发热现象, 即基质的二次发酵, 甚至在栽培利用的早期有时也会出现基质发热现象, 导致基质性状不稳定, 并分泌一些毒害性物质, 不同程度抑制植株根系的生长, 对有机基质早期栽培产生不利影响。分析原因可能是经过一段时间的堆制, 物料看似温度和水分已下降, 但实际上基质发酵不够完全。因此, 为了确保规模化生产中基质的质量, 在堆制过程中达到充分腐熟并使其达到理化性状稳定, 又进一步进行了发酵物料“后腐熟”的试验研究。通过在堆制进程中期向堆体添加水分来调节环境，以期确定醋糟基质发酵完全后达到性状稳定的条件。

试验设置：将复合微生物菌剂和新鲜醋糟按 5mL/kg 混合均匀后，在江苏大学实验塑料大棚中堆成长 × 宽 × 高为 2m×1.5m×1.2m 的条垛，设置 3 个重复。采用二阶段发酵技术：第一阶段为快速发酵阶段，每隔 2d 翻堆一次，采用人工翻堆，待温度降至室温，堆体水分质量分数降至 30% 以下时，进行第二阶段的发酵。第二阶段开始前通过给堆体喷洒水分，使堆体水分质量分数恢复至 50%~60%，每隔 5d 翻堆一次，待堆温降至室温，堆体水分质量分数降至 30% 以下时整个发酵过程结束。

2.3.1　两阶段发酵过程中堆体温度和水分质量分数的变化

堆体温度能在一定程度上反映堆肥系统中的微生物活性，同时也对其活性产生影响。因此，堆体温度是堆制过程控制的一个重要指标。堆体的温度受到各种理化参数如堆制原料、有机质含量、C/N、通气性、水分含量等的影响。堆体温度升高是微生物代谢产热累积的结果，反过来又限制了微生物的代谢活性[18]。

本试验中堆体温度和堆体水分质量分数的变化见图 2.16。在堆制一次发酵阶段中，堆体经过 2d 发酵温度迅速上升至 45℃，即进入高温阶段，这说明堆制初期，醋糟中易于降解的有机物营养丰富，微生物活动剧烈，使堆体温度上升迅速。而 60~70℃高温阶段维持了 16d，最高温度达到了 72℃，这一阶段主要是高温细菌活动，即分解纤维素和果胶类物质能力很强的微生物，由于醋糟中主要物质为纤维素类物质，导致醋糟发酵高温阶段维持时间较长。同时堆体水分质量分数也迅速下降，由堆制开始前的 68.8% 下降到 20% 左右，随着堆体水分质量分数进一步降低，堆体温度也下降至室温，第一阶段发酵完成。

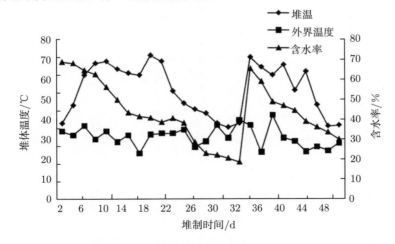

图 2.16　堆制过程中堆料温度和堆体水分质量分数的变化

第二阶段发酵自给堆体喷洒水分开始，堆体温度迅速由室温上升至高温阶段，并且维持了 10d 左右，随后才缓慢下降至室温，水分质量分数也从添加时的 50%～60% 下降到了 30%，第二阶段结束。由第二阶段的温度曲线可以看出，第一阶段温度降低的主要原因在于频繁翻堆导致堆体水分蒸发剧烈，水分质量分数降低阻碍了微生物的繁殖，导致了堆体温度的下降。第二阶段的高温维持了 10d 左右，说明第二阶段发酵堆体中高温微生物可利用的物质仍然很丰富，因此向堆体添加水分进行二次发酵，促进后腐熟是很有必要的。

2.3.2　两阶段发酵过程中堆体有机质含量及其降解率的变化

醋糟堆制过程中有机物的减少是微生物同化和异化作用的结果，与微生物的组成和活力有很大的关系。通过醋糟堆制过程中挥发性固体的降解率变化，可以反映各温度阶段微生物对有机物分解能力的大小和微生物的代谢活力，从而确定堆制醋糟稳定的主要作用阶段，为堆制工艺参数控制提供依据。

本试验中，堆制物料中有机质含量及降解随发酵时间的变化见图 2.17。从图 2.17 可以看出，纯醋糟堆制的最大降解率为 56%，其降解作用主要在两个温度阶段完成。第一阶段发酵前期即升温期 (1～8d)，这一阶段的有机质降解率为 30%，占最大降解率的 52%，高温期有机质降解率下降，降温期有机质降解率又有所上升，第一阶段醋糟有机基质总降解率为 45%，占最大降解率的 80%。第二阶段随着堆体温度上升，有机质降解率又出现一上升小高峰，随后缓慢上升，第二阶段醋糟有机基质降解率占最大降解率的 20%。

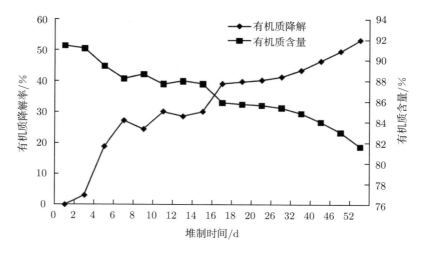

图 2.17　堆制过程中堆料有机质相对含量及降解率的变化

2.3.3　两阶段发酵过程中不同氮素形态含量的变化及氮素损失

基质中氮的各种形态包括总氮 (TN)、有机氮 (总氮减去无机氮)、无机氮 [主要是氨态氮 (NH_4^+-N) 和硝态氮 (NO_3^--N)]。有机固体废物的堆制可能导致氮素的矿化、氨气的挥发、硝化及反硝化作用，其中氮素的矿化将有机氮转化为氨氮，氨气的挥发和反硝化作用直接导致了氮素的损失，而总氮质量分数的升降取决于有机碳矿化与氮素矿化的速度比。堆制过程中氮的质量分数及其存在形态的变化直接关系到最终发酵产品的农业利用价值。

2.3.3.1　总氮的变化

总氮变化基本趋势是先下降后上升 (图 2.18)，这与其他人的研究基本一致[98]。第一和第二阶段发酵开始阶段总氮质量分数下降是由于在高温期微生物活动旺盛，消耗氮的速率明显大于总干物质的下降速率。随着发酵的进行，堆料逐渐腐熟，部分有机碳还在被利用转化为 CO_2，而此时 NH_3 的挥发损失较小，因此，堆制中全氮质量分数转为上升。总体上看，总氮质量分数在堆制后比堆制前升高。

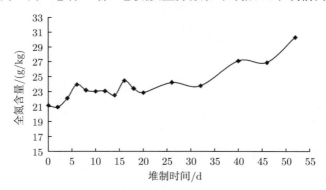

图 2.18　堆制过程中堆料总氮质量分数的变化

2.3.3.2　氨态氮和硝态氮的变化

由图 2.19 可以看出，堆制第一阶段初期物料 NH_4^+-N 的含量上升，之后又急剧下降，在第一阶段后期和第二阶段发酵 NH_4^+-N 含量趋于稳定，并保持在一定水平。在堆制初期，NH_4^+-N 的变化趋势主要取决于温度、pH 和基质中氨化细菌的活性[19]。在本试验中由于初期堆料的 pH 较低，不适合氨化细菌的繁殖，导致初期 NH_4^+-N 上升缓慢。随着 NH_4^+-N 的积累，堆料的 pH 迅速升高，并维持在 7~8 之间，在此环境下氨化细菌繁殖迅速，产生大量的 NH_4^+-N，致使 NH_4^+-N 含量迅速升高直至顶峰，堆体的持续高温和高的 pH 加剧了 NH_4^+-N 和 NH_3 的不平衡，造成 NH_3 逸出，同时硝化细菌的活跃，使一部分氨态氮转化为硝态氮，两方面共同作用导致了氨态氮的下降。

由图 2.18 中硝态氮的变化可以看出，硝态氮含量表现为先上升，后下降，再上升，再下降，最后持续上升的态势。堆制发酵初期堆体 pH 很低，以及氨态氮含量较少，硝化细菌不活跃，导致堆制开始后堆体硝态氮含量很低。随着堆体 pH 的上升及氨态氮的大量积累、硝态氮含量迅速上升，堆体内微生物代谢旺盛，极易形成严重缺氧，甚至厌氧环境，导致了剧烈的反硝化作用。大量的硝态氮转化为气态的 N_2O 和 N_2，造成硝态氮的损失，硝态氮含量下降。随着堆体温度的降低，硝化细菌再度活跃，堆体中硝态氮含量再次上升。在第二阶段发酵过程的高温阶段，硝态氮含量再度下降，其原因与第一阶段的相一致，之后随着堆体环境的改善，硝态氮再次缓慢上升。

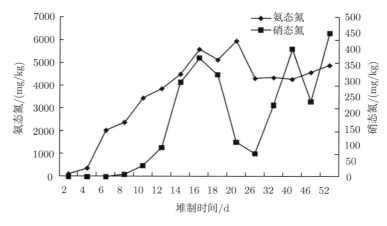

图 2.19　堆制过程中堆料总氨态氮和硝态氮质量分数的变化

2.3.3.3　醋糟两阶段堆制过程中的氮素损失

醋糟在堆制发酵过程中，醋糟总氮损失率随着栽培时间的延长逐渐增加，堆制结束时 (45d)，醋糟基质的氮素损失率达到 39.6% 以上 (图 2.20)。从不同时期氮素损失率来看，堆制前 20d 内即发酵的第一阶段氮素损失率占整个堆制期间氮素损失的 85% 以上，堆制第二阶段随着向基质中添加水分堆体温度迅速上升，造成基质氮素的进一步上升，在堆制第二阶段后期，氮素损失率明显降低。堆制 35~45d 内，氮素损失占整个堆制时期氮素损失不到 5%。可以看出醋糟堆制发酵过程中氮素损失主要发生在堆制第一阶段，而第二阶段氮素损失较少。

在以醋糟为物料的搅拌翻堆条跺式堆制发酵过程中，堆体有机质降解减少十分显著，发酵第一阶段有机质降解率占整个降解率的 80% 以上，氮素损失率占整个发酵阶段氮素损失率的 85% 左右，因此第一阶段发酵为醋糟有机基质发酵的主发酵阶段, 第二阶段为后熟阶段。

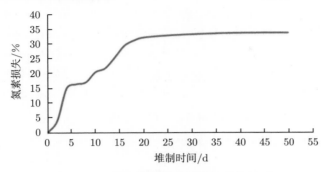

图 2.20 堆制过程中堆料氮素损失的变化

2.3.4 两阶段发酵过程中 pH 和挥发性酸含量的变化特征

由图 2.21 可以看出以醋糟为原料的酸性物质在发酵过程中的 pH 的变化特征, 表现出一个由酸变碱然后缓慢变为弱酸的过程。在第一阶段发酵伊始, 醋糟堆体内初始 pH 较低, 氨态氮质量分数也较低 (图 2.19), 在堆制初期堆体内 pH 缓慢上升。随着堆体内温度的提高, 以及堆体内氨化细菌的活跃, 堆体内氨态氮大量积累, 导致堆体 pH 迅速上升, 并于堆制 15d 左右达到高峰, 即 pH 接近 8, 这与堆体内氨态氮的变化趋势是一致的。高温阶段, 随着堆体内氨态氮质量分数的减少, 堆体 pH 缓慢下降, 同时堆制后期堆体内硝态氮质量分数缓慢上升, 使堆体的 pH 缓慢下降, 最终堆体内维持动态平衡, pH 稳定在 6.3 左右。

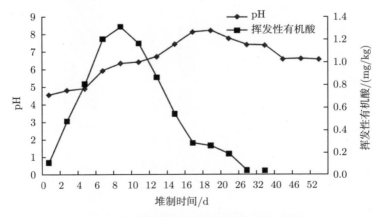

图 2.21 堆制过程中堆料 pH、挥发酸含量变化

挥发性酸是微生物分解糖类等碳水化合物的中间产物。从图 2.21 堆制过程挥发性酸的变化可以看出, 醋糟堆制的初期, 由于微生物的代谢作用, 产生大量的有

机酸，使物料的挥发酸含量上升。而随着有机酸浓度的升高，醋糟堆制初期的 pH 上升较慢，在第 10 天有机酸出现高值，随着堆制进程挥发酸含量逐渐下降，堆制后期其含量极其微小。通过分析可以认为，醋糟中糖类等碳水化合物主要是由中、高温菌群进行分解，其中高温菌群的作用更大 (6~16d)，挥发酸含量上升至最高值。研究表明高温菌对纤维素的降解起主要作用，因此推断本实验的高温阶段 (第 6~16 天) 挥发酸含量上升，可能是高温菌群分解纤维素等多糖类物质的结果。

2.3.5　两阶段发酵过程中堆体发芽指数 (GI) 的变化

发芽率指数常作为生物学指标被用来判断堆肥的腐熟度，用 GI 表示，计算方法见下式：

$$GI = \frac{浸提液发芽率 \times 浸提液平均很长}{去离子水发芽率 \times 去离子水平均很长} \times 100\% \qquad (2\text{-}1)$$

当 GI>50% 时可认为堆肥对植物基本没有毒害作用，当 GI>80%~85% 时，即可认为该堆肥施入土壤对植物已完全没有毒性[20,21]。一般堆肥都作为有机肥使用，堆制发酵后作为基质用途的物料没有专门的标准，所以这里权且采用堆肥的指标。

醋糟不同堆制发酵时期的发芽指数 (GI) 示于图 2.22。可以看出，第一阶段结束时 (30d) 堆体浸提液 GI 为 56.8%，表明堆体还未完全腐熟。第二阶段结束后 (50d) 堆体浸提物的 GI 为 102.3%，表明堆体物料已发酵完全并对种子发芽有促进作用。

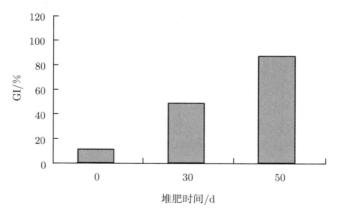

图 2.22　堆制过程中堆料发芽指数的变化

第 3 章　　醋糟发酵微生物的筛选及其应用

每一种物料发酵都有其适合的微生物。以往的醋糟试验中都是采用了由南京农业大学所研制的 EM 菌以及自制的复合微生物剂。这些多菌种混合的微生物，对醋糟发酵具有一定的作用，但不一定是醋糟发酵最适合的菌。基质发酵技术主要通过将废弃物进行堆制和好氧发酵，在微生物的作用下，使物料得到腐熟，同时通过高温的作用，杀死大多数病原菌，使得腐熟的堆制物不含病原菌或所含病原菌数量较低以至于不会对植物产生危害，其原理与传统的堆肥技术相似。与堆肥技术不同的是，堆肥的产品是有机肥，而基质主要是提供植物生长的介质，使用量大，因此对发酵腐熟的要求更高。多年研究过程中发现，醋糟发酵过程中伴随着纤维素的降解，醋糟发酵速度与纤维素酶活力之间有着密切的相关性，即纤维素酶活力可以作为衡量醋糟发酵促进作用的指标。据此，项目组进行了醋糟发酵专用纤维素分解菌的筛选研究，并对其适宜的发酵条件进行试验分析，以提高醋糟物料发酵的速率。

3.1　醋糟发酵的微生物的筛选

本节以酶活力为主要指标，通过纤维素分解菌的筛选、菌种在液体培养和固态发酵中的环境适应性研究，寻找可以快速促进醋糟发酵的微生物。

3.1.1　试验材料

实验所用的醋糟由江苏恒顺醋业集团提供，其基础性状为：全氮含量为 1.93%，全磷含量为 0.28%，全钾含量为 0.30%，粗纤维含量为 30%，原始醋糟的含水量约为 70%。

培养基及其配方：

1) 基础培养基

配方为 1.0g KH_2PO_4，0.6g $MgSO_4 \cdot 7H_2O$，0.1g NaCl，2.5g $NaNO_3$，0.05g $CaCl_2$，0.01g $FeCl_3$，使用去离子水加至 1000mL。用手提式不锈钢蒸汽消毒器 121℃灭菌 25min。

2) 液体发酵培养基

配方为 1.0g KH_2PO_4，0.6g $MgSO_4 \cdot 7H_2O$，0.1g NaCl，2.5g $NaNO_3$，0.05g $CaCl_2$，0.01g $FeCl_3$，20g 醋糟 (干燥后)，使用去离子水加至 1000mL。用手提式不锈钢蒸汽消毒器 121℃灭菌 25min。

3) 其他培养基及其配方

马铃薯培养基 (简称 PDA)、牛肉膏蛋白胨培养基；CMC 选择培养基 (筛选纤维素分解菌用)；胰酪胨大豆酵母浸膏琼脂 (TSA-YE) 培养基 (分离细菌用)。

实验所用试剂均为分析纯 (AR)。

3.1.2 试验方法

3.1.2.1 样品的采集与分离保藏

在江苏大学校园内林地下的土壤、垃圾堆肥、堆制过的醋糟和锯末、未经堆制处理的醋糟堆中采集样品。采用对角线、五点法，每种环境下都用干净的采样铲铲取 5 个样点，总共采集样品约 1kg。将采集的样品放入灭过菌的牛皮纸袋中，混合均匀，在 30min 内带回实验室，在 2h 内将其分离培养。

根据样品采集地点的不同分别将各混合样品按浓度稀释法接种到 PDA 平板培养基上，进行划线分离，初步判断各菌的种属关系，并进行相应的分离培养。真菌类用 PDA 培养基分离培养；细菌类用 TSA 培养基分离，用牛肉膏蛋白胨培养基培养。并编号做进一步的分析。

3.1.2.2 固体培养基 (CMC 平板培养基) 酶活力的测定

将分离的菌种点接到 CMC 固体平板培养基上，在 28℃下培养 2d，进行定向培养。用质量分数为 0.2%的刚果红溶液染色 5min，用去离子水冲洗至无游离染色液，最后用质量分数为 0.9%的 NaCl 溶液定影，菌落呈现一个不规则的圆形，测量各菌落透明圈的直径 (各向直径的平均值) 并计算其相对酶活力[22]，筛选出相对酶活力较高的菌做进一步分析。

3.1.2.3 液体发酵培养基酶活力的测定

1) 葡萄糖标准曲线的制定

按照表 3.1 的配方配置葡萄糖标准溶液，用紫外可见分光光度计在 530nm 波长下比色，用 Origin7.5 绘制标准曲线。

标准曲线配置的结果见图 3.1，求出葡萄糖标准曲线的线性方程为 $y = 0.0038 + 154.36x$，$R^2 = 0.9993$，可以作为标准曲线的线性方程。

表 3.1   标准曲线不同溶液的加入量

参数	0	1	2	3	4	5	6	7	8	9
葡萄糖标准液/mL	0.0	0.1	0.2	0.3	0.4	0.5	0.6	0.7	0.8	0.9
去离子水/mL	2.5	2.4	2.3	2.2	2.1	2.0	1.9	1.8	1.7	1.6
DNS/mL	2.5									
沸水浴后加去离子水/mL	15									
葡萄糖浓度/($\times 10^{-3}$ mg/mL)	0.0	0.5	1.0	1.5	2.0	2.5	3.0	3.5	4.0	4.5

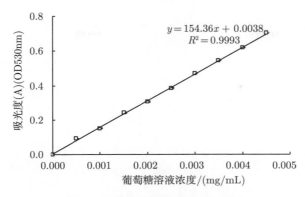

图 3.1 葡萄糖标准曲线 (530nm)

2) 粗酶液的制备

在无菌环境下，分别提取液体发酵培养基中的发酵液 1mL，装入已经编号的 EP 管中，于 3000r/min、4℃离心 15min，取上清液 0.5mL 作为粗酶液，将粗酶液置于冰上暂存，并及时做进一步的研究。

3) CMC 酶活力的测定

用分光光度计测还原糖含量。

4) FPA 酶活力的测定

1 国际酶活单位 (international unit，IU) 定义为 1min 内转化底物产生 1μmol 葡萄糖 (折合糖类为葡萄糖) 所需的粗酶液量[23]。还原糖折合方法由 DNS(3,5- 二硝基水杨酸) 染色法测定[24]，而酶的活性计算单位换算成 1IU/mL。

5) 还原糖含量的测定

还原糖含量采用 DNS(3,5- 二硝基水杨酸) 染色法测定。

3.1.2.4 测定指标的计算方法

1) 矿化率的计算

设定培养前样品总质量为 M_0(干重)，培养后，置于 80℃真空干燥箱中烘干至恒重，测量质量记为 M_1。基质矿化量是基质培养后与培养前的质量之差。基质矿化率 $K=$ 基质矿化量/基质总质量 (干重)×100%。即

$$K = \frac{(M_0 - M_1)}{M_0} \times 100\% \tag{3-1}$$

2) 总纤维素含量测定及灰分含量测定

参考食品分析中总纤维的测定[25]。粗纤维主要指去除稀酸可溶性物质、稀碱可溶性物质、乙醇和乙醚可溶性物质以及灰分后的残留物。

纤维素含量 C 表达式为

$$C = \frac{N_1 - N_2}{N_0} \times 100\% \tag{3-2}$$

灰分含量 H 表达式为

$$H = \frac{N_2 - G_0}{N_0} \times 100\% \tag{3-3}$$

在测定过程中，加热至沸腾的时间、煮沸的时间、沸腾状态以及过滤所用的亚麻布对测定结果都有很大影响，严格按照规定操作，以不影响测定结果的重复性。

3) 发酵前后总纤维素减少量计算

设发酵前醋糟干重为 M_0，其粗纤维素含量为 C_0，发酵后基质的粗纤维含量为 C_1，发酵过程中的矿化率为 K，见式 (3-1)，则发酵前后粗纤维被分解量 ΔC 的表达式为

$$\Delta C = \frac{C_0 \times M_0 - C_1 \times M_0 \times (1 - K)}{C_0 \times M_0} \times 100\% \tag{3-4}$$

3.1.2.5　纤维素分解菌的筛选

将 CMC 固体平板培养基作为纤维素分解菌的筛选培养基，将分离的菌点接到 CMC 固体平板培养基上，在 28℃下培养 2d，进行定向培养。用质量分数为 0.2% 的刚果红溶液染色 5min，用去离子水冲洗至无游离染色液，最后用质量分数为 0.9% 的 NaCl 溶液定影，菌落呈现一个不规则的圆形，测量各菌透明圈的直径并计算其相对酶活力，筛选出相对酶活力较高的菌做进一步分析。

对筛选出的菌做初步鉴定分析。参照 R.E. 布坎南的《伯杰细菌鉴定手册》[26] 和《真菌鉴定手册》[27]，利用显微镜对筛选的菌进行形态观察鉴定。

3.1.2.6　筛选菌的环境适应性试验

1) 培养时间对菌酶活力的影响

分别将 100mL 液体发酵培养基转入 250mL 的锥形瓶中，用手提式不锈钢蒸汽消毒器 121℃灭菌 30min，冷却至室温。在超净工作台中将 3 种菌接种到锥形瓶中，并编号。然后置于气浴恒温振荡器中，调节温度为 28℃，调节速度为 1500r/h，慢速摇床培养 1 周。每隔 24h 吸取 1mL 培养液，从培养液中提取粗酶液，经适当稀释后用 DNS 法分别测定粗酶液的 CMC 酶活力大小和 FPA 酶活力大小。每个处理重复 3 次。

2) 温度对菌酶活力的影响

通过对实际堆制的醋糟进行测量，发现在堆制过程中，菌生长在堆制表面向内 3~5cm 处，此处温度变化范围为 25~35℃，据此设定本次试验温度范围为 22~37℃，来确定各菌生长的最适温度。设置了 22℃、25℃、28℃、31℃、34℃和 37℃，共 6 个

处理, 将各菌采用点接法接种到 CMC 平板培养基上, 在不同的温度下培养, 培养 2d 后测量透明圈直径。然后用刚果红染色法测定各菌相对酶活力。透明圈直径的大小可直接反映纤维素分解菌酶活力的大小。每个处理重复 4 次。

3) 醋糟麸皮配比对菌酶活力的影响

在基础培养基基础上, 添加不同配比的醋糟和麸皮 2 种有机物碳源。醋糟与麸皮 2 种碳源的质量比 (干重重量比) 梯度处理设定为: 5:0、4:1、3:2、2:3、1:4、0:5 等 6 个水平。有机碳源的质量与体积比 (W/V) 为 2%。将各菌分别接种到添加不同醋糟麸皮配比的基础培养基中做液体发酵培养, 在 28°C 下培养 5d, 用 DNS(3,5-二硝基水杨酸) 染色法测其 CMC 酶活力大小。每个处理重复 3 次。

4) 氮源对菌生长的相对酶活力的影响

分别以 NH_4Cl, $(NH_4)_2SO_4$ 和 $CO(NH_2)_2$ 作为氮源来代替 CMC 平板培养基中的 NH_4NO_3, 按照等价总氮含量进行添加。在 28°C 下培养 2d 后用刚果红染色法进行测定各菌的相对酶活力大小。每个处理重复 4 次。

3.1.2.7 初始 pH 对纤维素分解菌的酶活力的影响

根据醋糟堆制过程中的测定, 其堆制前 30d 的 pH 变化范围为 4~9 之间。实验设定 pH 范围为 3~10, 设置 8 个水平, 相邻水平之间间隔为 1, 每个水平设 3 个处理。将各种菌接种到液体发酵培养基中, 用 2mol/L 的 NaOH 溶液和 1mol/L 的 HCl 溶液调节 pH 到设定值, 在 28°C 下培养 5d 后, 用 DNS(3,5- 二硝基水杨酸) 染色法测其 CMC 酶活力大小。每个处理重复 3 次。

3.1.2.8 数据处理方法

采用 SPSS 13.0 软件进行基本数据处理、相关性分析、差异性等统计学分析。

3.1.3 纤维素分解菌的筛选结果

以 PDA 作为分离培养基进行初步分离, 将各采集样品按系列稀释浓度法涂布在各 PDA 培养基上, 然后对分离得到的微生物以羧甲基纤维素钠为唯一碳源进行初筛, 经过长期 (6~8 代) 的筛选培养, 得到 13 株具有持久性酶活力的菌, 经刚果红染色后测定其相对酶活力, 并进行多重比较 (表 3.2)。

在初筛得到的 13 种菌中, 其相对酶活力相差较大 (0.13~1.60cm/d)。其中, 以编号分别为 SL02、SL04 和 SL10 的 3 种菌的相对酶活力为最高, 分别为 1.65、1.53和1.50cm/d, 平均为 1.56cm/d。其余 10 种菌的酶活力则较低, 在 0.11~0.71cm/d 之间, 平均仅为 0.38cm/d。从以上结果来看, 相对酶活力较高的 SL02、SL04、SL10 为分解纤维素能力较强的菌。将这 3 种菌接种到种子斜面培养基中进行保存, 并同时对其最适宜生长的环境条件进行试验分析。

表 3.2　纤维素分解菌的相对酶活力

菌种编号	相对酶活力/(cm/d)*	来源 **
SL01	0.64±0.09c	XXCZ 10-5
SL02	1.65±0.1a	XXCZ 1mL
SL03	0.45±0.04de	XXCZ 10-5 Y
SL04	1.53±0.1b	TR 10-6 1
SL05	0.50±0.07d	TR 10-7 1
SL06	0.23±0.06f	JM 10-6
SL07	0.11±0.02g	JM 10-4
SL08	0.50±0.04d	JM 10-9
SL09	0.71±0.08c	JM 10-8
SL10	1.50±0.09b	DFCZ 10-3
SL11	0.14±0.01fg	JM
SL12	0.36±0.06e	JM
SL13	0.13±0.02fg	JM
平均相对酶活力	0.65	

注：*字母 a, b, c 等表示 5%显著差异性。

**XXCZ——新鲜醋糟，TR——土壤，JM——锯末，DFCZ——堆制处理的醋糟。10-5——稀释浓度。

　　通过肉眼观察菌在 PDA 平板培养基上的菌落特征 (包括菌落的大小、颜色、边缘是否光滑、有无菌丝、菌丝形态等)，同时在显微镜下观察菌的形态、大小、孢子等特征。参照《真菌鉴定手册》[27] 进行鉴定，结果如表 3.3 及图 3.2~图 3.4 所示。

表 3.3　形态观察结果

菌种编号	菌落颜色	菌落形状	孢子形状	菌丝	孢子囊
SL02	四周白色, 中间深绿色	圆形菌斑	球形至卵形	白色, 纤细	绿色
SL04	初期白色, 后期褐色	菌丝体	球形, 稍小	匍匐菌丝	初期黄白色, 后变黑色
SL10	白色	菌丝体	球形	匍匐菌丝	白色

　　SL02 菌的菌落在培养过程中表现为四周白色，中间绿色，中间向四周逐渐扩散，最后整个菌落全部变成绿色。这与木霉属 (*Trichoderma*) 微生物描述相似，初步判定 SL02 菌属于木霉属 (*Trichoderma*)。进一步对 SL02 菌进行显微镜观察，发现 SL02 菌的菌丝为白色，纤细，产生分生孢子，菌落外观呈深绿色，与绿色木霉表述相同，确定 SL02 菌为绿色木霉 (*Trichoderma viride*)。而 SL04 菌和 SL10 菌的菌丝发达、匍匐、白色，菌丝生长旺盛，孢子囊先呈白色，后变成青黑色，孢子大。这与《真菌鉴定手册》[27] 中根霉属 (*Rhizopus*) 微生物描述相符，确定 SL04 菌和 SL10 菌为根霉属 (*Rhizopus*)。

鉴定结果为：SL02 菌为木霉属（*Trichoderma*）的绿色木霉（*Trichoderma viride*），SL04 菌和 SL10 菌均为根霉属（*Rhizopus*）。

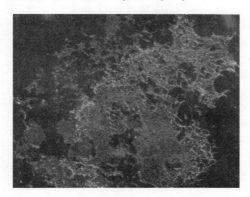

图 3.2　SL02 菌的体视显微镜图片 (显示比例为 50:1，荧光显示)

图 3.3　SL04 菌的体视显微镜图片 (显示比例为 100:1，荧光显示)

图 3.4　SL10 菌的体视显微镜图片 (显示比例为 100:1，荧光显示)

3.1.4   筛选菌的环境适应性研究

对筛选出的 3 种菌进行环境适应性分析，探讨这 3 种菌的最适环境要求。用固体平板培养基或液体发酵培养基从时间、温度、碳源、氮源和初始 pH 等几个方面来进行研究分析。

3.1.4.1   培养时间对菌酶活力的影响

不同培养时间发酵培养基的粗酶液的 CMC 酶活力和 FPA 酶活力结果见图 3.5 和图 3.6 所示。

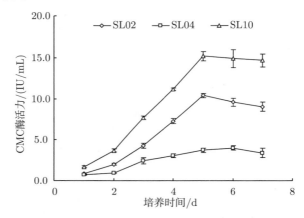

图 3.5   CMC 酶活力随培养时间的变化

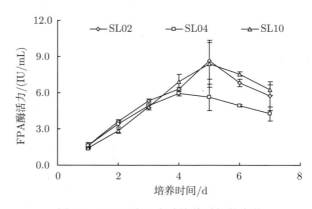

图 3.6   FPA 酶活力随培养时间的变化

从图 3.5 看，总体上这 3 种菌在培养期内，CMC 酶活力先呈现逐步上升的趋势，在培养 5d 时达到酶活力的顶峰，然后呈现一个缓慢下降的变化。SL02、SL04、SL10 这 3 种菌达到的最高 CMC 酶活力分别为 10.42IU/mL、3.68IU/mL、15.15IU/mL。

其中 SL10 菌变化范围最大, 从培养初期的 1.735IU/mL 一直到峰值的 15.15IU/mL, 其最高值达到了培养初期的 8.7 倍; 而 SL02 菌的变化率最为明显, 其峰值酶活力为培养初期酶活力的 11 倍; SL04 菌酶活力的变化幅度相对较小, 测定的最高酶活力为初始酶活力的 5.5 倍。

从图 3.6 看, 这 3 株纤维素分解菌中, 前 4 天的变化趋势基本一致, 到第 5 天后发生明显差异。SL02 菌和 SL10 菌的 FPA 酶活力大小一直都很接近, 在第 5 天时达到最高。而 SL04 菌的变化有所不同, 在第 4 天时其酶活力达到最高, 第 5 天开始下降, 但降幅较小, 其最高 FPA 酶活力比 SL02 菌和 SL10 菌分别低 45% 和 42%。

以上分析说明, SL02 菌和 SL10 菌的最佳培养时间为 5d, 而 SL04 菌的最佳培养时间为 4~5d。从图 3.5 和图 3.6 可以看出, 在培养时间内 CMC 酶活力和 FPA 酶活力随时间的变化趋势相同, 因此, 后续试验测定酶活力一般采用 CMC 酶活力作为指标, 而不是两者皆用。

3.1.4.2 温度对菌酶活力的影响

以初筛的 3 种菌 SL02、SL04、SL10 为对象, 其在不同温度下培养的酶活力如图 3.7 所示。

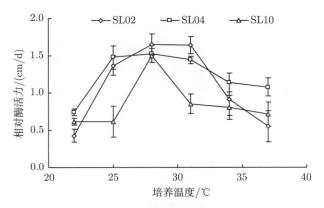

图 3.7 CMC 培养温度对菌生长的影响

随着温度的升高, 3 种菌酶活性都表现出先升高再降低的趋势, 但其最适宜温度的变化范围和酶活性的变化幅度有所差异。SL02 的适宜温度为 28~31℃, 其对应的酶活性为 1.6cm/d; SL04 菌的适宜温度范围较大, 为 25~28℃, 其对应的酶活性为 1.5cm/d, 当温度上升到 31℃时, 酶活力开始下降。相比较而言, SL10 菌对温度的变化表现则最为敏感, 适温范围最窄。当温度从 22℃升到 25℃时, 其酶活力没有明显变化, 但当温度升至 28℃时其酶活力 (1.5cm/d) 达到了 25℃时 (0.6cm/d)

的 2.4 倍左右，而当温度继续升高时，其酶活力开始急剧下降，然后变化则比较平稳。因此，SL10 菌的最适温度均为 28℃左右，最高酶活力为 1.5cm/d。

3.1.4.3 碳源对菌酶活力的影响

以醋糟和麸皮的不同配比进行各菌的碳源适应性试验，其结果如图 3.8 所示。从图中看出，醋糟和麸皮配比的变化对 3 种菌酶活力的影响不同。3 种菌的酶活力几天内的变化趋势类似，均在第 5 天时酶活力达到最高，因此，以下均以第 5 天

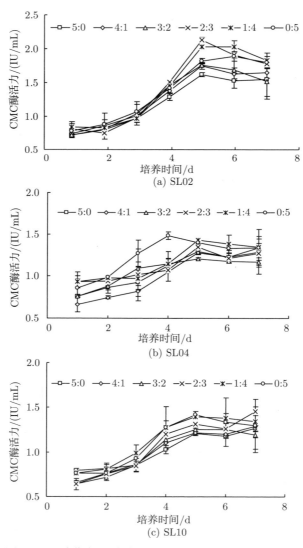

图 3.8 3 种菌在 6 种碳源不同配比下的酶活力变化曲线

时的情况进行分析。对于 SL02 菌，醋糟和麸皮配比为 2:3 时其酶活力达到最高 (2.13IU/mL)，其余依次为 1:4、0:5、3:2、4:1，以纯醋糟碳源处理的酶活性最低，仅为最高酶活力的 76%。这表明麸皮的添加对 SL02 菌的酶活力影响较显著。对于 SL04 菌和 SL10 菌，不同醋糟与麸皮配比下的酶活性变化幅度较小，但是当麸皮的添加比例高于 3:2 时则酶活性明显提高，最适宜的醋糟和麸皮配比均为 1:4。从 3 种菌之间来比较，对任一醋糟与麸皮配比水平，SL02 菌表现出的酶活性都显著高于 SL04 菌和 SL10 菌。

3.1.4.4 氮源对菌酶活力的影响

从图 3.9 来看，使用 NH_4NO_3 作为氮源的总体菌的平均相对酶活力最高，达到 2.51cm/d，其余次序分别是 $(NH_4)_2SO_4$，NH_4Cl 和 $CO(NH_2)_2$，其总平均相对酶活力分别为 2.08cm/d，1.92cm/d 和 1.41cm/d。即各菌对 NH_4NO_3 均具有较高的适应性。不同氮源条件下，SL10 菌的酶活力变化范围在 2.10~2.85cm/d 之间，平均为 2.55cm/d。这表明 SL10 菌对不同类型氮源具有较强的适应性。其次为 SL04 菌，其平均酶活性为 2.03cm/d。而 SL02 菌，平均酶活性仅为 1.36cm/d，并以对 NH_4NO_3 最适应，对 $CO(NH_2)_2$ 的适应最差。总的来看，各菌的最适氮源均为 NH_4NO_3。

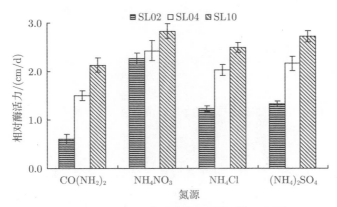

图 3.9 不同氮源环境下各菌的相对酶活力的比较

3.1.4.5 初始 pH 对菌酶活力的影响

微生物生长环境的 pH 对微生物的生命活动有重要的影响，主要集中以下几个方面：一是使微生物体内的蛋白质、核酸等生物大分子所带电荷发生变化，从而影响其生物活性；二是引起微生物细胞膜电荷变化，导致微生物细胞吸收营养物质能力改变。

不同微生物对 pH 的要求各不相同，它们只能在一定的 pH 范围内生长，就大多数微生物而言，一般在 pH 为 4~9 范围内生长。

实验设定初始 pH 为 3~10，培养 5d 后，CMC 酶活力结果如图 3.10 所示。在初始 pH 为 3~10 之间，3 种菌酶活性的变化均为随着初始 pH 的增加而上升，当增加到一定的程度后，则又随着 pH 的增加而下降。其中变化最为明显的为 SL02 菌，当初始 pH 为 8 左右时，其酶活力达到最高 (3.18IU/mL)，约为最低酶活力的 1.92 倍，这表明，初始 pH 对 SL02 菌酶活力的大小具有显著影响。当初始 pH 为 6 左右时，SL04 菌酶活力达到峰值 (2.34IU/mL)，约为最低酶活力的 1.45 倍。而 SL10 菌达到最高酶活力 (2.33IU/mL) 时，pH 为 9 左右，并且其最高酶活力仅为最低酶活力的 1.37 倍左右。这也进一步表明，较 SL02 菌而言，SL04 菌和 SL10 菌对初始 pH 的变化则不敏感。

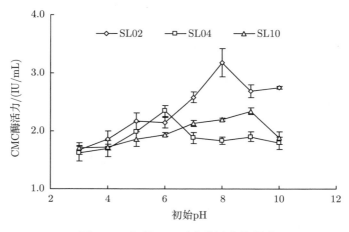

图 3.10   初始 pH 对菌酶活力的影响

3.2   筛选微生物对醋糟固态发酵条件的反应

3.2.1   醋糟固态发酵条件试验设计

上述研究是基于微生物工程上的小试研究，为了进行大规模发酵，需要进行固态发酵研究。根据生物统计学的方法进行多因素多水平分析，采用正交试验设计方法，试验因素和水平见表 3.4。

考虑到生产上实际操作的可行性以及生产成本问题，所以 NH_4NO_3 的水平设置为 0g、0.05g、0.1g。由于筛选出的纤维素分解菌 SL02 菌、SL04 菌和 SL10 菌在液体发酵时的最适 pH 分别为 8、6 和 9，且 SL10 菌对初始 pH 不敏感，所以调节初始 pH 的水平为自然状态 (约 4.2)、6 和 8。初始 pH 可以依靠生石灰调节，生石灰价格便宜且调节方便, 在生产上是可行的。由于醋糟中含有很少的淀粉, 所以它的持水能力较低。随着湿度的增加, 过度湿度的水分将由于湿度梯度及重力作用向下渗透扩散, 这会影响底部培养的通风效果, 但是微生物的生长又需要一定的水分, 所以含水量的调节水平设为 20%、40% 和 60%。

按照表 3.5 的因素水平添加各物质, 每个锥形瓶中加 10g 醋糟 (干重), 再按相应的设置添加浓度为 0.1g/mL 的 NH_4NO_3 溶液 (添加量按溶液中溶质的重量计算), 然后用 2mol/L 的 NaOH 溶液和 1mol/L 的 HCl 溶液调节 pH, 最后计算锥形瓶中的总含水量, 按照干重质量不变的原理添加水分至相应的设置含量。121℃灭菌后, 将各菌种接种到锥形瓶中, 每个锥形瓶接种相等量的孢子悬液, 在 28℃环境下培养 30d, 测量发酵前后基质的粗蛋白含量变化、干重质量变化以及粗纤维含量变化。每个处理重复 3 次。

表 3.4 正交试验设计的因素水平表

水平	NH_4NO_3(A)/g	初始 pH(B)	含水量 (C)/%
I	0	自然状态 (约 4.2)	20
II	0.05	6	40
III	0.1	8	60

注: 调节氮源使用 0.1 g/mL 的 NH_4NO_3 溶液进行添加。含水量包括基质中的水分及添加的试剂中含有的水分。

表 3.5 正交试验设计表 L9(34)

处理号	因素的水平数		
	A	B	C
1	I	I	I
2	I	II	II
3	I	III	III
4	II	I	II
5	II	II	III
6	II	III	I
7	III	I	III
8	III	II	I
9	III	III	II

按照表 3.4 的因素水平和表 3.5 的试验处理将各项物质添加到三角瓶中, 然后做灭菌处理。在依次接种筛选的 3 种纤维素分解菌后, 设定试验温度为 28℃, 进行试验。培养 30d 后测定培养基的矿化率与粗纤维含量、灰分含量等。通过结果中粗纤维含量的减少量来依次对各个处理进行分析, 找到各个因素的最优水平, 分析并讨论各因素对粗纤维含量的影响, 以进一步探讨适合所筛选的 3 种纤维素分解

菌的适宜发酵条件，找到各因素的最佳配置水平。

3.2.2　不同菌种对发酵条件的反应

3.2.2.1　SL02 菌对发酵条件的反应

从表 3.6 来看，发酵前后基质的纤维素含量均有显著变化，发酵前的初始粗纤维素含量 C_0 为 29.57%，发酵后培养基的平均粗纤维含量 C_1 为 25.62%，发酵后纤维素含量平均降低了约 4 个百分点。其中处理 3 发酵前后粗纤维含量变化最大，为 -9.18%，说明处理 3 的培养基配置较好。而处理 8 发酵后的纤维素含量却增加了 1.79%，说明处理 8 的纤维素降解量最低，培养基配置最差。

表 3.6　SL02 菌种发酵前后纤维素含量变化　　　　　　（单位：%）

纤维素参量	处理 1	处理 2	处理 3	处理 4	处理 5	处理 6	处理 7	处理 8	处理 9	均值
C_0	29.57									
C_1	24.86	21.45	20.39	27.01	24.94	29.05	26.70	31.36	24.81	25.62
$C_1 - C_0$	-4.71	-8.12	-9.18	-2.56	-4.63	-0.52	-2.87	1.79	-4.76	-3.95
K	29.97	36.18	39.01	36.64	34.37	29.52	37.31	26.57	36.81	34.04
ΔC	41.12	53.71	57.94	42.12	44.64	30.76	43.40	22.11	46.99	42.53

注：C_0——发酵前醋糟的粗纤维含量，C_1——发酵后醋糟的粗纤维含量，K——发酵过程中的矿化率，$C_1 - C_0$——发酵后醋糟中粗纤维的含量变化，ΔC——发酵后粗纤维的被分解量，ΔC 的计算公式见式 (3-4)。下同。

从表 3.7 看，SL02 菌的总自由度为 8，其中各因素的自由度均为 2，误差自由度为 2，F 检验结果表明，3 个因素只有因素 C(培养基含水量) 对结果有显著影响。而另外 2 个因素对结果的影响不显著。究其原因，可能是本例试验误差大且自由度小 (仅为 2)，使检验的灵敏度低，从而掩盖了考察因素的显著性，如因素 A 的 F 值为 17.17，明显接近 $F_{0.05(2,2)}$。因此在选择因素水平时，可直接设定含水量到最佳水平，然后再选择其他 2 个因素的水平数。即设置含水量为水平 III (60%)，然后判断另外 2 个因素水平数分别为 1 和 3，结果表明 SL02 菌的最佳固体发酵条件是 CIIIA I BIII，即不加氮源，初始 pH 设为 8，含水量设为 60% 的情况。

表 3.7　SL02 菌种方差分析表

变异来源	SS	df	MS	F	$F_{0.05(2,2)}$
NH$_4$NO$_3$(A)	321.11	2	160.56	17.17	19
初始 pH(B)	39.08	2	19.54	2.09	
含水量 (C)	566.27	2	283.13	30.28*	
误差 (e)	18.70	2	9.35		
总变异	945.16	8			

注：*表示 0.05 的显著性影响。

3.2.2.2 SL04 菌对发酵条件的反应

从表 3.8 来看，发酵前后基质的纤维素含量均有显著变化，发酵前的初始粗纤维素含量为 29.57%，发酵后培养基的平均粗纤维含量为 23.62%，发酵后纤维素含量平均降低了约 6 个百分点。其中处理 9 的纤维素含量降低量最大，为 27.89%。而处理 1 的纤维素含量降低量最小，为 9.75%。

表 3.8　SL04 菌发酵前后纤维素含量变化　　　　(单位：%)

纤维素参量	处理 1	处理 2	处理 3	处理 4	处理 5	处理 6	处理 7	处理 8	处理 9	均值
C_0	29.57									
C_1	26.69	22.87	26.32	22.40	22.02	25.13	22.02	23.81	21.32	23.62
$C_1 - C_0$	−2.88	−6.70	−3.25	−7.17	−7.55	−4.44	−7.55	−5.76	−8.25	−5.95
K	32.26	43.11	41.10	38.62	42.16	33.31	40.79	31.79	38.41	37.95
ΔC	38.86	55.99	47.57	53.51	56.92	43.32	55.91	45.08	55.58	50.30

从表 3.9 看，SL04 菌的 F 检验结果表明，3 个因素只有因素 C 对结果的影响显著。而且，对于 F 检验值，因素 A 和因素 B 之间没有显著差异。因此 SL04 菌的最佳固态培养环境为 AⅢBⅡCⅡ，即加 0.1g 氮源，初始 pH 为 6，含水量为 40% 的情况，SL04 菌发酵的效果最好。

表 3.9　SL04 菌方差分析表

变异来源	SS	df	MS	F	$F_{0.05(2,2)}$
NH_4NO_3(A)	37.40	2	18.70	2.71	19
初始 pH(B)	25.64	2	12.82	1.86	
含水量 (C)	283.37	2	141.69	20.54*	
误差 (e)	13.80	2	6.90		
总变异	360.20	8			

注：*表示 0.05 的显著性影响。

3.2.2.3 SL10 菌对发酵条件的反应

从表 3.10 来看，发酵前后基质的纤维素含量均有显著变化，发酵前的初始粗纤维素含量为 29.57%，发酵后培养基的平均粗纤维含量为 23.93%，发酵后纤维素含量平均降低了约 6 个百分点。其中处理 4 的纤维素含量降低量最大，为 30.76%，说明处理 4 的培养基配比较好。而处理 3 的纤维素含量降低量最小，为 9.25%，说明处理 3 的培养基配比较差。

从表 3.11 看，SL10 菌的 F 检验结果表明，3 个因素只有因素 C 对结果的影响显著。而另外 2 个因素对结果的影响不显著。因此 SL10 菌的最佳固态培养环境条件为 AⅡBⅠCⅡ，即加 0.05g 氮源，初始 pH 保持自然状态 (约 4.2)，含水量为 40%

的情况，SL10 菌发酵的效果最好。

表 3.10　SL10 菌发酵前后纤维素含量变化　　　　（单位：%）

纤维素参量	处理 1	处理 2	处理 3	处理 4	处理 5	处理 6	处理 7	处理 8	处理 9	均值
C_0	29.57									
C_1	24.85	24.33	27.93	22.15	25.06	24.33	26.13	29.42	25.80	25.56
$C_1 - C_0$	−5.29	−6.77	−2.73	−9.10	−5.79	−6.02	−4.18	−6.20	−4.71	−5.64
K	33.40	40.81	40.99	38.99	39.51	31.54	39.47	30.61	39.67	37.22
ΔC	45.31	54.36	46.44	57.76	51.36	45.48	48.02	45.16	49.29	49.24

表 3.11　SL10 菌方差分析表 (SL10)

变异来源	SS	df	MS	F	$F_{0.05(2,2)}$
NH_4NO_3(A)	25.80	2	12.90	13.28	19
初始 pH(B)	21.22	2	10.61	10.92	
含水量 (C)	109.78	2	54.89	56.49*	
误差 (e)	1.94	2	0.97		
总变异	158.75	8			

注：*表示 0.05 的显著性影响。

3.2.3　不同菌种最适宜固态发酵条件的分析

将 3 种菌正交试验的结果进行汇总，通过直观分析法推测 3 种纤维素分解菌在醋糟固态培养基中的最适发酵条件 (表 3.12)。

从表 3.12 来看，根据极差分析法比较各实验结果，发现 SL02 菌对粗纤维素减少量影响因素按从大到小的顺序排列为：含水量 > 氮源 > 初始 pH。其中 AⅠBⅢCⅢ 为最优组合，即不加氮源，初始 pH 设为 8，含水量设为 60% 的情况，SL02 菌发酵的效果最好。

SL04 对粗纤维素减少量影响因素按从大到小的顺序排列为：含水量 > 氮源 > 初始 pH。其中 AⅢBⅡCⅡ 为最优组合，可以初步断定 SL04 菌的最佳底物配比为 AⅢBⅡCⅡ，即加 0.1g 氮源，初始 pH 为 6，含水量为 40% 的情况，SL04 菌发酵的效果最好。

SL10 对粗纤维素减少量影响因素按从大到小的顺序排列为：含水量 > 氮源 > 初始 pH。其中 AⅡBⅠCⅡ 为最优组合，可以初步断定 SL10 菌的最佳底物配比为 AⅡBⅠCⅡ，即加 0.05g 氮源，初始 pH 保持自然状态，含水量为 40% 的情况，SL10 菌发酵的效果最好。

从以上分析结果来看，培养基含水量对 3 种纤维素分解菌在醋糟中的纤维素分解情况影响显著，其中 SL02 菌的最适含水量为 60%，这与醋糟工厂化发酵初始含水量接近, 可以作为开始阶段优势菌种利用, 而 SL04 和 SL10 的最适含水量为 40%, 可以作为醋糟发酵后期优势菌种使用; 添加氮源对 3 种纤维素分解菌在醋糟 中的纤维素分解情况影响不显著, SL02 菌在醋糟固态发酵中的不宜添加氮源, 而 SL04 菌和 SL10 菌需分别添加 1% 和 0.5% 的 NH_4NO_3 作为氮源, 这在工业生产上 需要增加成本; 初始 pH 对 3 种纤维素分解菌在醋糟中的纤维素分解情况影响不 显著, SL02 菌在醋糟固态发酵中的适宜初始 pH 为 8, 而 SL04 菌的适宜初始 pH 为 6, SL10 菌的适宜初始 pH 为自然状态 (约 4.2), 适宜工业生产发酵。由于 3 种 菌均有适宜生长的发酵条件, 因此, 3 种菌配合下对促进醋糟发酵有积极作用。

表 3.12 发酵后粗纤维被分解量

处理	因素			$\Delta C/\%$*		
	NH_4NO_3(A)	初始 pH(B)	含水量 (C)	SL02	SL04	SL10
处理 1				41.1	38.9	45.3
处理 2				53.7	56.0	54.4
处理 3				57.9	47.6	46.4
处理 4				42.1	53.5	57.8
处理 5	L9(34)			44.6	56.9	51.4
处理 6				30.8	43.3	45.5
处理 7				43.4	55.9	48.0
处理 8				22.1	45.1	45.2
处理 9				47.0	55.6	49.3
K1(SL02)	152.8	126.6	94.0	382.8(T)	452.7(T)	443.2(T)
K2(SL02)	117.5	120.5	142.8			
K3(SL02)	112.5	135.7	146.0			
K1(SL04)	142.4	148.3	127.3			
K2(SL04)	153.7	158.0	165.1			
K3(SL04)	156.6	146.5	160.4			
K1(SL10)	146.1	151.1	136.0			
K2(SL10)	154.6	150.9	161.4			
K3(SL10)	142.5	141.2	145.8			
R(SL02)	13.4	5.1	17.3			
R(SL04)	4.7	3.8	12.6			
R(SL10)	4.0	3.3	8.5			

注: *发酵后粗纤维被分解量 ΔC 的计算公式见式 (3-4)。
Ki 为同因素水平下 3 个处理的 ΔC 值之和, R 为 K1、K2、K3 三个数的极差。

3.3 接种微生物对醋糟堆制过程及养分变化的影响

接种高效微生物是促进好氧发酵进程的有效途径。新鲜醋糟堆制过程初期微生物发酵强度较低，同时，堆制过程中常伴有养分的大量损失。因此，研究人工接种从自然堆制的醋糟中筛选的微生物对提高醋糟初始发酵速度及醋糟堆制过程中有机物矿化和营养元素转化的影响，对于提高醋糟发酵的效率和品质都具有积极的作用。

在前节筛选出 SL02、SL04、SL10 菌种的基础上，通过长期的培养试验又获得了 OP-2、FM1 两个具有长效酶活力的菌株。本节对这些菌在促进醋糟好氧发酵中的效果进行分析。

3.3.1　试验材料与方法

3.3.1.1　堆制材料

新鲜醋糟，C/N 为 21.9，水分含量为 67.8%，pH 为 4.3，有机质含量为 91.78%，全氮含量为 2.45%，全磷含量为 0.25%，全钾含量为 0.11%。

3.3.1.2　菌种制备

菌种为上节试验所筛选得到：OP-2、FM1、SL02 和 SL10 共 4 种 (SL04 由于菌种长时间培养后有退化而未采用)。其中 OP-2 为嗜高温细菌，FM1、SL10 为根霉属真菌，SL02 为木霉属真菌。将各菌株分别接种于 PDA 液体培养基，摇床培养48h 后接种于米糠麸皮混合培养基，接种量 1:10(体积:质量)，室温下培养 2d 后用于堆制试验。

3.3.1.3　接种处理试验方案

为在试验过程中方便对各处理称重，将醋糟装入麻袋中进行堆制发酵。每袋装醋糟 80kg，高度和直径分别为 70cm 和 50cm 左右。试验设菌种不同组合的 8 个处理，各处理接种总量为 3kg(接多个菌种时，各菌种等量)，对照为不接种 (表 3.13)。堆制过程中，每天上午 10:00 测量堆温，分别于第 5、10、15、22、27、32、42、52 天称重，然后人工翻堆并以四分法取样装入保鲜袋，4℃下冷藏并及时测定物料的理化指标，其中，在第 15、22、27、32、42 天取样后加水，调节含水率到 55%~60%。

表 3.13　接种方案

菌种	处理 1	处理 2	处理 3	处理 4	处理 5	处理 6	处理 7	处理 8	CK
OP-2	+	+	+	+	+	+	+	+	
FM1		+			+	+		+	不
SL10			+		+		+	+	接
SL02				+		+	+	+	种

3.3.1.4 测定指标与测定方法

干样用真空干燥箱在 65℃、0.15Mpa 真空度下干燥后用植物粉碎机粉碎 (图 3.14)。

表 3.14 测定指标与方法

测定指标	测定方法	备注
总重	称重	
堆温	煤油温度计测定	料堆正中向下 30cm 处测定
含水率	烘干法	65℃、0.15Mpa 真空度
pH	pH 计	1:10(W(g)/V(mL)，以干物质算)
EC	EC 计	同 pH
TN	H_2SO_4-H_2O_2 消化流动分析仪测定	亚硝基铁氰化钠催化，水杨酸钠显色
TP(总磷)	NaOH 熔融钼锑抗比色法[61]	
TK(总钾)	熔融火焰光度法[61]	
NH_4^+-N	流动分析仪测定	水杨酸钠和二氯异氰尿酸钠显色
NO_3^--N	流动分析仪测定	硫酸肼还原，磺胺及 NEDD 显色

氮磷钾累积损失率由下式计算得来：

$$Y_{n损失} = 100\% - 100\% \times \frac{DM_n \times TY_n}{DM_0 \times TY_0}$$

式中，$Y_{n损失}$ 为截至第 n 天养分损失率 (%)；TY_0 为堆制 0d 时 TN、TP、TK 的总和；DM_0 为堆制 0d 时干物质质量；TY_n 为第 n 天 TN、TP、TK 的总和；DM_n 为第 n 天干物质质量，(干物质质量 = 湿重 ×(1− 含水率))。

3.3.2 试验结果与分析

3.3.2.1 接种微生物对堆温变化的影响

堆制开始后，堆温很快升高，各接种处理在堆制开始 2d 后升到 60℃，4d 后升到 70℃；对照在 4d 后升到 60℃，11d 后升到 70℃(图 3.11 和表 3.15)。堆制试验中，由于单个处理所用原料量较少，麻袋与空气接触面积大，醋糟水分散失较快，分别于第 15、22、27、32、42 天翻堆时加水，这就造成堆温在堆制中期呈波浪式变化。在第 32 天进行翻堆后，只有对照仍达到 50℃，并且在随后的 8d 内其堆温高于接种处理，说明对照的腐熟过程慢于接种处理。第 42 天，翻堆前后的各处理堆温接近于环境温度，并且含水率在 50%~60%，这就排除了由于水分过低而造成堆温下降的假象，可以认为此时物料基本腐熟。

从堆温的变化可知，一方面，接种促进了醋糟发酵，使堆温在堆制开始后较快上升并在降温阶段较快下降；另一方面，接种处理之间 FM1、SL02 和 SL10 对各阶段堆温变化的影响均不显著。Xi Beidou 等[28] 在接种芽孢杆菌、接种白腐真菌和木霉、混合接种的市政垃圾堆肥研究中，接种处理比对照升温快，接种芽孢杆菌和混合接种处理又快于接种白腐真菌和木霉的处理，而混合接种处理的高温保持时间则长于接种芽孢杆菌的处理。这与本研究中接种嗜热菌促进堆制升温的结果是一致的，但本研究中各接种微生物处理在高温保持时间上并没有显著差异，这可能是因为在醋糟发酵过程中，通过自然接种的霉菌同样起到了降解粗纤维的作用。

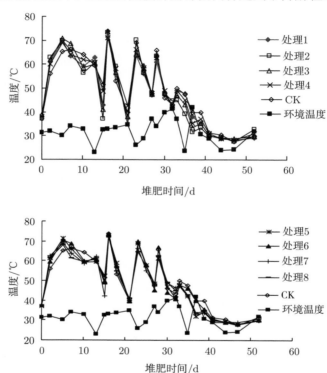

图 3.11　接种微生物后醋糟发酵过程中堆温变化

表 3.15　接种微生物醋糟堆制过程中堆温统计

处理	升至 45℃/d	升至 60℃/d	最高堆温/℃	45℃以上/d	60℃以上/d	降至 45℃/d
处理 1	1	2	71.4	30	13	36
处理 2	1	2	73.2	27	14	34
处理 3	1	2	73.6	29	14	35
处理 4	1	2	71.0	31	14	36
处理 5	1	2	73.0	30	14	35
处理 6	1	2	73.8	30	14	36
处理 7	1	2	72.0	31	15	35
处理 8	1	2	72.2	32	15	35
CK	2	4	73.8	31	15	36

3.3.2.2　接种微生物对 pH 变化的影响

堆制过程中,随着堆温的快速升高,发酵物料的 pH 也快速升高,说明供试菌种对新鲜醋糟的酸性环境有较好的适应性。堆制第 10 天,包括 CK 在内,各处理 pH 升到 7.0 以上并在 10~32d 之间基本保持稳定,但总体上 CK 的 pH 略低于接种处理,在第 5、15、20、25 天,接种微生物处理与 CK 之间差异显著 (p <0.01)。pH 升高的原因是微生物活跃的生物代谢产生大量 NH_4^+-N(表 3.5),造成 pH 迅速升高,而对照 NH_4^+-N 产生量较少,因此其 pH 变化也较小。32d 后,生物产热较少,物料趋于稳定,但 pH 仍逐渐下降,这可能是因为氨气的持续挥发导致 NH_4^+-N 含量逐渐降低所造成的。到堆制结束时 pH 稳定在 6.0 左右,并且 CK 与接种处理间无显著差异。

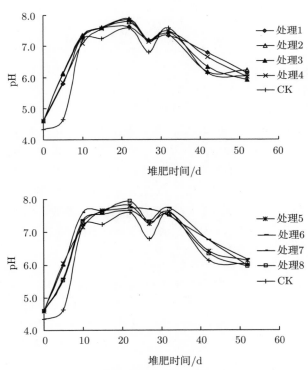

图 3.12　接种微生物醋糟堆制过程中 pH 的变化

3.3.2.3　接种微生物对氮素变化的影响

1) 全氮变化

堆制过程中,有机质的消耗和氮素的损失共同影响着全氮含量的变化。接种嗜热菌和霉菌的醋糟堆制过程中,接种处理全氮含量在早期略有下降然后逐步增加,由最初的 24.6g/kg，升到最终的 30.6~33.1g/kg；对照全氮含量在堆制早期有所上升，其下降过程发生在 10~20d，然后继续上升，最终达 31.1g/kg(表 3.16)，与接种处理差异不显著 ($p > 0.1$)。

表 3.16　接种微生物醋糟堆制过程中全氮含量的变化　　　(单位：g/kg)

时间/d	处理 1	处理 2	处理 3	处理 4	处理 5	处理 6	处理 7	处理 8	CK
0	24.62	24.62	24.62	24.62	24.62	24.62	24.62	24.62	24.52
5	23.46	24.21	24.20	24.00	24.03	23.70	24.10	23.90	25.09
10	26.02	26.62	26.00	26.00	26.40	25.90	25.70	26.10	28.11
22	27.53	27.28	28.00	27.50	27.67	27.60	27.50	27.40	27.89
32	31.47	29.40	29.90	30.80	32.03	30.20	31.50	30.50	31.36
42	32.28	30.43	31.00	31.20	32.30	31.80	31.20	31.60	32.63
52	31.90	30.57	30.80	31.50	33.05	32.00	31.50	31.80	31.88

2) 铵态氮变化

NH_4^+-N 含量的变化表现为在堆制前期快速上升，在高温期保持基本稳定，再随着堆制进入降温期，NH_4^+-N 含量逐渐下降。由表 3.17 可知，鲜醋糟铵态氮含量很低，仅为 0.09g/kg，堆制 5d 后，各处理铵态氮含量显著增加，接种处理达 2.31~3.00g/kg；对照为 1.27g/kg，低于接种处理并差异显著 ($p < 0.001$)，与堆温、pH 变化情况相符。堆制 10~32d 之间，各处理铵态氮含量基本稳定在 5g/kg 左右，占全氮的 15%~20%。堆制 32d 后，铵态氮含量有所下降，堆制结束时，接种处理在 3.21~3.86g/kg 之间，对照为 3.16g/kg，低于接种处理且差异显著 ($p < 0.01$)。NH_4^+-N 含量变化与 pH 变化趋势基本一致，二者呈显著正相关 ($r = 0.96$, $n = 74$)，因此可以认为 pH 的大幅变化是由铵态氮的大幅变化所引发。

表 3.17　接种醋糟堆制过程中铵态氮含量的变化　　　(单位：g/kg)

时间/d	处理 1	处理 2	处理 3	处理 4	处理 5	处理 6	处理 7	处理 8	CK
0	0.09	0.09	0.09	0.09	0.09	0.09	0.09	0.09	0.09
5	2.76	2.93	3.00	2.72	2.63	2.58	2.55	2.31	1.27
10	4.80	4.86	4.40	4.93	4.99	4.92	5.32	4.94	4.46
22	5.28	5.23	5.38	5.35	5.02	5.71	5.22	4.76	5.48
32	4.70	5.03	5.02	5.37	5.18	5.30	5.17	5.04	4.84
42	4.15	3.92	4.02	3.98	3.55	3.97	3.70	3.64	3.67
52	3.71	3.53	3.86	3.82	3.39	3.23	3.45	3.21	3.16

3) 硝态氮变化

堆制过程中，铵态氮可经硝化作用转化为硝态氮，由于硝化细菌适宜温度较低，因此通常堆制高温阶段硝态氮生成量很少，而随着堆制进入降温腐熟期硝态氮则大量生成。由表 3.18 可知，从整体上看，醋糟发酵过程中硝态氮含量逐步上升，而在堆制 22d 和 32d 出现两个谷，可能是因为分别于堆制 15d、27d 加水后造成一定的厌氧环境，从而发生反硝化作用使硝态氮含量降低。堆制结束时，硝态氮含量升至 60mg/kg 左右，仍比铵态氮含量低 2 个数量级，可见，硝化作用对醋糟堆制发酵过程中氮素转化的影响较弱。

表 3.18　接种醋糟堆制过程中硝态氮含量的变化　　(单位：mg/kg)

时间/d	处理 1	处理 2	处理 3	处理 4	处理 5	处理 6	处理 7	处理 8	CK
0	4.34	4.34	4.34	4.34	4.34	4.34	4.34	4.34	4.34
5	14.62	10.30	9.01	9.47	10.34	12.76	10.28	10.11	11.12
10	15.18	13.53	18.83	16.14	18.90	14.68	13.62	14.46	13.78
15	22.83	22.09	21.85	22.60	22.29	21.66	21.42	21.78	23.36
22	10.92	10.73	9.87	12.66	11.79	12.93	9.40	10.93	12.41
27	34.79	35.95	31.30	37.55	36.68	31.01	33.48	56.08	34.44
32	19.90	21.93	23.18	30.12	23.13	28.71	28.86	28.11	29.43
42	49.84	47.84	42.81	40.06	42.23	40.21	46.74	66.23	67.23
52	66.60	69.17	79.79	80.71	60.64	57.71	71.94	70.82	60.80

4) 氮素损失

由图 2.14 可见，堆肥中氮素累积损失率呈对数曲线变化。接种处理氮素损失主要发生在堆肥前中期，N5 损失 (堆制 5d 后的损失率，下同) 达 20%，N42 损失平均为 45%，堆制最后 10d，氮素损失很少。堆制结束时，接种处理 N52 损失分别为在 44.3%~48.3% 之间。对照的全氮量在前 5d 基本没有变化，低于接种的各个处理；5d 后，其氮素累积损失率同接种处理一样呈对数曲线变化，并最终达 44.5%，与接种处理基本接近。

由图 3.13 可知，醋糟堆制发酵过程氮素损失主要发生在堆制前期，接种微生物处理与对照氮素损失最严重时期分别为 0~5d、5~10d，接种微生物处理平均损失全氮总量的 20.2%、对照损失 17.6%，相应的在这期间有机氮总量分别减少约 28.9%、25.8%。可见，大量有机氮的矿化及氨化是造成醋糟好氧发酵氮素损失的根本原因。

氮素损失途径有氨气挥发、反硝化作用、渗液流失。醋糟堆制发酵过程中渗液流失造成的氮素损失量没有直接测定的数据。堆制早期会有一定渗液流失，但从对照在堆制前 5d 氮素基本没有损失可知，醋糟初始可溶性氮 (包括铵态氮、硝态氮、可溶性有机氮) 含量较低, 渗液流失造成氮素大量损失的可能性不大。在堆制的早中期由于堆温较高, 不适于硝化细菌生存, 硝态氮含量很低, 并且由于醋糟通气性好、缺乏反硝化作用需要的厌氧环境, 硝化作用和反硝化作用对醋糟堆制氮素损失的影响可以忽略不计。因此可以认为氨气挥发是醋糟堆制发酵过程中氮素损失的主要途径。堆制开始后, 大量铵态氮的生成造成 pH 的急剧上升, 利于铵离子与氨气之间的化学平衡向生成氨气的方向移动, 造成氮素损失。堆制中期, 持续有较多有机氮转化为铵态氮 (表 3.19), 同时包括对照在内各处理处于高温阶段且物料中性或弱碱性, 利于氨气挥发, 因此氮素累积损失率不断增大。堆制后期, 有机质矿化基本结束, 有机氮成分逐渐稳定, 这期间氮素损失较少。分析各阶段有机氮与总氮损失量的相关关系表明, 两者呈显著正相关 ($r=0.94$, $n=16$)。

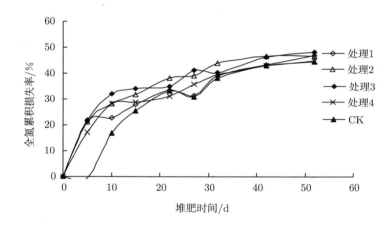

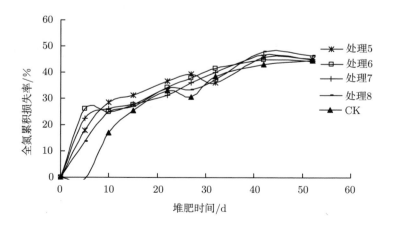

图 3.13　接种醋糟堆制过程中氮素累积损失率的变化

表 3.19 醋糟堆制过程中有机氮残余率的变化 (单位：%)

时间/d	处理 1	处理 2	处理 3	处理 4	处理 5	处理 6	处理 7	处理 8	CK
5	69.53	69.51	68.94	73.78	73.51	66.00	69.57	78.35	95.90
10	63.24	58.95	56.81	58.63	58.20	61.18	58.78	61.07	70.11
22	54.03	49.94	52.67	55.66	51.99	52.29	55.89	54.77	53.94
32	51.84	46.54	49.78	50.19	53.68	48.45	50.30	52.52	52.33
52	47.07	47.14	45.35	48.52	49.35	50.21	49.29	48.33	50.20

3.3.2.4 接种微生物对磷素变化的影响

由于菌种培养基为米糠麸皮混合料，接种处理的全磷、全钾含量高于对照。由图 3.14 可见，堆制开始后，全磷含量呈不断上升趋势，至堆制结束，处理 1、处理 2、处理 5 分别增加了 86.90%、90.93%、90.67%，对照增加了 86.09%(表 3.20)，略低于接种处理。

从磷的累积损失率看，磷的损失主要发生在堆制前 20d，之后损失很少。堆制结束时，处理 1、2、5 的磷素损失率分别为 23.7%、18.37%、22.2%；对照磷素损失率为 20.5%，与接种处理差异不显著。

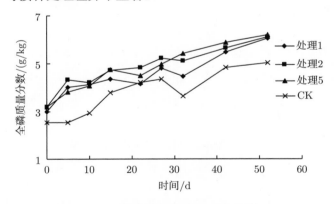

图 3.14 接种醋糟堆制过程中全磷含量的变化

表 3.20 醋糟堆制过程中全磷累积损失率 (单位：%)

处理	不堆制	堆制 10d	堆制 22d	堆制 32d	堆制 42d	堆制 52d
处理 1	0	10.1	18.2	29.9	21.4	23.7
处理 2	0	12.7	—	25.1	24.0	18.3
处理 5	0	15.4	20.7	16.7	23.8	22.2
CK	0	15.9	21.7	22.4	22.9	20.5

3.3.2.5　接种微生物对钾素变化的影响

　　堆制过程中全钾含量不断增加, 至堆制结束, 处理 1、2、4 分别增加了 101.22%、87.39%、98.05%, 对照增加了 58.04%, 显著低于接种处理 (图 3.15 和表 3.21)。钾素损失主要发生在堆制前 10d, 之后损失很少。堆制结束时, 处理 1、处理 2、处理 4 分别损失了 17.8%、19.9%、19.2%; 对照则损失了 32.5%, 明显高于接种处理。

　　磷钾的损失在于渗液的流失。试验中, 接种使物料含水率较快下降, 从而减少了钾素的损失, 但对磷的损失没有显著影响。这可能是因为, 通常, 有机废弃物中钾主要为速效钾, 而速效磷占总磷的比例较低, 因此, 含水率的降低对钾素损失的控制作用比磷明显。另外, 需要指出的是, 对照与接种处理的初始钾含量差异较大, 因此, 有必要比较各处理钾素损失的绝对量。经计算, 处理 1、2、5 分别损失钾素 7.2g、7.7g、7.4g, 对照损失 9.7g, 可见, 接种确实起到了减少钾素损失的作用。

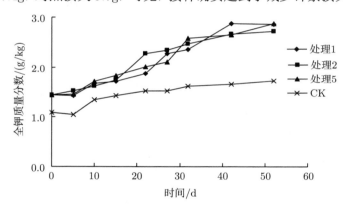

图 3.15　接种醋糟堆制过程中全钾含量的变化

表 3.21　醋糟堆制过程中全钾累积损失率　　　　　　　(单位: %)

处理	堆制 10d	堆制 22d	堆制 32d	堆制 42d	堆制 52d
处理 1	15.4	22.5	22.1	—	17.8
处理 2	20.3	—	18.5	19.3	18.2
处理 5	20.1	20.2	—	20.2	17.4
CK	29.6	34.0	28.7	34.7	32.5

第4章　醋糟堆制发酵腐熟评价指标与评价方法

国内外学者针对堆肥腐熟度评价进行了深入的研究,除了堆温作为直观的评价指标外,碳氮比、可溶性碳氮等参数因反映物质转化过程并与堆肥时间有较强的相关性而被认为评价堆肥腐熟度的可靠指标。但由于堆肥原料千差万别,其物质转化过程不尽相同,因此很难以统一的指标评价不同原料堆肥的腐熟度。目前,关于醋糟堆肥腐熟度的研究鲜见报道,本章将通过综合分析堆肥过程中醋糟理化指标如堆温、pH、有机质、碳氮比 (C/N)、可溶性碳 (DOC)、铵态氮 (NH_4^+-N)、硝态氮 (NO_3^--N) 等的变化和生物学指标发芽指数 (GI) 的变化,确定合适的腐熟度评价指标,为醋糟堆肥化生产提供可靠依据。

4.1　常用堆肥腐熟度的评价指标

对于作为有机肥的堆肥指标研究较多,而堆制发酵后作为基质用途的则目前研究尚很少。常用的堆肥腐熟度评价指标有:物理指标如堆温、气味和颜色等;生物学指标如发芽指数等;化学指标如 pH、碳氮比、可溶性碳含量、铵态氮含量和硝态氮含量等。

堆温是可以直观地反映堆制腐熟度的指标之一[29],而堆制温度接近环境温度时,表明微生物代谢产热量很少,可认为堆肥基本腐熟。

发芽指数 (GI) 可以反映堆肥对植物的毒害作用大小,被普遍认为是可靠的堆制腐熟度评价指标,当 GI>50% 时可认为堆肥对植物基本没有毒害作用,当 GI>80%~85% 时,即可认为该堆肥施入土壤对植物已完全没有毒性[8],但该法用时较长,在实际生产中不太适用。呼吸作用反映微生物代谢活性和易降解有机质含量的高低,Hue 等[30] 研究了 14 种堆肥,平均其堆肥末期 2~3d 的 CO_2 放出速率数值,得出堆肥稳定的临界值为 120 mg/(kg·h);Wu 等[31] 试验结果则为 98 mg/(kg·h)。

固态的、水溶性的碳氮指标也常用来评价堆肥腐熟度。一些研究者认为,腐熟的堆肥的 C/N,理论上讲应趋向于微生物菌体的 C/N 即 16 左右[32,33],但 Chanyasak 等[34] 研究发现一些已达稳定或腐熟的堆肥,其 C/N 范围从 8 到 29,相差很大。因此,Morel 等[35] 建议采用 T 值 (终点 C/N 与初始 C/N 之比) 评价堆肥的腐熟程度,认为当堆肥 T 值小于 0.60 时即达腐熟,并且不同堆肥原始物料对 T 值影响不大。在可溶性碳 (DOC) 作为堆肥腐熟评价指标方面,Hue 等[30] 认为 DOC 低于 10g/kg 时，堆肥腐熟，Bernal 等[36] 认为是 17g/kg，Zmora-Nahum 等[37] 则认为 4g/kg 为物料腐熟的临界值，可见，不同研究者得到的结论差异较大。通常，随着堆肥的进行，NH_4^+-N 含量不断减少，NO_3^--N 含量不断增加，因此，二者也是堆肥腐熟度评价的常用指标。Zucconi 等[38] 认为，当污泥堆肥中 NH_4^+-N 含量小于 0.04% 时，堆肥达到腐熟。Tiquia 等[39] 则认为，当猪粪堆肥中 NH_4^+-N 含量小于 0.05% 时，堆肥达到腐熟。Bernal 等[36] 提出以 NH_4^+-N/NO_3^--N 的比值作为堆肥腐熟度的评价指标，对污泥、猪粪以及城市垃圾等多种物料的堆肥进行研究后认为，当堆肥中 NH_4^+-N/NO_3^--N 的比值小于 0.16 时，表明堆肥达到腐熟。由上可知，堆肥腐熟度的评价指标大多受堆肥原料和堆肥条件的影响，不同原料的腐熟特征值不一致。作为基质用途与作为有机肥用途相比较，腐熟度指标没有本质的差异，但是由于其作为植物生长介质，其用量比有机肥远远要多，所以要求应该更加严格一些。针对醋糟原料的特点，根据其堆制发酵过程中各参数变化特点，选择合适的腐熟度指标并确定适当的腐熟特征值是很有必要的。

4.2 试验材料与方法

(1) 堆制材料、菌种制备、堆制方案同 2.2 节。

(2) 测定指标与测定方法。

样品准备: 浸提液用去离子水浸提鲜样后过滤得到，干样用真空干燥箱在 65℃、0.15MPa 真空度下干燥后用植物粉碎机粉碎。

测定指标与方法，见表 4.1。

表 4.1 测定指标与方法

测定指标	测定方法	备注
挥发分 (有机质含量)	马弗炉灼烧法	550℃ 灼烧至恒重
DOC(可溶性碳)	重铬酸钾容量法	浸提：3:50(干物质 (g)/去离子水 (mL))
NH_4^+-N、NO_3^--N	流动分析仪	同 DOC
GI(发芽指数)	培养皿培养法[69]	1:10(醋糟干物质:去离子水)、上海青白菜种子

$$有机质剩余率\,(\%) = \frac{有机质含量\,\times 干物质重量}{初始有机质含量\,\times 初始干物质重量} \times 100\% \qquad (4\text{-}1)$$

4.3 试验结果与分析

4.3.1 发芽指数 (GI)

发芽指数可以反映堆肥对植物的毒害作用大小。由图 4.1 可知，新鲜醋糟的 GI 低于 10%，对植物有严重的毒害作用，随着堆肥的进行 GI 总体呈逐渐上升趋势。接种处理在第 20~32 天之间上升到 50% 以上, 对照在第 32~42 天之间上升到 50% 以上, 对植物基本无毒害作用的在第 32~42 天之间 GI 升到 80%, 可以认为醋糟基本腐熟。当堆制结束时, GI 在 120% 左右, 对植物生长有促进作用。

4.3.2 堆温指标

堆温是堆制过程中微生物活动是否旺盛的标志, 是表观上可以直接判别堆肥腐熟与否的指标之一。堆制开始后, 堆温很快升高 (图 3.11), 说明新鲜醋糟极不稳定。堆制中期, 由于含水率过低多次出现堆温下降甚至接近环境温度的情况, 但物料并没有稳定, 因此不能将堆温接近环境温度作为醋糟堆制腐熟的绝对指标。堆制第 42 天, 含水率在 50%~60%, 堆温接近环境温度, 发芽指数在 100% 左右, 可见, 在排除水分等因素的影响的情况下, 堆温接近环境温度可以作为醋糟堆制腐熟的指标。

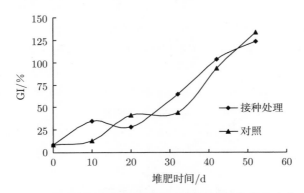

图 4.1 接种微生物醋糟堆制不同阶段发芽指数的变化

4.3.3 pH 指标

pH 的变化是堆肥物质转化综合效应的反映。醋糟堆制 pH 呈升高—稳定—下降变化过程, 而 GI 是随着堆制的进行而持续上升的。堆制后期 pH 与 GI 的变化呈显著负相关 (图 4.2), 相关系数为 -0.92。pH 降至 7.0 以下时, 发芽指数升到 80% 以上, 可以将 pH 低于 7 作为醋糟堆肥腐熟的参考指标。

4.3.4 有机质含量

挥发分包括有机质和化合水, 因此用直接灼烧法测定的有机质的含量偏高, 但由于其操作简便并可以避免样品污染[40], 因此常用以表示有机质含量[36,40]。

很多学者通过研究堆制过程中总有机质的降解率来判断堆肥的腐熟度[42-44] 堆制过程中, 有机质不断被微生物降解, 因此有机质含量的变化是持续下降的。如图 4.3 所示, 醋糟初始有机质含量很高, 为 92.3%, 堆制开始后, 接种处理有机质含量显著降低,对照处理在前 5d 变化不大,在 5d 之后显著降低。第 32 天之后,包括对照在内各处理有机质含量基本稳定,当 GI 上升到 80% 时,有机质含量降低 82% 左右。堆制结束时,对照有机质含量为 82.7%,接种处理间有一定差异,变化范围为 81.1%~82.1%,平均 81.65%,标准差 0.44%。

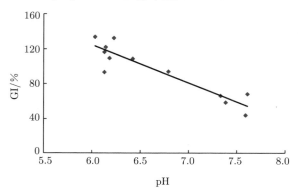

图 4.2　堆制后期 pH 与 GI 相关关系

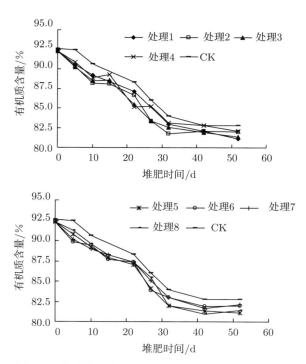

图 4.3　接种微生物醋糟堆制过程中有机质含量变化

有机质含量的变化不能直接反映有机质被降解的量,堆制前后,有机质含量减少 10.65%,而由表 4.2 可知,对照有机质降解率为 61.8%,接种微生物处理平均降解 62.8%,变化范围为 61.6%~64.1%,标准差 1.1%。

有机质含量与有机质降解率在堆制 32d 之后均变化较小,表明有机质基本稳定,这与 GI 升到 50% 以上是相适应的。而 GI 在堆制 32d 之后仍大幅度上升并最终产生有益于植物生长的效果,这说明在醋糟堆制后期腐熟虽然不会造成有机质的大量降解,但对于醋糟发酵质量稳定是很重要的。

表 4.2 接种微生物醋糟堆制过程中有机质降解率

时间/d	处理 1	处理 2	处理 3	处理 4	处理 5	处理 6	处理 7	处理 8	CK
5	19.2	21.6	22.0	16.3	17.1	25.4	22.6	12.0	1.8
10	29.3	36.5	38.1	34.3	35.5	30.7	31.8	31.2	29.1
15	35.5	39.1	40.0	35.0	39.5	37.3	36.2	35.4	38.1
22	43.8	47.8	47.1	43.1	46.9	44.5	41.7	43.8	44.0
27	51.0	54.0	56.5	51.5	54.7	53.4	50.7	48.4	49.7
32	57.3	58.5	56.1	56.4	56.4	57.1	57.9	55.0	56.3
42	61.7	61.7	62.2	59.8	63.5	62.2	62.7	64.5	61.7
52	64.0	62.0	63.6	61.7	64.1	62.0	61.6	63.4	61.8

4.3.5 可溶性碳 (DOC)

由图 4.4 可知,醋糟堆制试验中,从总体上看,DOC 含量变化与堆温变化相一致,经历升高、稳定、下降三个阶段,这与 Zmora-Nahum 等市政垃圾、牛粪、污泥堆肥试验中 DOC 在整个堆肥过程中始终下降的变化趋势是不同的。新鲜醋糟 DOC 约 5g/kg,堆肥开始后 DOC 迅速上升,堆肥中期其变化范围为 15~25g/kg,堆肥 32d 之后基本稳定,堆肥结束时对照的 DOC 含量为 15.03g/kg,8 个接种处理在 13.84~18.76g/kg 之间,平均 15.95g/kg,标准差 1.57g/kg。

堆制第 15 天,接种处理含水率降到 25% 左右,对照约 40%,与之相对应的是,接种处理 DOC 含量均值从堆制第 10 天的 21.51g/kg 降到 16.47g/kg,而对照则从 20.92g/kg 微升至 21.14g/kg。可见,含水率过低会导致可溶性碳的消耗量大于生成量,从而使 DOC 下降,这说明当含水率过低时,可溶性碳的生成速率小于消耗速率。另外,从堆制 32d 到 42d,GI 显著提高,但处理 1 的 DOC 含量却升高 0.79g/kg,处理 2 也仅从 18.59g/kg 降到 17.88g/kg,可见其相关性不强,堆制 32d 后 DOC 与 GI 的相关系数也仅为 −0.76。因此可以认为,在排除过低含水率的影响时,可以将 DOC 低于 15g/kg 作为醋糟堆制腐熟的参考指标,高于 Zmora-Nahum 等[37] 建议的 4g/kg 的腐熟特征值以及 Hue 等[30] 认为的 10g/kg,而与 Bernal[36] 等的研究结果 (17g/kg) 较为接近。

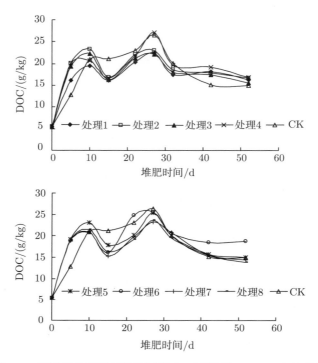

图 4.4　接种微生物醋糟堆制过程中可溶性碳 (DOC) 含量变化

4.3.6　铵态氮 (NH_4^+-N) 与硝态氮 (NO_3^--N) 含量

醋糟堆制过程中，NH_4^+-N 含量经历先上升后下降的过程，与 pH 相关系数达 0.96，并且同 pH 一样，堆制后期 NH_4^+-N 含量持续下降，与 GI 呈显著负相关 ($r = -0.91, n = 12$) (图 4.5)。可以将 NH_4^+-N 含量降至 4.5g/kg(0.45%) 左右作为醋糟堆肥腐熟的指标，这比 Zucconi 等[51] 建议的污泥堆肥 NH_4^+-N 含量小于 0.04% 的腐熟

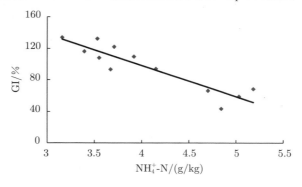

图 4.5　堆制后期 GI 与 NH_4^+-N 含量之间的关系

指标和 Tiquia 等[52] 建议的猪粪堆肥 NH_4^+-N 含量小于 0.05% 的腐熟指标高一个数量级。

NO_3^--N 含量也可作为判断堆肥腐熟度的指标之一。但 NO_3^--N 最终含量同样因原料的不同而有很大差异。如图 4.6 所示,本次醋糟堆制发酵试验中,NO_3^--N 含量与 GI 呈显著正相关。但是,由于 NO_3^--N 含量很低 (比 NH_4^+-N 含量低两个数量级),不同的堆制条件很可能对其造成很大影响,因此,其作为腐熟度评价指标的可靠性有待验证。

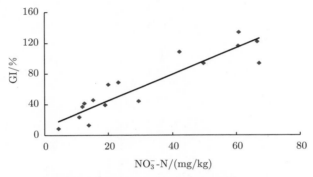

图 4.6 堆制过程中 GI 与 NO_3^--N 含量之间的关系

4.3.7 碳氮比

碳氮比 (C/N) 是表征堆肥腐熟度的常用指标,一般认为,当物料 C/N 降到 16 左右即接近微生物菌体的 C/N 时,微生物代谢微弱,物料基本稳定,可认为物料腐熟[45-46]。由表 4.3 可知,本试验中,物料初始 C/N 在 22 左右,堆制过程中各处理 C/N 不断下降,堆制第 32 天包括对照在内均降到 16 左右,但对照发芽指数低于 50%;32d 之后 C/N 变化不大,但发芽指数仍有大幅度的升高,可见 C/N 降

表 4.3 接种微生物醋糟堆制过程中碳氮比变化

时间/d	处理 1	处理 2	处理 3	处理 4	处理 5	处理 6	处理 7	处理 8	CK
0	21.7	21.7	21.7	21.7	21.7	21.7	21.7	21.7	21.9
5	22.4	21.6	21.6	22.0	21.9	22.0	21.7	22.2	21.4
10	19.9	19.2	19.7	19.8	19.6	20.0	20.1	19.9	18.7
22	18.4	18.4	17.7	18.0	18.3	18.4	18.4	18.5	18.4
32	15.3	16.1	16.0	15.6	14.8	15.9	15.3	15.6	15.5
42	14.7	15.6	15.3	15.4	14.6	14.9	15.2	14.9	14.7
52	14.8	15.6	15.3	15.1	14.2	14.9	15.1	14.8	15.1

至 16 是醋糟堆制腐熟的必要条件而不是充分条件。另外，堆制结束时，T 值 [(终点 C/N)/(初始 C/N)] 低于 0.7，符合 Morel 等[35] 提出的不同腐熟堆肥 T 值在 0.5~0.7 之间的结论。

综合以上试验结果，考虑各指标测定的简便性与时效性，提出醋糟堆制发酵腐熟度的评价方法：首先确定醋糟发酵进入降温期，然后测定 pH 和有机质含量 (马弗炉灼烧法) 是否符合腐熟标准，若符合则测定发芽指数以确定堆料已腐熟。

中　篇

温室园艺植物有机基质
栽培调控技术

由于引进国外泥炭基质成本高，国内的草炭资源主要分布在东北地区，存量少，其他地方使用运输成本加大，且大量开发会造成森林湿地环境破坏。所以，国内很多学者因地制宜地选择来源丰富、无毒无害的有机物开发质优价廉的有机基质，并在配方上进行了很多研究。如国外的 De Boodt 和 Verdonck[45] 就树皮、软木屑、椰子纤维、污泥、垃圾等的不同配比做了研究；Rouin 等[46] 从基质的孔隙度、pH、可利用水量、产量、养分平衡性等方面对几种混合基质进行了详细的研究和评价，并对各种基质的栽培技术做了说明；Pill 和 Ridley[47] 将椰衣纤维用于番茄和金鸡菊的栽培。国内秦嘉海等[48] 以炉渣、发酵羊粪和生物有机无机复合肥配制出番茄全营养混合基质；孙治强等[49] 研究了以木糖渣为主料，配合粉煤灰、煤渣与尿素、磷酸二氢钾、烘干鸡粪配成的不同基质对番茄幼苗生长的影响；陈振德等[50] 以棉籽壳、珍珠岩、炉灰渣配制较理想的栽培基质种植西芹；李萍萍等[51] 开发了芦苇末和菇渣等基质用于生菜、黄瓜、南瓜等的种植，研制和开发了相应的栽培系统和栽培技术。

随着基质栽培育苗技术在园艺生产上的普遍推广应用，进入新世纪以来，对基质栽培的研究也已从基质配方试验进入到水分和养分的调控技术。如高俊杰[52] 研究了不同化肥使用量对有机基质无土栽培甜瓜各器官氮磷钾养分浓度、养分分配率等的影响；董静和张运涛[53] 对追施有机肥的基质栽培对日光温室红颜草莓生长发育的影响进行了研究，认为基质栽培比较接近土壤栽培，可以用于解决设施栽培中草莓的重茬问题；庞云[54] 研究了温室基质栽培条件下水肥耦合效应对迷你黄瓜的生长、产量等方面的影响，提出了适合温室栽培黄瓜生产的滴灌灌水技术及与灌水相结合的施肥技术。张珏和郭世荣[55] 等研究了营养液浓度和用量对醋糟基质栽培番茄生长、产量和品质的影响。

本项目组自 1998 年开发成功以芦苇末和醋糟为原料的栽培基质以后的十多年间，对醋糟基质作为植物栽培育苗基质的配方技术、基质长期使用中的理化性质变化特征、基质中水分的运移规律及根系生长特征，基质栽培中养分和水分的精准化调控技术等方面做了深入系统的研究，得到了一些生产中具有应用价值的结果。限于篇幅，本章仅选取部分试验进行介绍。

第5章 醋糟基质作为植物育苗和栽培基质的配方研究

育苗基质支持穴盘苗从种子萌发到幼苗移栽整个阶段的生长，是穴盘苗生产的基础。如何利用当地资源选配出适合穴盘苗生长的优质基质，并研发出配套的水肥管理技术，则是穴盘育苗成功的关键。

5.1 醋糟作为植物育苗基质的配方及配套技术要点

为使醋糟基质能够应用在穴盘育苗中，本节对以醋糟基质为主要成分的各种基质配比对黄瓜穴盘苗的生长进行比较研究，以期得到合理的基质配方，并提出配套的技术。

5.1.1 醋糟基质作为黄瓜穴盘育苗基质的配方试验

5.1.1.1 试验材料及方法

1) 试验材料

穴盘育苗在江苏大学玻璃实验温室内进行。

供试黄瓜品种为津优 1 号。

供试的穴盘为 50 孔，每孔容积为 60mL，长 54cm，宽 28cm。

基质材料：醋糟是由江苏恒顺醋业集团提供纯醋糟，在本校试验温室内通过添加专用的发酵菌株，经堆制发酵而成；草炭为市购东北产草炭，蛭石为石家庄产，粒径 3~6mm。三种基质原料的 pH 都在 6.5 左右。

2) 试验设计

试验设置了三种原料按不同比例混合的 7 个基质处理，见表 5.1。

于 2008 年 11 月 17 日播种，每个处理 3 盘，作为 3 次重复，在整个生长期定期浇灌清水。

3) 测定指标及方法

(1) 基质性状

物理性状：容重、基质持水力 (WHC)、气体孔隙度 (AP) 和持水量。

化学性状：pH、EC。

测定方法同上篇 1.1.3.1 节。

表 5.1　7 种不同基质配比的处理　　　　　　　　　　(单位: %)

处理	醋糟	草炭	蛭石
1	100	0	0
2	75	25	0
3	75	0	25
4	50	50	0
5	50	0	50
6	50	25	25
7	34	33	33

(2) 幼苗性状

叶绿素含量: 使用 SPAD–502 仪器测定。

生长指标: 播种后第 6 天统计出苗率, 第 35 天 (两叶一心) 随机取生长一致的穴盘苗, 首先运用游标卡尺测定株高茎粗、下胚轴、开展度 (测量精度为 0.01mm), 后挖出地下部分, 分别称重地上部、地下部干鲜重, 测定主根长, 计算壮苗指数、G 值以及根坨崩坏率。

$$壮苗指数 = (地下部干重/地上部干重 + 茎粗/株高) \times 全株干重$$
$$G \ 值 = 全株干重/育苗天数$$

根坨形成指标测定: 从穴盘中取出带苗基质块, 从 10cm 高度作自由落体, 以散落基质重量与完整基质块重量之百分比为崩坏率。

根系活力的测定: 采用吸附亚甲蓝法, 测定总吸收面积、活跃吸收面积和活跃吸收面积百分比。

5.1.1.2　试验结果与分析

1) 不同基质配比的理化性状

7 种不同基质配方处理的基质理化性状列于表 5.2。从表中可知, 各处理的容重在 0.13~0.22g/cm^3 之间, 其中纯醋糟处理 1 的容重最小, 随蛭石添加量的增加基质容重也随之增加, 但各处理的容重均在育苗基质的适宜范围之内。各处理的总孔隙度在 73%~82% 之间, 蛭石和草炭在 50% 以上的复配基质处理, 其总孔隙度均处于低值。各处理间的气体孔隙度差异明显, 纯醋糟由于颗粒直径较大, 通气孔隙度达到 25%, 导致持水量下降; 添加草炭和蛭石后的处理, 其气体孔隙度下降, 持水力均有很大改善, 其中添加草炭或蛭石在 25% 的处理 2 和 3, 在总孔隙度不降低的前提下很好地协调了水气矛盾。在添加草炭和蛭石比例达到或超过 50% 的 4 个处理中, 以醋糟:草炭:蛭石为 50:25:25 的处理 6, 通气孔隙度和持水能力协调较好, 单独添加草炭或蛭石达到 50% 的处理 4 和 5, 以及醋糟只占 1/3 比例的处理 7, 其气体孔隙度都下降到 8% 以下, 不利于穴盘苗根区的气体交换, 进而影响穴盘苗根的发育。

由表 5.2 还可以看出，经过堆制发酵的纯醋糟处理 1 和醋糟比例在 75% 以上的处理 2 和 3 其初始 EC 较高。研究表明 EC>3.5mS/cm 不利于穴盘苗的生长发育，所以醋糟需要通过一些无机调节物质来降低醋糟的比例从而降低 EC。在本试验中可以看出，随着 EC 低的蛭石和草炭的加入，各复配基质的 EC 均大幅下降，下降至育苗基质合适的范围之内。

表 5.2　不同配方基质配的理化性状

处理 (醋糟:草炭:蛭石)	容重/(g/cm³)	总孔隙度/%	气体孔隙度/%	持水量/%	EC/(mS/cm)
处理 1 (100:0:0)	0.13	80	25	55	5.21
处理 2 (75:25:0)	0.18	82	19	63	3.63
处理 3 (75:0:25)	0.17	80	20	60	3.84
处理 4 (50:50:0)	0.18	73	6	67	2.48
处理 5 (50:0:50)	0.18	73	8	65	2.58
处理 6 (50:25:25)	0.21	75	12	63	1.67
处理 7 (34:33:33)	0.22	73	7	62	2.11

2) 不同基质处理黄瓜穴盘苗生长状况

穴盘苗的发芽率和播种后 35d 的黄瓜穴盘苗各项生长指标调查测定结果如表 5.3。由表中可以看出，纯醋糟发芽率最高，随草炭、蛭石的添加发芽率有所下降，但总发芽率在 75% 以上。

表 5.3　不同配方基质的黄瓜穴盘苗质量

处理 (醋糟:草炭:蛭石)	发芽率	株高/cm	茎粗/cm	开展度/cm	主根长/cm	叶绿素 (SPAD)
处理 1 (100:0:0)	96a	9.120e	0.404c	9.954d	10.790b	39.3a
处理 2 (75:25:0)	86c	10.732d	0.486ab	12.918c	10.086b	41.4a
处理 3 (75:0:25)	95a	11.122cb	0.442bc	12.182c	10.800b	41.31a
处理 4 (50:50:0)	76d	12.442bc	0.497a	18.194a	17.970a	42.2a
处理 5 (50:0:50)	92b	14.552a	0.434c	13.520c	12.066b	35.3a
处理 6 (50:25:25)	90b	13.656ab	0.452bc	14.852bc	10.448b	39.3a
处理 7 (34:33:33)	90b	14.072a	0.454bc	16.076b	12.706b	36.9a

从表 5.3 不同配比基质的茎粗、株高、开展度、主根等生长状况可以看出，处理 4 基质中穴盘苗生长最好，各项处理均显著高于其他处理，可能是因为 50% 醋糟 +50% 草炭比例的混配基质 EC 和 pH 都合适，持水性能良好，利于穴盘苗的生长。其他复配基质总体上也有较好的育苗效果，而纯醋糟处理 1 的各生长指标均显著低于其他处理，育苗效果最差。说明基质复配后能够改善性状，从而有利于幼苗的生长。

叶绿素含量的多少反映植株的生长状况，是测试基质养分的供应能力的一个重要指标。本试验中各处理的叶绿素含量都很高,且各处理间没有显著差异,说明各配比基质养分均能满足穴盘苗的生长需要。

3) 不同基质处理对黄瓜穴盘苗根系活力的影响

根系活力是判断秧苗质量的重要生理指标,是植物根系吸收养分能力的衡量标准之一。根系活力越大,吸收养分的能力越强。由表 5.4 可见,各处理根系总吸收面积和活跃吸收面积表现为:处理 3> 处理 4> 处理 6> 处理 5> 处理 2,显著大于处理 7、处理 1;而活跃吸收比为:处理 2> 处理 7> 处理 6> 处理 5> 处理 4,且显著大于处理 1、处理 3。

表 5.4　不同配方基质的黄瓜穴盘苗发芽率和根系活力

处理 (醋糟:草炭:蛭石)	总吸收面积/m^2	活跃吸收面积/m^2	活跃吸收比/%
处理 1 (100:0:0)	0.423e	0.161d	37.3c
处理 2 (75:25:0)	0.844c	0.436b	50.7a
处理 3 (75:0:25)	1.884a	0.441b	37.2c
处理 4 (50:50:0)	1.036b	0.442b	42.7b
处理 5 (50:0:50)	0.932b	0.406b	43.6b
处理 6 (50:25:25)	1.034b	0.452a	44b
处理 7 (34:33:33)	0.742d	0.33c	44.6b

根系活力比反映根系活力强弱,代表植株的活力或潜在活力。75% 醋糟 +25% 蛭石的处理 2 根系总吸收面积显著高于其他处理,而活跃吸收比却低于其他处理,可见其根系中非活跃吸收的面积比重较大,根系吸收养分的能力较小。处理 4、处理 5 和处理 6 三个醋糟比重占 50% 的处理总吸收面积及活跃吸收面积居中,但活跃吸收比却显著高于其他配比,说明这三个配比中根系活跃吸收面积比重大,根系吸收养分能力强。

4) 不同基质处理对黄瓜穴盘苗生长量的影响及其评价

表 5.5 是不同基质处理的干物质积累等生长量指标的比较。由表中可以看出,处理 4 的地上部和地下部的干重最高,各指标与其他各处理差异显著,即 50% 醋糟 +50% 草炭的处理秧苗生长状况最好。处理 2、处理 6、处理 7 三个草炭添加量大于 25% 的处理穴盘苗各指标,也显著高于其他处理,生长状况也较好,由醋糟和蛭石两者配合的基质处理 3、处理 5 地上部及地下部的干质量较其他处理差,但也显著高于纯醋糟处理。

根坨崩坏率是反映穴盘苗质量的重要指标,由表 5.5 可以看出,纯醋糟基质的崩坏率最大,随着其他基质的加入,混配基质崩坏率显著下降,其中 50% 醋糟 +25% 蛭石 +25% 草炭的混配基质的崩坏率仅为 2.6%,较其他处理差异极显著,其他各复配处理的崩坏率也较小,能满足生产的需要。

G 值反映出每天的干物质增长量,壮苗指数反映秧苗的素质。50% 醋糟 +50%

草炭的处理 4，其壮苗指数和 G 值均显著高于其他处理，处理 7 居于第二位，处理 6 和处理 2 的壮苗指数和 G 值居于中间地位，处理 5 和处理 3 两项指标值相对较低，但还是显著高于纯醋糟处理，纯醋糟处理的两项指标都较差。以上结果表明，醋糟作育苗基质需要进行复配，最适合于与草炭进行复配，或者与草炭和蛭石复配。本试验中的醋糟与蛭石复配效果不如草炭，可能与蛭石是无机物几乎不含氮磷有效养分有关，在浇清水的情况下表现不佳。

表 5.5　不同配方基质的生长量等指标

处理 (醋糟:草炭:蛭石)	地上部干重/g	地下部干重/g	根坨崩坏率/%	G 值/(mg/d)	壮苗指数
处理 1 (100:0:0)	0.140f	0.036d	13.9a	5.333e	0.692
处理 2 (75:25:0)	0.217d	0.052b	7.6b	8.152c	1.134
处理 3 (75:0:25)	0.187e	0.048c	6.8c	7.121d	0.924
处理 4 (50:50:0)	0.346a	0.055b	7.4b	11.212a	2.538
处理 5 (50:0:50)	0.225d	0.060a	6.6c	8.632bc	1.077
处理 6(50:25:25)	0.231c	0.064a	2.6d	8.939b	1.074
处理 7(34:33:33)	0.265b	0.049c	3.4d	9.515b	1.708

5.1.2　醋糟基质用于蔬菜育苗的配套技术要点

5.1.2.1　播种前的基质处理

醋糟基质育苗，如果醋糟未经过粉碎，由于颗粒粗、保水性差，以占 50% 比例为宜，与保水性好的草炭 (或芦苇末) 和蛭石等混合后使用。进一步的试验表明，如果将发酵后的醋糟基质进行粉碎，可以增加保水能力，提高种子的出苗率和幼苗的成活率，减少喷水次数。粉碎后的基质只需要加 10%~20% 的芦苇末或蛭石，用以进一步协调水气矛盾。

醋糟基质比草炭和芦苇末基质容易吸水，在装入穴盘或营养钵之前，要先将醋糟与蛭石或芦苇末等辅助物质混合，再浇 30% 左右的水，然后进行充分搅拌，使水分充分渗透到基质中。将醋糟混合基质装到穴盘中，然后用相同类型的穴盘上下对准，将醋糟压实，使穴盘上部留近 1/3 空间，再将种子播在基质上，最后再用醋糟基质盖种，并浇透水分。

5.1.2.2　水分管理

醋糟基质由于使用前经过粉碎，保水性较好，所以穴盘育苗的水分管理基本上同常规的营养土、芦苇末基质等穴盘育苗。在有喷淋系统时，用喷淋的方法是最理想的。如果育苗床底部足够的平，可以在底部供水。没有上述条件时，可采用洒水壶来洒水。浇水的次数根据季节和天气条件而异。夏季育苗，温度高、辐射强、蒸发量大，需要每天浇 2 次左右水；冬季大棚育苗，一般 2~3d 浇一次水即可。

5.1.2.3　养分管理

采用本研究中的标准育苗醋糟基质，由于醋糟本身含养分多，EC 高，所以育苗中的需肥量很少。用纯醋糟基质或醋糟加 10%～20%芦苇末基质，无论是 128 孔穴盘进行生菜育苗或 72 孔穴盘进行番茄和黄瓜育苗，整个育苗期都无须另外补充养分。在醋糟与蛭石相配合时，超过 4 叶叶龄时需要适当补充养分。

醋糟育苗养分补充的方法可用低浓度的营养液进行喷洒，EC 在 1.0～1.5mS/cm 之间，EC 过高会导致烧苗。营养液的组成只需要 N、P、K 和 Ca 养分，无须添加微量元素。

5.1.3　醋糟作为水稻育秧基质的配方试验

我国为水稻种植大国，种植面积基本维持在 0.28～0.3 亿 hm²。近年来，随着农机化进程的加速，机插秧技术在全国范围内得到大力推广，如江苏省机插秧比例已达 50%以上，苏南地区已高达 85%以上，应用面积仍在快速上升。由于机插秧技术对秧苗素质有特定的要求，如何培育出植株健壮、根系盘结力适中、易整齐切割的块状秧苗，已成为机插秧技术成功推广的关键。目前生产中仍多为农民自配营养土育秧，既难以保证合理的养分水平，又因秧盘过重，增大机械作业负荷，不利于规模化、标准化的机插秧技术推广。因此工厂化育秧已成为温室生产中的一个重要内容。有关轻型育苗基质对秧苗素质影响研究相对较少，规模化标准化生产的基质还很缺乏。本节以发酵的醋糟基质为主要材料，配以不同比例的商品蛭石和草炭进行试验研究，筛选以醋糟基质为原料的适于机插秧的标准化轻型水稻育秧基质配方。

5.1.3.1　材料与方法

1) 试验材料

供试水稻品种南粳 5055，由江苏省农科院选育的适宜在长江中下游及以南地区种植的品种。在江苏本地机插秧通常 5 月 20～25 日播种，6 月上中旬移栽。

供试基质以江苏恒顺醋业集团提供的醋糟基质为主体 (分为未经粉碎的粗醋糟和经过粉碎的细醋糟两种类型)，与市场购买的蛭石、草炭商品基质通过不同配比而形成复合基质，以及自配营养土。

育秧秧盘采用标准化机插秧硬质塑料秧盘，规格为 58cm×28cm×3cm。

试验共设置五个处理，包括醋糟、蛭石和草炭按不同比例配置的四个基质处理，以营养土对照处理。

处理 1：100%粗醋糟；

处理 2：100%细醋糟；

处理 3：60%细醋糟 +20%蛭石 +20%草炭；

处理 4：66% 细醋糟 +17% 蛭石 +17% 草炭；

CK：100% 自配营养土。(以上均为体积比)

各处理复合基质及营养土的理化性状如表 5.6 所示。

表 5.6 不同育秧基质和营养土的基本理化性状

处理	容重/(g/cm^3)	pH	EC/(μS/cm)	有效氮/(g/kg)	有效磷/(g/kg)	有效钾/(g/kg)
CK	0.655	6.39	0.39	0.165	0.496	0.276
处理 1	0.225	6.84	3.23	0.677	0.249	8.059
处理 2	0.258	5.98	4.52	0.793	0.275	9.094
处理 3	0.260	6.09	2.47	0.732	0.226	7.197
处理 4	0.259	6.39	2.57	0.767	0.253	8.296

育秧试验于 2013 年 5 月 20 日在江苏大学试验温室内进行，采用完全随机设计，共设五个处理，每个处理三次重复，每个育秧秧盘为一次重复。每个秧盘基质或营养土填充至 2.5cm 高度后，按 130g/盘的播种量将种子均匀播散于基质表面，再填充 0.3cm 厚基质或营养土覆盖，浇透水一次。出苗前保持湿润，出苗后基质出现发白前不浇水。

2) 测定指标与方法

播种后第 14 天，当多数处理秧苗 3 叶期左右时，分别从每个处理的每个重复中各取有代表性的秧苗 10 株，分别测定或计算其株高、茎基宽、不定根数和长度、单株叶面积、叶绿素含量、生物量、壮苗指数、根系吸收面积和发根潜力，并取秧苗块测定根系盘结力，后取均值分析。其中，单株叶面积采用叶面积扫描法；叶绿素含量采用 SPAD 测定仪测定；根系吸收面积采用亚甲蓝法；生物量采用烘干法，并计算根冠比；壮苗指数 =(地下部分干重/地上部分干重 + 茎基宽/株高)× 整株生物量。

发根潜力测定：从每个处理的每个重复中各取秧苗 10 株，剪去全部根系，放在盛有蒸馏水的玻璃杯中，将玻璃杯放在人工气候箱中进行培养，模拟苏南 6 月上中旬移栽季节的田间气候条件，控制最高温度 32℃、最低温度 20℃、相对湿度 65%。经常添加蒸馏水保持水分，7d 后取出，测定根系发根潜力相关指标。

根系盘结力测定：从每个秧盘中切割出 10cm×10cm 的秧苗块置于一平面玻璃上，一端夹板夹住并固定，另一端夹板夹住后用弹簧秤缓慢钩拉，直至秧块断开，期间的最大拉力即为秧苗根系盘结力。

3) 统计分析

试验数据采用 Excel 2010 和方差分析软件进行统计分析，采用最小显著差异法 (least significant difference，LSD) 进行多重比较。

5.1.3.2　结果与分析

1) 不同基质配比对秧苗素质的影响

不同处理与秧苗素质有关主要生长性状如表 5.7 所示。

表 5.7　不同处理秧苗的某些生长性状

性状	CK	处理 1	处理 2	处理 3	处理 4
株高/cm	11.3±0.8b	12.2±0.7ab	13.8±1.2a	13.5±1.2a	14.2±1.1a
茎基宽/cm	0.16±0.01a	0.17±0.01a	0.18±0.01a	0.17±0.01a	0.18±0.01a
单株叶面积/mm^2	15.2±2.3b	20.49±2.8ab	29.28±3.4a	26.14±1.8a	35.5±3.1a
叶龄	2.1±0.1b	2.5±0.1ab	3.1±0.2a	2.8±0.2a	3.2±0.1a
SPAD	27.8±1.9a	24.4±3.5a	28.6±2.1a	26.6±1.5a	29.3±3.0a
不定根数/条	4.8±0.8b	6.4±0.9a	5.4±0.9b	5.5±1.1b	5.9±0.5a
最长不定根长度/cm	7.0±1.1a	7.7±1.4a	7.1±1.1a	7.3±1.2a	7.5±1.4a
根冠比	0.24±0.02b	0.35±0.01a	0.33±0.02a	0.32±0.02a	0.34±0.02a
生物量/(g/10 株, 干重)	0.74±0.03c	0.85±0.04b	0.95±0.04b	0.91±0.02b	1.19±0.03a
壮苗指数	0.19±0.01c	0.31±0.02b	0.33±0.02b	0.30±0.01b	0.42±0.02a
根系盘结力/N	41.8±4.2a	7.5±0.8d	8.8±1.1d	15.6±1.2c	29.2±2.1b

不同处理秧苗株高、叶面积和叶龄均表现为处理 4> 处理 2> 处理 3> 处理 1>CK, 表明处理 4 秧苗生长速度和生育进程最快。方差分析表明, 四种不同基质处理间各指标差异均不显著; 除处理 1 外, 各基质处理均显著高于 CK。

不同处理秧苗茎基宽表现为处理 4= 处理 2> 处理 3= 处理 1>CK, 叶片叶绿素含量 SPAD 值表现为处理 4> 处理 2>CK> 处理 3> 处理 1。不同处理尽管以上两指标存在差异, 但各处理间差异均不显著, 这表明不同基质处理虽对秧苗茎基宽和叶绿素含量有影响, 但均未达显著水平。其中, CK 秧苗叶绿素含量较高, 可能是其叶龄较小, 生长速度和生育进程较慢, 养分依旧充裕的缘故。而处理 4 在生长速度和生育进程最快的情况, 叶绿素含量却最高, 充分显示该配比基质较高的养分水平。

根系生长情况显示, 无论是不定根数、最长不定根长度, 还是根冠比, 均是处理 1 最高, 处理 4 次之, CK 最低。其中, 处理 1 与处理 4 间不定根数差异不显著, 但均显著高于其他三个处理; 不同处理间最长不定根长度差异均不显著; 四种不同基质处理间根冠比差异不显著, 但均显著高于 CK。处理 1 之所以根系生长状况较好, 可能是其基质容重较小 (表 5.6), 孔隙度较大, 更利于根系生长。与之相反, CK 营养土由于容重较大 (表 5.6), 孔隙度较小, 因而根系生长状况相对较差。其他三个处理基质容重介于二者之间, 因而根系生长状况亦介于二者之间。

相对以上各指标, 植株生物量是一个较为综合的秧苗素质评价指标。而壮苗指数则是综合了地下部分和地上部分生物量及其比例 (根冠比)、茎基宽度和株高及其比例, 以及整株总生物量的一项更具综合性指标, 评判更为科学。不同处理秧苗生物量和壮苗指数比较结果显示, 两指标间呈现同样的变化趋势, 且差异性分析也一致。即处理 4> 处理 2> 处理 3> 处理 1>CK。其中, 处理 4 显著高于其他四个处理, CK 则显著低于其他四个处理, 而处理 1、处理 2 和处理 3 三处理间差异不显著。因此, 处理 4 秧苗素质在一定程度上显著优于其他各处理, 壮苗特征优势明显。

对于机插秧, 秧苗不仅需要具有壮苗特征, 还要具有适于机械化作业的某些特征。其中, 根系盘结力即为一项重要的特征指标。根系盘结力过大, 难以切割; 根系盘结力过小, 难以切割整齐成块。由于 CK 所用营养土黏性远高于其他四种配比基质, 秧苗根系盘结力最大, 显著高于其他各处理。处理 4 显著低于 CK, 而又显著高于其他三处理, 其中处理 1 和处理 2 根系盘结力最低, 均显著低于其他各处理。尽管处理 1 秧苗根系生长情况最好, 但因基质为 100% 粗醋糟, 团结能力极差, 因而秧苗根系盘结力最低; 而处理 2 基质容重虽与处理 4 和处理 3 两处理相当, 但根系生长情况相对较差, 因而秧苗根系盘结力也较低。因此, 秧苗根系盘结力的大小受秧苗根系生长状况和育秧基质黏结性共同影响。

2) 不同处理秧苗的根系活力

根系活力是反映植物生长状况的一项重要生理指标, 也是评价不同作物幼苗素质最为常用指标之一。其中, 根系总吸收面积、活跃吸收面积以及活跃吸收面积比是表征根系活力最为常用的指标。

表 5.8   不同处理秧苗的根系活力

处理	根系总吸收面积/m^2	根系活跃吸收面积/m^2	活跃吸收面积比/%
CK	0.1486b	0.0428b	28.80b
处理 1	0.1964ab	0.0732ab	37.27ab
处理 2	0.2048a	0.0932a	45.51a
处理 3	0.219a	0.1044a	47.67a
处理 4	0.2328a	0.1126a	48.37a

由表 5.8 可知, 无论是根系总吸收面积、活跃吸收面积, 还是活跃吸收面积比, 均呈现处理 4> 处理 3> 处理 2> 处理 1>CK 变化特征。差异性分析同样显示, 以上各指标四种配比基质间差异不显著, 而处理 4、处理 3 和处理 2 显著高于 CK, 但处理 1 与 CK 间差异不显著。以上结果表明, 对于不同处理, 根系总吸收面积、活跃吸收面积和活跃吸收面积比三指标具有紧密的同步变化趋势。其次, 尽管处理 1 的根系长度高于其他处理, 但其根系活力却低于其他处理, 这表明根系生长

情况好坏与其根系活力大小并非完全一致。

3) 不同处理秧苗的根系发根情况

根系发根能力大小直接决定移栽后秧苗的返青速度、成活率和分蘖能力，因此，根系发根情况是评价秧苗素质的又一项重要指标。

表 5.9 不同秧苗根系发根潜力模拟培养结果显示，处理 4 秧苗单株发根数最多，处理 2 次之，CK 最少，且四种不同配比基质处理间差异不显著，而处理 4、处理 2 和处理 3 均显著高于 CK，处理 1 和 CK 差异不显著；处理 4 单株根长超过 5mm 的根系最多，处理 2 次之，二者差异不显著。处理 3 和处理 1 单株根长超过 5mm 的根系较少，均显著低于处理 4 和处理 2，但均显著高于 CK；不同处理间单株最大根长差异比较显著，处理 4> 处理 2> 处理 3> 处理 1>CK，处理 4 优势表现明显。

表 5.9　不同处理秧苗的发根潜力

处理	单株发根数/条	单株根长超 5mm 根数/条	最大根长/cm
CK	4.5b	0.1c	0.7
处理 1	5.4ab	0.6b	0.8
处理 2	5.9a	1.0a	1.1
处理 3	5.8a	0.7b	0.9
处理 4	6.0a	1.5a	1.3

综合来看，处理 4 即"66%细醋糟 +17%蛭石 +17%草炭"的复合基质所培育秧苗更能满足机插秧作业对秧苗素质的要求，在生产中可全面替代常规营养土，用于规模化和标准化的水稻工厂化育秧中。

5.1.4　醋糟作水稻育秧基质的配套技术要点

(1) 醋糟基质的腐熟、粉碎和配比：采用新鲜醋糟堆制发酵，至完全腐熟后才能使用。将发酵腐熟后的醋糟物料进行粉碎，可以提高保水保肥能力，促进秧苗生长。醋糟基质的配制比例，以腐熟醋糟基质体积占 2/3，配以 1/3 蛭石和草炭混合基质，不仅育秧效果较好，而且成本较低。

(2) 水分管理：播种前在醋糟混合基质中浇水拌匀，使基质充分吸水后放入秧盘中，播种后再用基质盖种。齐苗后保持盘面干湿交替，有利于秧苗盘根。切不可过度控水导致根系受伤，也不宜秧盘长期淹水。移栽前 3~4d 控水促根。

(3) 苗期追肥：使用腐熟醋糟作为水稻育秧基质，一般不需追施肥料。若秧苗期较长，发现预定移栽期秧苗高度不足和缺肥现象，可用 1%浓度的尿素溶液喷淋，促进秧苗长高。

醋糟基质育秧的程序及病虫害防治等技术都与普通营养土育苗相同，此处不再赘述。

5.2 醋糟作为蔬菜栽培基质的配方研究

醋糟基质开发成功后,在江苏大学农业工程研究院的实验温室和镇江瑞京农业示范园的生产温室内进行了一系列的基质栽培的配方试验,蔬菜种类涉及黄瓜、番茄、生菜、蛇瓜、空心菜、木耳菜等。栽培方式以常规槽式栽培为主,部分试验采用盆栽或袋栽。本节仅介绍番茄槽式栽培和黄瓜袋式栽培的部分试验。

5.2.1 醋糟作为番茄栽培基质的配方试验

5.2.1.1 纯醋糟基质与常规基质的番茄栽培效果比较

在早期的研究中,为了探讨纯醋糟发酵物质作为蔬菜栽培基质的可行性以及在蔬菜栽培上的应用效果,同时比较不同基质之间的性状差异,进行了纯醋糟基质与常规的芦苇末、草炭、蛭石、菇渣等 5 种基质之间的对比试验。

供试作物为荷兰进口的水果番茄。

采用槽栽的方式,槽宽为 1.2m,其中基质槽和过道 (连同砌砖) 各占 60cm,基质的初始厚度为 25cm。每个基质处理种植 20 株,于移栽半个月开始,每隔 5~10d 测定番茄的叶片数、茎粗、株高和开展度等性状,每次随机测量 3 株,取平均值。

栽培管理:由于醋糟基质中含有养分,所有的处理移栽后 1 个月内都不施肥,只浇清水;以后随着植株的长大浇 1/3 浓度的营养液,营养液参照荷兰配方,但仅用氮、磷、钾三要素,不加微量元素。

不同基质栽培的番茄的叶片数、基部茎粗、株高、开展度等生长性状动态列于图 5.1~图 5.4。

图 5.1~图 5.4 是不同类型基质下番茄生长性状比较。从图中可以看出以下几点:

(1) 无论是叶片数、植株高度、开展度还是基部茎粗指标,无论是在生长前期还是后期,蛭石处理的各个性状都最差。究其原因,可能是虽然施了一定量的氮磷肥,但是蛭石基质本身所含的其他的矿质营养元素都很有限,不能满足其生长需要。所以,试验结果表明,蛭石只能作为基质的添加物质,如果用纯蛭石作栽培基质,必须使用全价的营养液才能保证植物正常生长。

(2) 由于草炭、菇渣和芦苇末三种物质本身都是有机物质,养分含量高、颗粒小、保水性好,所以番茄植株生长都较好,且三者差异极小。芦苇末基质的叶片数最高;植株高度先是草炭的高,后又被菇渣赶上;开展度先是草炭和芦苇末高,后是菇渣和芦苇末高;基部茎粗先是草炭和菇渣高,后被芦苇末基质赶上。总的来看,这三种基质都适合于植物的无土栽培。

(3) 纯醋糟作栽培基质,在番茄各个性状上虽然超过蛭石处理,但不如草炭、菇渣和芦苇末等有机基质。观察表明,纯醋糟基质与其他基质的生长差异是苗期造成的。主要原因是纯醋糟的颗粒粗,通气孔隙度大,表层基质容易失水。在植物幼苗期,因为根系小而浅,当表层基质过干时会影响植物的吸水,因此生长量小。虽然随着植株的长大,纯醋糟基质上的番茄生长渐趋正常,如基部茎粗已基本与草炭和菇渣基质的处理接近,但是由于幼苗时造成的差距,整体上一直未能赶上去。因此,若用纯醋糟作为作物的栽培基质必须改变水分管理模式,或者增加浇水的次数,或者用滴灌带进行灌溉。

　　以上试验结果表明,醋糟作为栽培基质,需要与其他基质进行复配为宜。

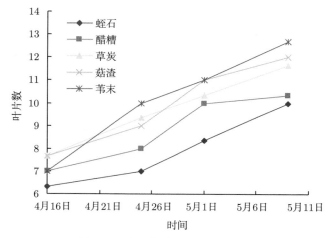

图 5.1　不同类型基质番茄的叶龄

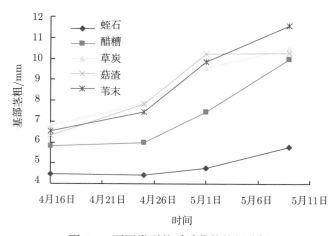

图 5.2　不同类型基质番茄的基部茎粗

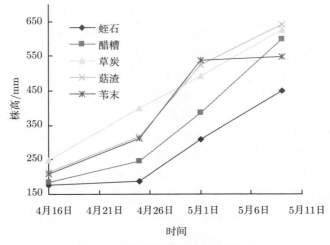

图 5.3　不同类型基质番茄的株高

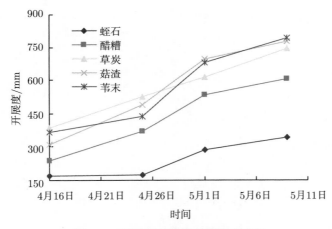

图 5.4　不同类型基质番茄的开展度

5.2.1.2　醋糟不同配方混合基质的番茄栽培效果比较

　　针对纯醋糟存在的问题，将发酵后的醋糟通过添加常规的珍珠岩、蛭石和菇渣等物料进行复配，进行了混合基质番茄槽式栽培的对比试验。菇渣为平菇栽培后的下脚料经过堆制发酵而成，pH 为 6.5 左右。

　　试验设置为：① 纯醋糟，② 醋糟:珍珠岩为 1:1，③ 醋糟:蛭石为 1:1，④ 醋糟:珍珠岩:蛭石为 6:2:2，⑤醋糟:菇渣为 1:1。

　　试验方法和测定的内容等都同 5.2.1.1 节。

　　图 5.5～图 5.8 是醋糟不同配方下番茄生长前期叶片数、株高、开展度和基部

茎粗等性状的比较。从这些图中可以看出各种复配基质的效果:

(1) 不同处理中以醋糟与菇渣配合的处理 5 效果最好,在叶片数、株高、开展度和基部茎粗各个性状上都远远超过其他处理。与之前试验的图 5.1～ 图 5.4 中的数据相比,该处理各个性状都优于纯菇渣、纯草碳和纯芦苇末的各个处理。表明醋糟与颗粒较细的有机物质配合后,栽培效果可以大大提高。

(2) 醋糟:蛭石为 1:1 的处理 3 在所测定的叶片数、株高、开展度和基部茎粗等 4 个性状上都优于纯醋糟的处理。究其原因,蛭石颗粒细,与醋糟配合可以改善保水性能;尽管蛭石养分含量低,但醋糟基质的养分含量高,因此两者结合后虽然不如醋糟与菇渣结合的处理,但仍比其他处理具有较明显的优势。

(3) 醋糟:蛭石:珍珠岩为 3:1:1 的处理 4,总体上表现都与纯醋糟基质相当,其中株高和开展度指标优于纯醋糟处理,但基部茎粗指标不及纯醋糟。该处理的各项指标则远低于醋糟:蛭石为 1:1 的处理 3,说明了醋糟与珍珠岩的配合效果不如蛭石。

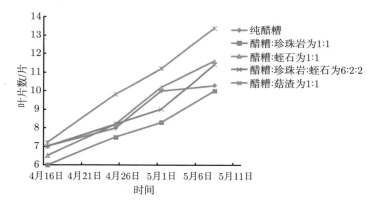

图 5.5　不同基质配方的番茄叶片数

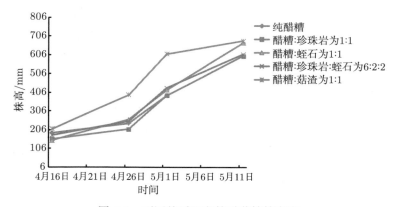

图 5.6　不同基质配方的番茄植株高度

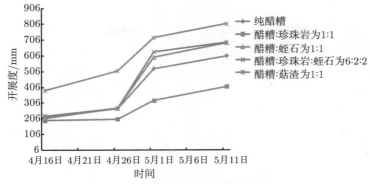

图 5.7 不同基质配方的番茄开展度

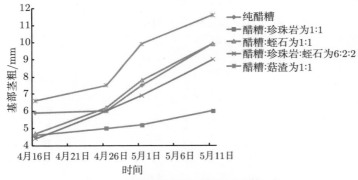

图 5.8 不同基质配方的番茄基部茎粗

(4) 醋糟添加珍珠岩的处理 2 各项性状都较差,远远低于其他 4 个处理。主要原因是醋糟和珍珠岩都是容重较小、颗粒较粗的物质,不适合于搭配在一起且添加程度过高。因此基质栽培上醋糟不宜与珍珠岩进行复配。

以上试验研究表明,醋糟添加菇渣或蛭石等颗粒细小的有机或无机物质后,有利于基质保水性能的提高,物理性状大大改善,所以栽培效果显著提高。但是无机物质的添加量不能过高,过高后基质的养分含量下降。在以后的多次配方试验中都表明,无机物添加的比例以不超过 25% 为宜。

5.2.2 醋糟作为黄瓜袋式栽培基质的配方试验

草菇渣是草菇栽培后留下的残渣,碱性较强,资源化利用较难。那么碱性草菇与弱酸性的醋糟配合是否能起到好的效果,为了解答这个问题,进行了醋糟、草菇渣和蛭石等基质进行不同配比的试验。

5.2.2.1 试验设计

采用袋栽试验。把基质材料装在一种内面为黑色、外面为白色、底部有透水孔的不透明塑料袋里面，采用滴灌带进行营养液供应的栽培方式，其主要优点是所用的基质原料少、水分蒸发少，因而可节约基质和灌溉的成本。由于基质少，所以栽培过程中需要使用营养液来提供养分。

供试作物为温室专用的水果型黄瓜，品种为碧玉 1 号，该品种成熟时果长 15～20cm，果粗 5cm 左右。在育苗 20d 出现 2 叶 1 心后进行定植。每袋单行栽 4 株，行间距为 1600cm。

共设置了醋糟、菇渣和蛭石不同比例的处理 7 个，以珍珠岩作为对照，主要试验材料醋糟的 pH 在发酵前为 5.4，发酵后 6.02；菇渣 pH 高达 8.5，混合后的 pH 如表 5.10 所示。栽培袋的规格为 100cm×30cm，每袋栽培 6 株黄瓜，每个处理为三个栽培袋，作为三次重复。栽培袋随机摆放。

表 5.10　试验处理基质配比 (体积比)

处理	醋糟	草菇渣	蛭石	珍珠岩	pH
处理 1	100%	—	—	—	6.0
处理 2	80%	20%	—	—	6.6
处理 3	60%	40%	—	—	7.3
处理 4	40%	60%	—	—	7.6
处理 5	80%	—	20%	—	6.2
处理 6	60%	—	40%	—	6.3
处理 7	40%	—	60%	—	6.4
CK	—	—	—	100%	6.4

在黄瓜定植后的整个生长阶段营养液按照该荷兰黄瓜营养液专用配方配置，灌溉方式采用滴灌。营养液配方见表 5.11，其为 A 罐、B 罐各配置 1000L 母液所需加入各单元肥料的量。使用高浓度复合肥料，配置 2 个母液罐，A 罐为钙配，B 罐为氮磷钾镁和微量元素配，配备了 C 罐 (酸罐)，放稀硝酸或稀磷酸。配方为 100 倍母液和灌溉水同步进入灌溉管道，混合成营养液进行灌溉。不同处理的肥水运用上，珍珠岩处理采用标准营养液配方，即 100% 浓度的营养液，其他含醋糟的各处理施用 50% 浓度的营养液。

表 5.11　水果黄瓜营养液母液配方 (A、B 罐各 1000L)

A 罐	肥料	硝酸钙	硝酸钾	硝酸铵	Fe-EDTA			
	用量	94.3kg	7.8kg	5.0kg	0.88kg			
B 罐	肥料	硝酸钾	磷酸二氢钾	硫酸镁	硫酸锰	硫酸锌	硼砂	硫酸铜	钼酸钠
	用量	63.6kg	17.0kg	33.8kg	170g	145g	240g	19g	12g

每个试验处理随机选取 3 株植株进行生长及生理指标的测定。

1) 生长性状测定

从定植开始每隔 7d 分别进行株高、叶龄、叶面积的测定。

株高采用卷尺测量，从植株的根部开始到植株的最高点为止，每次随机抽取每个处理中的任意三株，取三次测量值的平均值，作为每个处理黄瓜的株高值。

叶龄采用标记叶片的方法，即每次测量时在新生叶片上做标记，并记录当时的叶龄，以后的叶龄数据参照前一次的测定数据。在测定叶龄时，在每个处理中任意选取三株黄瓜，每次都对这三株的叶片进行标记，取三组测量数据的平均值定为该处理黄瓜的叶龄。

叶面积是通过测定全部叶片的长度和宽度，然后通过计算公式 $SL=0.5\times LL\times WL+0.25\times WL2$ 来确定[56]。取三次测量值的平均值，作为黄瓜叶面积值。

2) 生理指标测定

光合速率测定采用的实验装置为美国 LI-COR 公司生产的 LI-6400 便携式光合作用测定系统，于晴朗天气的上午 9：30~10：30。利用系统的人工设置光源，设置不同的光强梯度，进行不同处理黄瓜的光响应分析，从而分析各自光合能力的大小。

叶绿素含量采用 SPAD502 叶绿素测定仪进行测定。将整个植株的所有叶片的叶绿素含量进行测定，取测量值的平均值作为该植株的叶片叶绿素含量值。

叶片营养元素的测定方法：氮素含量用凯氏定氮法，磷素含量用比色法，金属含量用原子吸收法。

在植株结果后采摘果实，测量其鲜重和干重。

以上各测量结果均取均值后用 Excel、SPSS 软件进行分析。

5.2.2.2 试验结果与分析

1) 不同基质配比对黄瓜生长发育的影响

试验主要从株高、叶龄、叶面积这几个形态指标来研究不同处理对温室黄瓜生长发育的影响，具体分析结果如下：

(1) 不同基质配比对黄瓜株高的影响

不同基质配比处理的黄瓜株高增长动态如图 5.9 所示。从图中可以看出，不同处理之间差异很大。

处理 7(40% 醋糟 +60% 蛭石) 无论在前期还是后期均明显高于其他基质配比的处理，且高于对照处理，方差分析结果达到显著性差异 (表 5.12)。一方面可能是细小颗粒蛭石与较大颗粒醋糟按照这一比例混合后，基质的孔隙度和紧实度非常适宜黄瓜的生长；另一方面是通过配比混合以及弱酸性营养液的作用，使得基质的酸度达到适合黄瓜生长最为适合的微酸环境。因此，在醋糟自身营养和部分营养液的共同肥水保障下长势最好。处理 5、处理 1 和 CK 三者的株高值也较高，与其他处理之间呈现出显著性差异。而处理 3 和处理 4 的植株进入一定生长阶段后明显低于其他各处理，原因可能是所用草菇渣的 pH 较高，从而使基质呈现出碱性，抑制了作物的正常生长，从而呈现出草菇渣所占比例越大、碱性越强，这种抑制作用越明显的现象。

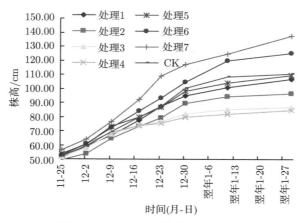

图 5.9　各处理黄瓜株高的动态变化

表 5.12　各处理株高差异的方差分析结果

处理	处理 7	处理 6	处理 1	CK	处理 5	处理 2	处理 3	处理 4
5%差异	a	b	b	b	c	c	d	d

(2) 不同基质配比对黄瓜叶龄的影响

不同基质配比对叶龄的影响结果如图 5.10 所示。

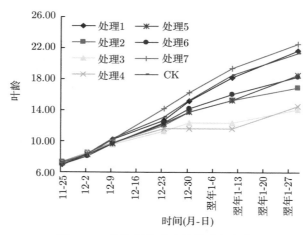

图 5.10　各处理黄瓜叶龄的动态变化

表 5.13　各处理叶龄差异方差分析结果

处理	叶龄平均数	5%差异
处理 7	13.814	a
CK	13.273	a
处理 1	13.199	a
处理 6	12.265	ab
处理 5	12.182	ab
处理 2	11.992	ab
处理 3	10.974	b
处理 4	10.890	b

由图 5.10 可知,黄瓜叶龄动态变化的处理间差异比株高小些。以处理 7、CK 和处理 1 纯醋糟的叶龄增长较快,而处理 3 和处理 4 生长较慢。表 5.13 中方差分析结果显示,处理 3、处理 4 与处理 7、处理 1 和 CK 之间差异显著,与处理 2、处理 5、处理 6 之间差异不显著。叶龄动态反映了黄瓜生育进程进而影响黄瓜的结瓜时间,观察表明:因此处理 7 黄瓜结瓜时间最早,处理 1 与 CK 相近;而处理 4 黄瓜结瓜时间最晚,其他各处理比 CK 在不同程度上都略晚一些。

(3) 不同基质配比对黄瓜叶面积的影响

不同基质处理对黄瓜叶面积的动态变化的测定结果见图 5.11。

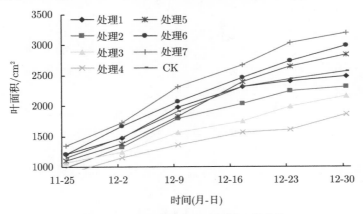

图 5.11　各处理黄瓜叶面积的动态变化

由图 5.11 可知,不同处理间的黄瓜叶面积差异较大,而且随着生育进程而不断加大。7 个处理中,处理 4 的劣势非常明显,在生长初期与其他处理的差异已经呈现出来,到了中后期,与其他处理之间更是差别明显。而处理 7 在整个观察期内的黄瓜叶面积都是最大,处理 6 和处理 5 紧跟其后,处理 1 和 CK 居中,两者差别不大。叶面积最小的依次为处理 4、处理 3 和处理 2 (表 5.14)。

表 5.14   各处理叶面积差异方差分析结果

处理	叶面积平均数/cm^2	5%差异
处理 7	2266.536	a
处理 6	2123.170	a
处理 5	2004.390	b
CK	1964.052	bc
处理 1	1963.935	bc
处理 2	1818.874	cd
处理 3	1703.443	d
处理 4	1535.279	e

从方差分析中可以看出,各处理叶面积差异较大,显著性也较其他几个指标更为复杂。处理 7 与处理 6 之间差异不显著,处理 5、CK、处理 1 之间差异不显著,处理 2 与处理 3 之间差异不显著,而处理 4 与其他各处理之间差异都显著。

2) 不同基质配比对黄瓜叶片叶绿素含量和光合作用速率的影响

(1) 不同基质配比对叶片叶绿素含量的影响

叶片叶绿素含量是影响光合作用的重要生理指标,不同处理之间叶绿素含量结果如图 5.12 所示。

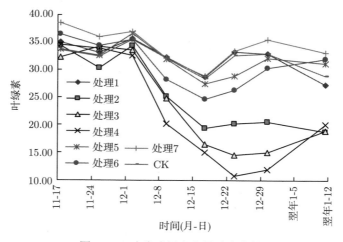

图 5.12   叶片叶绿素含量动态变化

从图 5.12 中可以看出,黄瓜叶片的叶绿素含量在不同时间内呈现高低不同的变化规律,这可能与作物本身生长规律及施肥和温度等外界条件相关。从不同处理来比较,处理 7 总体上叶绿素含量最高,测定中期与 CK 基本持平,后期与处理 1 基本持平。而草菇渣配比高的处理 3 和处理 4 则劣势明显,无论是在生长的前期还是中后期,叶片叶绿素含量都比其他处理要低得多 (表 5.15)。

表 5.15　各处理叶绿素含量终值方差分析结果

处理	平均数	5%差异
处理 7	34.25	a
处理 1	32.214	ab
CK	31.984	b
处理 5	31.775	b
处理 6	30.888	b
处理 2	25.375	c
处理 3	23.713	cd
处理 4	22.35	d

从各处理叶绿素含量差异性方差分析结果中可以看出，各处理间叶绿素含量的差异显著性比较复杂，处理 7 与处理 1 之间差异不显著，与其他各处理差异都显著。处理 1、处理 5、处理 6 和 CK 之间差异都不显著，处理 2 与处理 3 之间差异不显著，而与处理 4 之间差异显著。

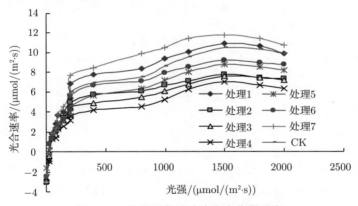

图 5.13　各处理黄瓜叶片光合作用速率

(2) 不同基质配比对黄瓜光合作用的影响

不同基质配比处理在不同人工光源强度下的光合作用测定值如图 5.13 所示。从图中可以直观地看出，各处理光合作用都在光强为 $1500\mu mol/(m^2 \cdot s)$ 时达到光饱和点。处理 7 的光合作用速率最大，处理 4 最小。而处理 1 和 CK 之间差距较小，处理 5、处理 6 比处理 7 小，处理 2、处理 3、处理 4 明显比其他处理小。说明采用蛭石配比的基质比添加草菇渣的基质黄瓜叶片光合作用速率大，从而使光合作用的产物也比含草菇渣的处理高，最终影响黄瓜的产量。而在添加蛭石的三个处理中，以处理 7 最高，处理 5 最低，说明蛭石所占比例越大，光合作用速率越大，而在添加草菇渣的三个处理中，以处理 2 最高，处理 4 最低，说明草菇渣所占比例越高，基质的碱性越大，光合作用速率越小。再次表明醋糟基质宜与颗粒细小、吸水性好的无机物质蛭石配合，而与同为有机物料的强碱性草菇渣配合则比例不能高于 20%。

3) 不同基质配比对黄瓜产量的影响

黄瓜正常结瓜时开始采摘成熟的黄瓜，共采摘了三次，将每个处理的黄瓜进行分别称重，累计三次的称量结果得到各处理的黄瓜产量，如图 5.14 所示。

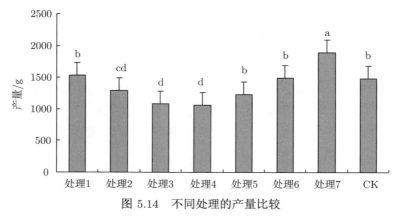

图 5.14　不同处理的产量比较

不同小写字母表示 5% 水平下差异显著性，下同

从图 5.14 中可以直观地看出，处理 7 的产量最高，其次分别是处理 1、处理 6 和 CK，以处理 4 和处理 3 的产量最低。方差分析结果表明，处理 7 与其他处理之间差异显著，处理 1、处理 5、处理 2、处理 6 与对照 CK 之间差异不显著，而它们与处理 3 和处理 4 之间差异显著。

从本试验结果来看，40% 醋糟 +60% 蛭石的基质灌溉 50% 浓度营养液的配方最好，高于常规的珍珠岩灌溉 100% 浓度的 CK，而纯醋糟的表现也好于 CK。分析其主要原因可能是：在较为密闭的袋栽条件下，基质透水条件不畅，从而颗粒粗的纯醋糟反而变劣势为优势，这是物理因素导致的结果；醋糟和草菇渣的 EC 都较高，尤其是草菇渣 pH 也高，所以在用 50% 浓度营养液的条件下，添加无机基质蛭石比例高的则占了优势，这是化学因素导致的结果。在后来的试验中，降低了醋糟基质栽培的营养液灌溉浓度，则醋糟添加 20% 蛭石以及添加 20% 草菇渣的处理也都表现出了很好的效果。

5.3　醋糟作栽培基质的配套技术

1) 作物定植前的基质处理

如果使用发酵前已经添加了 pH 和营养调节剂的醋糟基质，醋糟既可以与其他物质配合使用，也可以单独直接使用；但如果使用纯醋糟发酵的基质，则在栽培前必须将醋糟与其他辅助物质进行混合后再使用，辅助物质为 20%左右的理化性状可以互补的蛭石、菇渣、芦苇末等有机或无机物。

2) 醋糟作栽培基质的水分管理

醋糟栽培基质的保水性和水分的横向扩散性较差，尽管加入蛭石后保水性和水分的横向扩散性得到改善，加入菇渣或芦苇末后也可以使保水性得到改善，但是水分管理上仍然与土壤栽培、常规泥炭基质及芦苇末基质有所区别，在栽培上要引起很大注意。

在幼苗期，作物的根系短小，而醋糟的大孔隙多而毛细管少，基质表面很容易发干，所以宜采用小水勤浇的栽培技术。一般在夏天晴天需要每天浇水，高温、强光条件下每天需要浇水若干次；温度低、光照弱、蒸发小时可以减少次数。随着作物长大，根系往下扎，由于醋糟下层的保水性较强，可以与常规基质和土壤同样管理。

醋糟基质栽培的水分灌溉方式：在种植撒播的叶菜类作物时，以微喷的形式最好，水分容易均匀。在有株行距的宽行作物种植时，以采用滴灌的形式为宜。但是由于幼苗期根系不发达，滴灌带宜紧靠作物的根部，使根系能够充分的吸水。

3) 醋糟作栽培基质的养分管理

醋糟基质本身含有植物生长所需的各种营养成分，而且有效态氮、磷、钾的含量丰富，在新的醋糟基质使用时，一般的叶菜类作物种植过程中无须添加养分。在番茄、黄瓜这些长周期的果菜类作物种植过程中，后期需要添加一定的养分。

基质栽培的养分追加方式：在有营养液供给装置的条件下，在作物生长约 2 个月后，营养生长和生殖生长都很旺盛，需肥量很大，要适当地追加营养液。营养液的浓度可比常规的泥炭、珍珠岩混合基质栽培营养液浓度降低 1/3 左右。

第6章 醋糟基质栽培的养分供需规律和管理技术

有机基质中含有一定的养分，但是单靠基质自身养分的缓慢释放难以持续满足蔬菜生长的需求，在栽培过程中需要补充养分。了解基质在栽培使用过程中的养分释放规律以及黄瓜、生菜等作物在生长过程中的养分吸收规律，不同生育期使用不同量的肥料对作物生长、品质、养分吸收以及基质性状等方面的影响，可以为建立醋糟基质连续栽培高产的养分管理技术体系提供科学依据。

6.1 纯醋糟基质供肥条件下黄瓜不同茬口氮磷钾吸收特征

黄瓜是温室蔬菜生产中占重要地位的蔬菜作物。黄瓜的特点是营养生长与生殖生长同时进行，增产潜力大，对肥料需求量大。当前我国温室黄瓜栽培的施肥技术仍以经验为主，生产者为获取高产和高额利润，化肥施用远远超过正常需求，由此引发了一系列如产量降低、品质恶化、土壤盐分积累及酸化、环境污染等问题[57−61]。研究表明有机基质栽培技术是解决以上问题、实现作物稳产高产的有效途径。黄瓜对不同矿质元素的需求量不同，不同生育阶段对同种矿质元素的需求量也不尽相同，研究黄瓜基质栽培中对各种矿质养分的吸收量和利用率是确定合理施肥策略的基础。

前人对土壤栽培黄瓜单位面积吸收全氮、磷和钾总量进行了研究，认为不同茬口，不同生育期，黄瓜植株对氮、磷和钾的吸收及分配均有显著不同[62−65]。但对基质栽培条件下黄瓜植株生长及养分吸收特性的系统研究还较少。本节通过分析纯醋糟基质栽培条件下黄瓜不同生育期不同叶位的叶片生长规律和氮素营养生理，研究不同茬口黄瓜植株对 N、P、K 的吸收和分配规律，以期为醋糟基质栽培条件下黄瓜栽培科学合理的施肥管理提供理论依据。

6.1.1 材料与方法

6.1.1.1 试验材料

试验于在江苏大学农业工程研究院试验温室进行。

供试品种为温室专用水果型黄瓜"碧玉 2 号"。

栽培基质为新发酵后的纯醋糟基质。

6.1.1.2　试验设计

黄瓜栽培采用常规的槽式栽培(槽长 17.5m、宽 0.8m、深 0.35m)，双行定植，株距为 0.25m，行距 0.3m。采用一年两茬的栽培模式，第一茬为春夏茬，试验于 2010 年 4 月 12 日定植，7 月 12 日拉秧；第二茬为秋茬，于 8 月 22 日定植，12 月 22 日拉秧。

由于醋糟基质中含有较高的养分，并且槽式栽培中每株黄瓜所占有的基质量较大，为同时检验醋糟基质的供肥能力，所以在整个试验中未施肥。

6.1.1.3　测定指标

植株分五个时期取样，分别为苗期、初花期、初瓜期、盛瓜期、末瓜期。每次随机取三株，以单株为单位分别采集不同生育阶段植株的根、茎、叶、果不同部位样品。果实样品分别于各采收期以单株编号采集。样品采集洗涤后分别称取鲜重，随即置于 110℃ 电热鼓风干燥箱中杀青 15min 后，于 75℃ 下烘至恒重，用感量 10^{-4}g 电子天平称取质量，后使用微型植物样品粉碎机粉碎过 60 目筛，入塑料瓶待测。

植株全 N、P、K 用浓 H_2SO_4-H_2O_2 硝化后待测。流动分析仪法测 N，矾钼黄吸光光度法测 P，火焰光度计法测 K。

温室内环境观测：栽培期间温度、湿度、光合有效辐射数据采用 Watchdog 小型气象记录站采集，记录间隔为 1h。

6.1.1.4　数据分析

试验采用 SPSS 11.3 软件对所获数据做统计学方差分析，设显著性水平 α=0.05。

6.1.2　黄瓜不同生育期叶片对氮磷钾的吸收特性

以春夏茬黄瓜为例，对黄瓜不同生育阶段的叶片氮磷钾吸收特性进行了分析。

6.1.2.1　不同生育期黄瓜叶片氮素含量分析

作物叶片是光合作用的重要器官，其光合同化与氮素吸收之间关系密切，而不同生育时期各叶位叶片的氮素含量之间有很大差异。

图 6.1 为不同生育期叶片氮含量随叶位变化动态。从图中可以看出，随生育期进展相同叶位叶片氮含量下降，表现为结瓜初期 > 盛瓜初期 > 盛瓜中期，表明随着叶片生长时间增加，其氮素含量逐渐下降。从同一生育期不同叶位的氮素分布特征可以看出，叶片中上部(完全展开的新生叶片)氮含量最高，顶部叶片(新生叶片未完全展开)氮含量次之，基部叶片氮素含量最小。

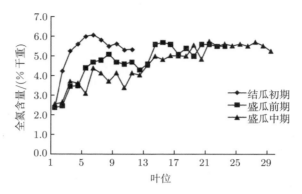

图 6.1　春夏茬黄瓜不同生育期各叶位叶片氮含量

6.1.2.2　不同生育期黄瓜叶片 P_2O_5 含量分析

图 6.2 为不同生育期叶片全磷含量随叶位变化。由图可以看出，不同生育期随着叶位的上升，叶片全磷含量逐渐上升，顶部叶片全磷含量最高，比较不同生育期各叶位全磷含量可以看出，结瓜初期 > 盛瓜前期 > 盛瓜中期。

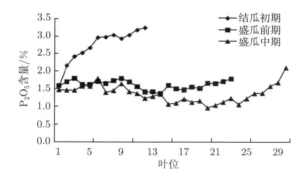

图 6.2　春夏茬黄瓜不同生育期各叶位叶片全磷含量

6.1.2.3　不同生育期黄瓜叶片 K_2O 含量分析

春夏茬黄瓜不同生育期各叶位叶片全钾含量变化见图 6.3。比较不同生育期相同叶位可以看到，结果初期全钾含量最高，随着生育期进展全钾含量逐渐下降；相同生育期不同叶位全钾含量表现为：顶部新生叶片全钾含量最高，基部叶片全钾含量最低。

6.1.3　不同茬口黄瓜干物质积累与分配

表 6.1 为春夏茬黄瓜干物质积累与分配规律。从表中可见，春夏茬生长前期(苗期和初花期) 黄瓜植株生长量较小，干物质积累少，进入结瓜期干物质积累量迅

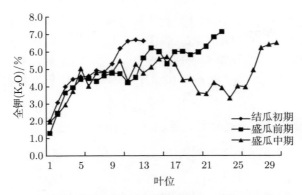

图 6.3 春夏茬黄瓜不同生育期各叶位叶片全钾含量

表 6.1 春夏茬黄瓜植株干物质积累与分配

生育期	天数	根		茎		叶		果		总干
		干重/g	占比/%	干重/g	占比/%	干重/g	占比/%	干重/g	占比/%	重/g
苗期	20	0.5	9.1	0.7	12.7	4.3	78.2	—	0	5.5
初花期	34	0.9	3.5	3.8	14.6	20.1	77.3	1.2	4.6	26.0
初瓜期	42	1.2	2.9	5.4	13.2	28.9	70.5	5.5	13.4	41.1
盛瓜期	62	2.1	1.8	15.3	13.3	39.6	34.4	58.2	50.5	115.2
末瓜期	74	1.9	1.3	22.4	14.8	47.5	31.5	78.8	52.4	150.5

速增加。苗期干物质积累量为叶 > 茎 > 根，初花期为叶 > 茎 > 果 > 根，初瓜期和盛瓜期为果 > 叶 > 茎 > 根。从初瓜期开始，花果的干物质积累量开始增加，到盛瓜期积累量已经超过了整个干物质积累量的 50%，积累量超过其他器官，说明生长发育中心由营养器官向生殖器官转移。在整个生育期，植株的根系干物质积累缓慢，在全株的比例不断下降，茎的干物质比例变化不大，而叶片干物质占全植株比例则由 88.3% 下降到 31.5%。

表 6.2 秋茬黄瓜植株干物质积累与分配

生育期	天数	根		茎		叶		果		总干
		干重/g	占比/%	干重/g	占比/%	干重/g	占比/%	干重/g	占比/%	重/g
苗期	15	0.4	5.9	1.4	20.8	4.9	73.3	—	—	6.7
初花期	35	0.8	2.8	5.3	18.8	20.6	72.8	1.6	5.6	28.3
初瓜期	50	1.2	2.3	8.9	17.2	34.3	66.3	7.3	14.2	51.7
盛瓜期	60	1.6	2.0	9.3	11.7	38	47.7	30.8	38.6	79.7
末瓜期	74	1.8	1.7	12.3	11.9	43.3	42.1	45.7	44.3	103.1

表 6.2 为秋茬黄瓜干物质积累与分配规律。秋茬黄瓜生长前期 (苗期到初瓜期) 与春夏茬相比，积累量相差不大，而后期干物质积累量较春夏茬明显减少，这可能

是由于秋茬黄瓜此阶段的光温条件对黄瓜生长比较适宜,而后期温室内温度降低、光照强度变弱影响了黄瓜植株干物质的积累。总体来看,秋茬干物质分配规律和春夏茬相似,干物质积累量盛瓜期表现为叶 > 茎 > 果 > 根,盛瓜期后随着生长发育中心向生殖生长转移,果实干物质积累比例逐渐增加,积累量占总干物质积累量的 44.3%。

6.1.4　不同茬口黄瓜植株对营养元素的吸收与分配特性

6.1.4.1　不同茬口黄瓜植株各器官全 N、P_2O_5、K_2O 的吸收特性

春夏茬和秋茬黄瓜不同生育期各器官氮、磷、钾含量变化特征如图 6.4 所示。从春茬黄瓜看,根、茎、叶中氮素含量在各个生育时期变化较小,但在盛瓜期有一个明显的跃升,而后又回到原来水平;叶片中氮的含量一直高于根、茎、果中的含量。黄瓜各个器官中磷的含量随着生育期有下降趋势;初花期以后,黄瓜茎、叶中磷的含量变化较小,且含量水平接近;在各个生育时期,根中磷的含量都高于其他器官。钾的含量在生育前期以茎中最高,后期随着生育进程呈降低趋势;叶片中钾

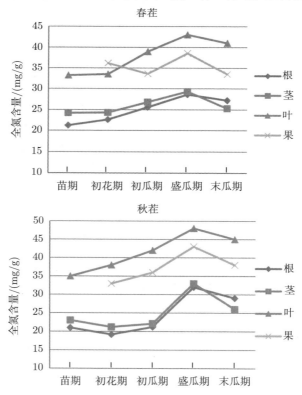

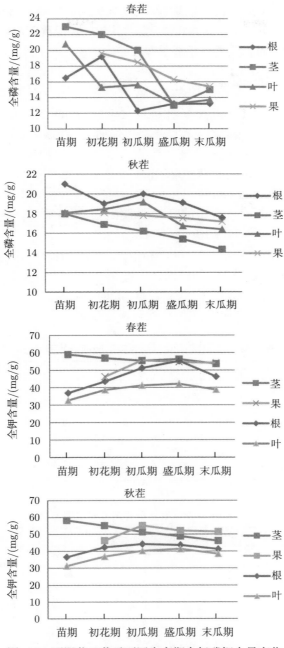

图 6.4　不同茬口黄瓜不同生育期全氮磷钾含量变化

的含量最低，在果、根和叶中含量都是呈现从低至高再下降的趋势。秋茬黄瓜与春茬黄瓜对氮、磷、钾吸收特征总体相似，总体来讲，秋茬黄瓜在初花期前各器官氮磷钾含量较春茬高，而初瓜期后则低于春茬。

6.1.4.2　不同茬口黄瓜不同生育期全 N、P_2O_5、K_2O 的吸收速率及比例

春茬黄瓜和秋茬黄瓜不同生育期全 N、P_2O_5、K_2O 的吸收速率分别见表 6.3 和表 6.4。春茬黄瓜对氮元素的吸收速率呈单峰曲线，在盛瓜期达到最大；P_2O_5 和 K_2O 的吸收随着生育期发展吸收速率持续增加，呈现单调增长。比较不同茬口黄瓜各生育期对营养元素的吸收速率可以看出，春夏茬黄瓜对 N、P_2O_5、K_2O 的最大吸收速率分别是秋茬的 1.5 倍、1.1 倍和 1.6 倍。由表 6.3 和表 6.4 可以看到，在盛瓜期和末瓜期植株对营养元素的吸收量都很大，即黄瓜对营养元素吸收的敏感期，因此必须保证营养元素的供应。

秋茬黄瓜在苗期和初花期对 P_2O_5 和 K_2O 的吸收比例、在初瓜期到末瓜期对 P_2O_5 的吸收比例都较春夏茬高。植株全生育期中，对 N、P_2O_5、K_2O 平均吸收比例春夏茬为 1:0.44:1.21，秋茬为 1:0.52:1.23，表明不同茬口对 N 和 K_2O 的吸收比例差异较小，而对 P_2O_5 的吸收比例秋茬较春夏茬大。

表 6.3　春夏茬黄瓜对氮磷钾的吸收速率及比例

生育期	吸收速率/(mg/(plant·d))			吸收比例		
	全 N	P_2O_5	K_2O	全 N	P_2O_5	K_2O
苗期	9.1	5.42	10.3	1.00	0.62	1.13
初花期	25.3	11.50	30.3	1.00	0.45	1.21
初瓜期	37.1	15.76	44.3	1.00	0.42	1.19
盛瓜期	79.3	26.50	91.7	1.00	0.33	1.13
末瓜期	77.9	29.73	99.8	1.00	0.35	1.28

表 6.4　秋茬黄瓜对氮磷钾的吸收速率及比例

生育期	吸收速率/(mg/(plant·d))			吸收比例		
	全 N	P_2O_5	K_2O	全 N	P_2O_5	K_2O
苗期	13.78	8.19	33.4	1.00	0.59	1.21
初花期	25.70	14.76	66..2	1.00	0.51	1.29
初瓜期	37.11	19.16	91.8	1.00	0.52	1.24
盛瓜期	51.87	22.27	122.2	1.00	0.43	1.18
末瓜期	49.47	22.98	125.8	1.00	0.46	1.27

图 6.5 为不同茬口栽培黄瓜单株养分积累量的变化动态，可以看出无论春茬还是秋茬口黄瓜植株对全 N、P_2O_5、K_2O 的吸收总量都呈单峰变化，植株整个生育

期对全 K_2O 的吸收量最大，全 N 吸收量次之，全 P_2O_5 吸收量最小。

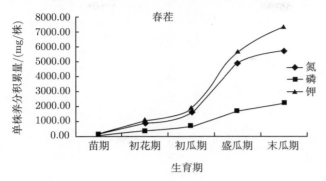

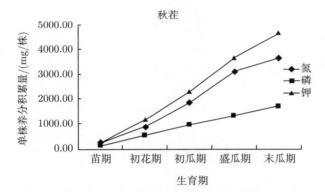

图 6.5 不同茬口随不同生育期单株全氮磷钾养分积累量

表 6.5 和表 6.6 为黄瓜不同栽培茬口、不同生育期、不同部位吸收各营养元素的比率，黄瓜栽植后到初花期养分吸收缓慢，而从开始采收到收获最盛时期吸收量急剧增加。到盛瓜期吸收量为总养分的 74%～85%，此时茎、叶和果中养分的吸收量均超过整个生育期吸收量的 50%。果实中的营养元素的含量作为收获物被带出植物体外，表中可以看出在末瓜期吸收量为总养分的 40%～60%，并随果实的采收而带出植物体外。

由不同茬口黄瓜各生育期对养分的吸收比率可以看到，春夏茬黄瓜在盛瓜期以后，果实养分的吸收比率超过叶片，且均超过 50%。秋茬黄瓜叶片对氮素的吸收比率高于果实，果实对磷钾元素的吸收比率超过整个吸收量的 50%。

春夏茬黄瓜生育前期对全 N、P_2O_5、K_2O 吸收总量为全生育期的 26.9%、27.8%、24.7%，同时期秋茬对全 N、P_2O_5、K_2O 吸收总量为全生育期的 50.5%、56.9%、49%，春夏茬黄瓜在盛瓜期果实的养分积累量超过茎叶的养分积累，秋茬黄瓜在末瓜期果实养分积累和茎叶养分积累才持平。

表 6.5   春夏茬黄瓜不同生育期养分的吸收比率及其分布   (单位：%)

养分	分布	苗期	初花期	初瓜期	盛瓜期	末瓜期
N	茎	0.3	1.4	2.1	7.1	10.2
	叶	2.7	13.4	21.3	34.1	37.4
	果	—	—	3.5	43.7	52.4
	合计	3.0	14.8	26.9	85.0	100.0
P_2O_5	茎	0.6	3.0	3.7	8.5	14.3
	叶	3.1	14.5	20.3	24.8	33.4
	果	—	—	3.9	40.9	52.3
	合计	3.7	17.5	27.8	74.1	100.0
K_2O	茎	0.8	3.0	4.1	9.5	16.4
	叶	2.6	10.6	16.4	23.4	25.2
	果	—	—	4.2	43.5	58.4
	合计	3.4	13.6	24.7	76.4	100.0

表 6.6   秋茬黄瓜不同生育期养分的吸收比率及其分布   (单位：%)

养分	分布	苗期	初花期	初瓜期	盛瓜期	末瓜期
N	茎	1.9	4.2	6.6	7.5	8.6
	叶	9.0	22.5	37.1	45.2	49.0
	果	—	—	6.8	32.1	42.4
	合计	10.9	26.8	50.5	84.9	100.0
P_2O_5	茎	1.7	6.0	9.6	9.5	11.7
	叶	5.3	22.5	39.0	37.6	41.8
	果	0.0	1.8	7.7	31.2	46.5
	合计	7.0	30.3	56.3	78.3	100.0
K_2O	茎	3.7	8.2	9.9	9.9	12.4
	叶	6.9	21.1	30.2	34.3	36.2
	果	0.0	2.2	8.8	34.2	51.4
	合计	10.6	31.5	49.0	78.4	100.0

由表 6.7 可知，不同茬口黄瓜不同生育期形成 100kg 黄瓜产量所需要吸收的 N、P_2O_5、K_2O 的量不同，从不同茬口不同结瓜时期可以看出，对 K_2O 的需求量最大，N 次之，对 P_2O_5 的吸收量最小。在以醋糟为栽培基质的黄瓜栽培中，春夏茬每形成 100kg 产量需要吸收 0.23~0.27kg N，0.12kg P_2O_5，0.3~0.31kg K_2O，秋茬每形成 100kg 产量需要吸收 0.26~0.33kg N，0.11~0.12kg P_2O_5，0.33~0.39kg K_2O。

以上不同茬口黄瓜养分吸收差异，主要是长江中下游地区不同栽培季节 (茬口) 温室内光温环境造成的，尤其是结瓜盛期的光温环境差异很大，且变化趋势正好相反，春夏茬黄瓜生育期前期温度较低，而秋冬茬黄瓜生长后期温室内光辐射降低，日平均温度也较低。不同茬口、不同生育期黄瓜对全 N、P_2O_5、K_2O 吸收速率及比例与其他学者的研究结果相一致，即醋糟有机基质栽培条件与土壤栽培和营养液栽培模式下黄瓜对 N、P_2O_5、K_2O 吸收特性相似，这也说明了醋糟基质具有较好的供肥特性。

表 6.7　形成 100kg 产量所需要吸收的 3 种元素量　　　　(单位: g)

生育期	春夏茬			秋茬		
	N	P_2O_5	K_2O	N	P_2O_5	K_2O
盛瓜期	272	91	313	331	102	389
末瓜期	234	89	300	256	94	325

6.2　醋糟基质原初及重复利用栽培黄瓜的施肥效应

新鲜醋糟发酵后原初利用的基质含有较高的养分，在栽培利用过程中这些养分会慢慢释放，其物理化学性状都会发生一些变化，因此当其被重复利用时的施肥管理策略也不同。本节对原初利用的新醋糟基质和栽培过两季的重复利用旧基质分别进行了基质槽式栽培合理施肥的试验，通过氮、磷和钾的不同施肥量组合对黄瓜产量和生长特性影响的研究，得到原初醋糟基质栽培的施肥量模型，确定重复利用旧基质栽培的肥料效应，从而为基质长期重复利用的养分管理提供依据。

6.2.1　试验方法

6.2.1.1　试验材料

基质材料：① 原初使用的新基质：即发酵后未经过栽培利用的醋糟基质；② 重复利用的旧基质：为连续栽培两茬果菜后再利用的醋糟基质。

栽培作物：种植黄瓜品种为"碧玉 2 号"水果型黄瓜，2011 年 2 月 20 日采用 50 孔穴盘在育苗专用温室进行育苗，3 月 29 日定植于栽培槽中，苗龄为 2 叶 1 心。

供试肥料：尿素 (含 21%N)，过磷酸钙 (含 17%P_2O_5)，硫酸钾 (含 50%K_2O)。

6.2.1.2　试验设计

试验 1：原初利用的醋糟有机基质黄瓜栽培施肥模型

首先确定试验地点的温室黄瓜目标产量、其次根据目标产量计算所需的养分量、然后减掉基质中可提供的养分量，得到需要追肥的养分量，最后根据需要追肥的养分进行"3414"设计，得出一套 3 因素 4 水平 14 处理的试验方案。

1) 确定试验地点水果黄瓜的目标产量

调查试验地点近三年温室水果黄瓜的平均产量，将调查的平均产量值增加 20% 作为目标产量。经调查，镇江地区水果黄瓜的平均产量为 9000kg/亩 [140]，则目标产量定为 10800kg/亩。

2) 根据目标产量计算所需要的养分量

需要吸收的养分量为收获物形成 100kg 经济产量所吸收的养分量的千克数。根据前节试验结果，春夏茬收获 100kg 水果黄瓜需要 0.253kg 的 N、0.09kg 的 P_2O_5、0.307kg 的 K_2O，因此，要达到每亩 10800kg 的目标产量，共需要 27.4kg N，9.7kg P_2O_5，33.2kg K_2O。

3) 计算基质可提供的养分量

醋糟有机基质槽式栽培，每亩需要基质量约为 18000kg，根据前期纯醋糟基质养分利用率计算醋糟有机基质可以提供的养分量，前期试验表明醋糟有机基质全 N 的当季利用率为 5%，P_2O_5 为 7%，K_2O 为 31%。

醋糟基质提供 N 量 $=18000×2.6\%×5\%=21.2(kg/亩)$；

醋糟基质提供 P_2O_5 量 $=18000×0.41\%×7\%=5.58(kg/亩)$；

醋糟基质提供 K_2O 量 $=18000×0.32\%×31\%=18.72(kg/亩)$。

4) 计算还需要追施的养分量

应追施的养分量 = 目标产量所需要的养分总量−基质中可提供的养分量−有机肥可提供的养分量。因此：

应施 N 量 $=27.4−21.2=6.2(kg/亩)$；

应施 P_2O_5 量 $=9.7−5.6=4.1(kg/亩)$；

应施 K_2O 量 $=33.2−18.7=14.5(kg/亩)$。

5) 试验设计

"3414" 设计是获得作物最佳施肥比例、施肥量、施肥方法的重要试验方案，作为农业部推荐的测土配方施肥方案，它具有回归最优设计处理少、效率高的优点，是目前应用较为广泛的肥料效应田间试验方案[141−143]。"3414" 是指氮、磷、钾 3 个因素、4 个水平、14 个处理。4 个水平的含义：0 水平指不施肥，2 水平指当地推荐施肥量，1 水平 =2 水平 ×0.5，3 水平 =2 水平 ×1.5 (该水平为过量施肥水平)。根据需要追肥的养分量，计算氮、磷、钾三种因素的 4 个水平 (表 6.8)。14 个处理的氮磷钾水平见表 6.9。

其中，氮肥 20% 作为基肥，追肥分别为结果初期 20%，结果盛期 30%，结果末期 30%。磷肥作基肥 1 次施入，钾肥 20% 做基肥，追肥分别为结果初期 20%，结果盛期 30%，结果末期 30%。

试验 2：重复利用的旧醋糟基质栽培黄瓜的养分效应

试验基质为栽培过两茬黄瓜后的纯醋糟有机基质，共设置 4 个不同施肥及基质添加的处理，分别为 C1：0.5 倍肥料、C2：1 倍肥料、C3：1.5 倍肥料、C4：0.5 倍肥料 +1/3 体积新基质。

表 6.8 氮磷钾三因素四水平设计表

养分	0 水平	1 水平	2 水平	3 水平
N	0	3.10	6.20	9.30
P_2O_5	0	2.05	4.1	6.15
K_2O	0	7.25	14.5	21.75

表 6.9 14 个处理的氮磷钾水平

养分	处理1	处理2	处理3	处理4	处理5	处理6	处理7	处理8	处理9	处理10	处理11	处理12	处理13	处理14
N	0	0	1	2	2	2	2	2	2	2	3	1	1	2
P_2O_5	0	2	2	0	1	2	3	2	2	2	2	1	2	1
K_2O	0	2	2	2	2	2	2	0	1	3	2	2	1	1

1 倍肥料的计算: 以前面试验中得到的春夏茬收获 100kg 水果黄瓜需要 0.253kg N、0.09kg P_2O_5、0.307kg K_2O 为参考, 按目标产量 10800kg 计算每亩需肥量。计算公式: 化肥施用量 (1 倍肥料)= (黄瓜目标产量所需养分量−有机基质中的速效养分量)/化肥中养分吸收率 (N 为 60%, P 为 30%, K 为 60%)。

试验采取随机区组设计, 小区面积 6m², 每处理重复三次, 番茄定植于 2011 年 4 月 12 日, 行距 0.30m, 株距 0.25m。采用滴灌形式进行灌溉。

施肥方式: 磷肥当作基肥一次施入基质中, 氮肥和钾肥于不同生长期追施于番茄根部, 分别为初瓜期 40%, 盛瓜期 30%, 结瓜后期 30%分三次施入基质。其他管理按常规方法进行。

6.2.1.3 测定指标及方法

1) 基质理化性状的测定

物理性状指标: 基质的容重、总孔隙度、持水孔隙度、通气孔隙度。

化学性状指标: pH、EC、有机质含量、总氮、总磷、总钾含量。

测定方法同 5.1.3.1 节。

2) 植株生长性状测定

测定黄瓜株高、叶片数、根、茎、叶、果的鲜质量和干质量以及黄瓜品质等。

3) 养分利用率计算方法

不追施化肥的对照处理基质中全氮、全磷、全钾的利用率计算方法:

全养分 (氮、磷或钾) 利用率

=植株吸收的全养分 (氮、磷或钾) 量/基质原有该养分量 ×100%

化肥中氮、磷、钾养分的利用率计算方法:

化肥中养分 (氮、磷或钾) 的利用率

=(植株吸收的该养分量−对照处理植株吸收的该养分量)/

施入化肥的该养分量 $\times 100\%$

总养分利用率的计算方法：

总养分 (氮、磷或钾) 利用率 =植株吸收该养分总量/(基质中该养分总量

$+$ 施入化肥中该养分量)$\times 100\%$。

4) 产量测定

在黄瓜结瓜期定期及时采收果实并进行称重。

6.2.2　原初使用的醋糟基质栽培黄瓜的施肥模型及解析

6.2.2.1　氮磷钾施用量与黄瓜产量的关系

醋糟有机基质不同肥料处理的黄瓜小区产量,已折算为每亩的产量,见表 6.10。

表 6.10　试验处理及产量

编号	施肥处理	产量/(kg/亩)	编号	施肥处理	产量/(kg/亩)
1	N0P0K0	7079	8	N2P2K0	7865
2	N0P2K2	8058	9	N2P2K1	8667
3	N1P2K2	9523	10	N2P2K3	9926
4	N2P0K2	8432	11	N3P2K2	9315
5	N2P1K2	9365	12	N1P1K2	9292
6	N2P2K2	9789	13	N1P2K1	8812
7	N2P3K2	9425	14	N2P1K1	9123

6.2.2.2　醋糟有机基质养分供应能力分析

根据试验结果,以处理 1(N0P0K0) 产量/处理 6(N2P2K2) 产量、处理 2(N0P2K2) 产量/处理 6(N2P2K2) 产量、处理 4 产量 (N2P0K2)/处理 6(N2P2K2) 产量、处理 8(N2P2K0) 产量/处理 6(N2P2K2) 产量,分别得出醋糟基质的养分贡献率。黄瓜缺氮、缺磷、缺钾的相对产量如表 6.11,可以看出基质的养分贡献率在 72.32%,说明黄瓜基质栽培对醋糟养分依赖度中等,施肥增产潜力较大。按照 “相对产量低于 50% 为极低,相对产量 50%~75% 为低,相对产量 75%~95% 为中等,相对产量大于 95% 为丰富” 的土壤养分丰缺指标分级原则[142],可以看到缺氮处理的相对产量为 82.3%,供氮水平为中等;缺磷水平的相对产量为 86.1%,供磷水平为中等偏高;缺钾水平的相对产量为 80.9%,表明醋糟基质供钾水平为中等偏低。

表 6.11　醋糟基质肥力状况分析

栽培基质	基质养分贡献率/%	相对产量/%		
		N	P_2O_5	K_2O
醋糟	72.3	82.3	86.1	80.9

6.2.2.3 模型的建立

肥料效应方程 (也称为施肥模型) 是模拟施肥量和产量之间数量关系的一种数学模型, 应用这种模型可以对作物进行定量施肥。应用三元二次肥料效应方程:

$$Y = b_0 + b_1\mathrm{N} + b_2\mathrm{P} + b_3\mathrm{K} + b_4\mathrm{NP} + b_5\mathrm{NK} + b_6\mathrm{PK} + b_7\mathrm{N}^2 + b_8\mathrm{P}^2 + b_9\mathrm{K}^2$$

对醋糟有机基质栽培施肥模型进行拟合, Y 为产量。将施肥量与其对应的产量在 SPSS 中进行回归分析, 该模型 $R^2=0.988$, 拟合度很高。F 值检验也达到显著水平 F=21.93, 表明模型拟合度好。分析结果表明肥料效应模型能真实反映实际生产情况。肥料效应模型的表达式为

$$\begin{aligned}
Y = {} &7078.9 + 499.1\mathrm{N} + 311.85\mathrm{P} + 126.56\mathrm{K} - 32.21\mathrm{NP} - 11.87\mathrm{NK} \\
&+ 5.48\mathrm{PK} - 42.96\mathrm{N}^2 - 72.02\mathrm{P}^2 - 4.08\mathrm{K}^2
\end{aligned} \tag{6-1}$$

6.2.2.4 交互作用分析

营养元素间的相互作用必然影响作物营养与产量。对三元二次肥料效应方程, 分别采用 "降维法" 固定一个因素在零水平, 这相当于在特定条件下所做的交互效应试验, 所得回归方程为

$$Y = b_0 + b_1\mathrm{N} + b_2\mathrm{P} + b_4\mathrm{NP} + b_7\mathrm{N}_2 + b_8\mathrm{P}^2 \tag{6-2}$$

$$Y = b_0 + b_1\mathrm{N} + b_3\mathrm{K} + b_5\mathrm{NK} + b_7\mathrm{N}^2 + b9\mathrm{K}^2 \tag{6-3}$$

$$Y = b_0 + b_2\mathrm{P} + b_3\mathrm{K} + b_6\mathrm{PK} + b_8\mathrm{P}^2 + b_9\mathrm{K}^2 \tag{6-4}$$

式中, b_4、b_5、b_6 是交互项的系数, 可以用于氮肥、磷肥、钾肥交互作用的分析, 系数为正, 则表现为正的交互作用; 反之, 为负的交互作用; 交互系数的大小则表示交互作用的强弱。

在醋糟有机栽培中 (式 (6-1)), 氮磷、氮钾、磷钾的交互项系数分别为: -32.12, -11.81, 5.48。氮磷和氮钾对黄瓜产量表现为负的交互作用, 磷钾对黄瓜产量表现为正的交互作用, 表明磷钾配合施用有利于醋糟有机基质黄瓜栽培产量的增加。

6.2.2.5 氮、磷、钾施肥单因素分析

图 6.6 显示了氮、磷和钾肥的肥料效应。从图中可以看出, 黄瓜产量与不同肥料的供应水平密切相关。当磷钾肥用量处于设计的中等水平 (P2K2) 时, 施氮 3.1kg/亩 (N1)、6.2kg/亩 (N2) 和 9.3kg/亩 (N3) 的产量分别比无氮处理 (N0) 提高了 18.2%、21.5% 和 15.6%。

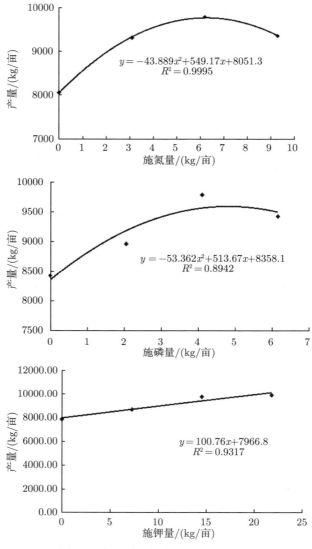

图 6.6　氮、磷和钾肥的肥料效应方程

　　施用的氮肥在中等水平 (N2) 时，黄瓜产量已经达到最大值，而随着氮肥用量的增加产量减小。表明 N3 水平已经超出黄瓜本身对氮肥的需用量。氮肥施用量 (x) 与黄瓜产量 (y) 的关系可用一元二次回归方程来表示：

$$y_{产量} = -43.889x_N^2 + 549.17x_N + 8051.3, R^2 = 0.9995 \qquad (6\text{-}5)$$

由方程可知，施加 N2 水平的氮肥可用达到高产的目的。

当氮钾肥用量处于设计的中等水平时 (N2K2) 时，施磷 2.05kg/亩、4.1kg/亩、6.15kg/亩的产量分别比无磷处理 (P0) 提高了 11.3%、16.1% 和 11.8.0%。可以看出不同磷肥施用量对黄瓜产量增加量不大，说明黄瓜醋糟有机栽培中磷肥的供应量较足，中等水平 (P2) 时，黄瓜产量值已经很大，而随着磷肥施用量增加增产能力很小，当磷肥施用量为 (P3) 时已经超出黄瓜对磷肥的需求量。磷肥施用量和黄瓜产量的关系可用一元二次回归方程来表示：

$$y_{产量} = -53.362x_P^2 + 513.67x_P + 8358.1, R^2 = 0.8942 \qquad (6\text{-}6)$$

由方程可知，施加磷肥在 P1 水平和 P2 水平之间可以达到高产的目的。

当氮磷施肥量处于设计的中等水平时 (N2P2)，施钾 7.25kg/亩、14.5kg/亩、21.75kg/亩的产量分别比无钾处理 (K0) 提高了 10.2%、24.5% 和 26.2%，总体趋势是黄瓜产量随着施钾量的增加而增加。此时可以用一元一次方程来表示：

$$y_{产量} = 100.76x_K + 7966.8, R^2 = 0.9317 \qquad (6\text{-}7)$$

因此施加 K3 水平的钾肥可以获得较高的产量。

由醋糟基质的基础肥力可以看出，醋糟基质可以提供黄瓜生长 72.32% 的养分需求，缺磷水平下黄瓜相对产量可以达到 86.1%，表明醋糟基质的供磷能力较强，在相同磷钾及氮钾水平下，产量随着施氮量和施磷量的增加先上升后减少，表明施氮量和施磷量在 2 水平左右即可满足黄瓜生长的需要。在同一氮磷水平下，产量随着施钾量的增加而增加，表明醋糟基质栽培加大钾肥施用量可以增加黄瓜产量。氮磷钾对醋糟有机基质黄瓜栽培产量影响的大小顺序为：K，N，P。

6.2.3 重复利用的醋糟旧基质栽培黄瓜的施肥效应

试验 2 中设置了醋糟旧基质栽培黄瓜中添加不同施肥量及添加新基质的 4 个处理，下面从不同施肥量对黄瓜生长、产量和品质的影响，以及不同施肥量下黄瓜对养分的吸收和利用率几个方面来进行分析，以得到基质重复利用时的合理施肥和管理技术。

6.2.3.1 不同施肥处理对黄瓜生长、光合生理、产量和品质的影响

表 6.12 为醋糟基质重复利用栽培黄瓜试验中不同施肥处理对黄瓜生长及产量的影响。可以看出，施肥量的增加显著提高了地上部鲜物质的量，在株高、地上和地下鲜质量积累量均有显著提高。从不同处理对黄瓜产量影响可以看出，随着施肥量增加，黄瓜单株产量也增加，但 C3(1.5 倍肥料) 处理跟 C2(1 倍肥料) 处理之间产量增加不显著，C4(0.5 倍肥料 +1/3 体积新基质) 处理产量最高，与 C2 和 C3 处理之间的差异不显著，但至少表明在醋糟旧基质中添加 1/3 体积新醋糟基质处理可以代替一半的施肥量。

表 6.12　不同施肥处理对黄瓜生长指标及产量的影响

处理	株高/cm	根鲜重/g	茎鲜重/g	叶鲜重/g	产量/g
C1 0.5 倍肥料	351.0b	8.8a	191.3ab	193.0b	1854.3b
C2 1 倍肥料	393.3a	8.2a	215.3a	211.7ab	2195.3a
C3 1.5 倍肥料	397.7a	10.4a	221.7a	231.7a	2307.7a
C4 0.5 倍肥料 +1/3 新基质	384.0a	10.2a	173.7b	216.7a	2357.7a

表 6.13 为不同施肥处理对黄瓜品质的影响。可以看出随着施肥量的增加黄瓜可溶性糖、可溶性蛋白含量逐渐增加，其中 C4 处理含量最高。不同处理间 Vc 含量也表现出相同趋势，C1 处理 Vc 含量显著小于其他处理。

硝酸盐一定条件下可转变为致癌物质，蔬菜又极易富集硝酸盐，人体摄入的硝酸盐约 80% 来着蔬菜，因此，硝酸盐含量高低是评价蔬菜品质的重要指标之一。由表 6.14 可以看出随着施肥量的增加，叶片中硝酸盐含量也逐渐增加，但 C4 处理黄瓜硝酸盐含量维持在一个较低的水平，说明该处理可以有效提高蔬菜黄瓜品质。而 C3 处理由于过量施用化肥，其硝酸盐含量远远高于其他处理。

表 6.13　不同施肥处理黄瓜品质的影响

处理	可溶性糖/%	可溶性蛋白/(μg/g)	Vc/(mg/100g FW)	硝酸盐/(μg/g)
C1 0.5 倍肥料	3.21b	765b	2.6c	96.5c
C2 1 倍肥料	3.42ab	854a	3.9a	112.3b
C3 1.5 倍肥料	3.32ab	886a	3.7a	146.5a
C4 0.5 倍肥料 +1/3 新基质	3.65a	846a	3.6a	108.6c

图 6.7 为不同施肥处理对黄瓜各器官氮、磷、钾养分含量的影响。

由图 6.7(a) 可见，黄瓜植株全氮含量以叶片氮最高，茎氮次之，根氮最小。不同施肥处理间，叶片氮含量和根氮含量的差异不显著，而茎氮含量有显著差异，C2 和 C3 处理茎氮含量显著高于 C1 和 C4 处理，表明增施化肥对茎中氮的含量影响较大。

由图 6.7(b) 可以看出，不同施肥处理对各个器官的全磷含量有显著影响。随着施肥量增加叶片磷含量和茎磷的含量都显著增加，C2 和 C3 处理显著高于 C1 和 C4 处理，其中 C3 处理茎中磷含量又显著高于 C2 处理。但是黄瓜根磷含量的表现与叶片和茎中磷的含量相反，随着化肥用量增加根磷反而降低，C1 和 C4 处理磷含量显著高于 C2 和 C3 处理。

不同施肥量处理对黄瓜植株全钾含量产生显著性影响，不同器官全钾含量表现为茎钾 > 根钾 > 叶钾。随着施肥量的增加茎钾和叶片钾含量显著上升；不同施肥处理对根钾含量影响不显著，各处理间差异较小。

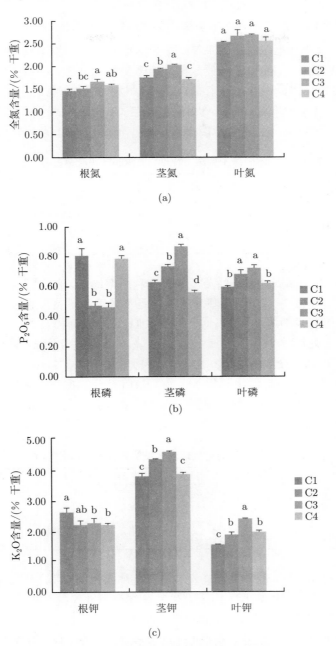

图 6.7 不同施肥对黄瓜养分吸收的影响

6.2.3.2　不同施肥处理对黄瓜养分吸收总量及比例的影响

表 6.14 是不同施肥处理下黄瓜氮、磷和钾吸收总量及比例。从图中可见，黄瓜植株从基质中吸收 N、P 和 K 总养分量随施肥量增大而增大，且处理间差异显著。不同施肥量对植株养分吸收比例来看，随着施肥量的增加，氮素吸收比例减小，磷和钾比例增加，C4 处理黄瓜单株养分吸收量与 C2 处理间差异不显著，表明添加 1/3 体积新醋糟处理，其养分供应能力与添加 1 倍肥料处理养分供应能力相当。

表 6.14　不同施肥处理下黄瓜氮、磷和钾吸收总量及比例

处理	N/(g/株)	P_2O_5/(g/株)	K_2O/(g/株)	$N:P_2O_5:K_2O$
C1 0.5 倍肥料	4.05c	1.40c	5.87c	1:0.35:1.45
C2 1 倍肥料	5.18b	2.27b	8.05b	1:0.44:1.56
C3 1.5 倍肥料	5.68ab	2.38b	8.61ab	1:0.42:1.51
C4 0.5 倍肥料 +1/3 新基质	5.22a	2.39a	8.19a	1:0.45:1.57

表 6.15 是不同施肥处理下的黄瓜总养分利用率比较。表中可见，C1 处理总养分利用率小于其他处理，表明在基质养分含量不足以满足黄瓜生长需求时其利用率也低，随着施肥量的增加，黄瓜对氮、磷、钾利用率反而提高，但是进一步从 C2 处理提高到 C3 处理时，氮的利用率又显著下降。C4 处理对总氮、总磷和总钾的利用率分别为 4.65%、11.74% 和 22.10%，其养分利用率和 C2 处理差异不大，说明重复利用的基质添加 0.5 倍化肥和 1/3 新基质既充分发挥有机基质养分齐全、肥效持久的优势，又发挥出化肥产生肥效快、养分集中的优势，从而在保证产量的同时提高总养分利用率。

表 6.15　不同施肥处理对黄瓜总养分利用率的影响

处理	N 利用率/%	P 利用率/%	K 利用率/%
C1 0.5 倍肥料	3.56c	7.45b	15.07c
C2 1 倍肥料	4.59a	11.99a	22.63a
C3 1.5 倍肥料	4.43b	11.16a	21.41a
C4 0.5 倍肥料 +1/3 新基质	4.65a	11.74a	22.10a

以上试验分析表明：醋糟基质在没有感染连作病害的前提下可以重复利用，但是需要根据目标产量进行施肥。由于有机基质在使用过程中不断矿化、体积变小，根据本项目组的测定，一般一周年栽培后，数量要减少 1/3 左右，基质层变浅，需要添加新基质来补充。旧醋糟基质添加 1/3 体积新基质后，只有目标产量施肥量的 1/2 倍肥料就可以满足黄瓜生长的需要，在该施肥量和补充基质双重管理下，黄瓜产量、品质、养分利用率均较好，总养分利用率也高。

6.3　不同配比醋糟基质氮素有效性及其与黄瓜生长的关系

在基质栽培过程中，有效养分的转化与供应至关重要，直接影响作物的生长和发育。其中，氮素是最活跃的因素，也是生产中最重要的限制因子之一。但是目前在有机基质方面的研究，对于基质本身养分的转化规律和供应特点等方面的探讨较少[66,67]。因此，本节通过黄瓜的温室基质栽培试验，对不同配比醋糟基质在栽培过程中氮素转化和有效氮的供应规律进行了研究。

6.3.1　醋糟基质氮素有效性试验

6.3.1.1　试验设置

试验于 2008 年 4~8 月在江苏大学农业工程研究院玻璃温室内进行。醋糟原料来自江苏恒顺集团，为新鲜醋糟在自然条件下堆制发酵而成。菇渣为栽培草菇以后的废料，牛粪为奶牛厂提供的发酵干牛粪。基质共设 4 个处理，分别为纯醋糟(C)，醋糟:菇渣为 6:4(CG)，醋糟:牛粪为 6:4(CN)，醋糟:菇渣:牛粪为 6:2:2(CGN)，混合比例为体积比。基质铺设在栽培槽中，槽长 15 m、宽 0.5 m、深 0.3 m。槽建好后在槽底部铺一层 0.1mm 的聚乙烯塑料薄膜，膜上铺一层厚约 5cm 的碎石 (直径 3~5cm)，以利排水，然后在碎石上铺塑料编织袋，装入混匀的基质，厚度为 25cm 左右。实验时将每槽分为 4 个小区，每个小区长度为 3.0m，小区间间隔约为 1.0m。试验每处理重复 3 次，共计 12 个小区，随机排列。

栽培作物为荷兰进口的温室专用水果黄瓜碧玉 1 号 (属中早熟品种)。采用穴盘进行育苗，待黄瓜幼苗长至 2 叶 1 心时，挑选生长状况较为一致的幼苗定植于槽中，每小区 6 株。黄瓜生长过程中所有处理均不施肥，目的是观察不同配比基质原初的养分转化与供应状况。仅根据墒情进行人工灌水和病虫害防治等日常管理。

6.3.1.2　测定指标

1) 植株形态及生理指标

从黄瓜定植后第 11 天开始，每隔 7d 进行黄瓜的株高、茎粗、叶片数、叶绿素等的测定，取小区全部植株的平均值。试验中共测定 4 次，分别对应幼苗、幼苗–伸蔓、伸蔓–开花和开花–结瓜期。测定方法同 5.2.2.1 节。试验中共分 5 次采收成熟果实，每小区取 1 株，分别统计计算各处理总产量。

2) 基质性状

分别在黄瓜定植后的第 11、23、36、51 和 73 天 (分别对应幼苗、伸蔓–开花、开花–结瓜、结瓜期和结瓜后期)，按 S 曲线法在栽培槽中取 0~15cm 基质样品，每小区均为多点混合样。样品一部分经低温烘干、粉碎、过筛处理后，进行全氮测定，另一部分保存于 4℃ 冰箱中，用于 pH、EC、硝态氮、铵态氮、脲酶活性等指标测定。

pH 和 EC 的测定，采用 pH 计 (HI99121，Hanna 公司生产) 和 EC 计 (HI993310，Hanna 公司生产) 进行，固液比为 1:2。硝态氮和铵态氮均为蒸馏水浸提 (浸提比为 1:5)，采用 SEAL-AA3 连续流动分析仪 (英国 SEAL Analytical 公司生产) 测定。

全氮的测定方法为凯氏消煮–连续流动分析仪测定法，脲酶活性、蔗糖酶活性的测定均采用比色法[68]，微生物呼吸强度的测定采用碱液吸收法[69]。

试验用菇渣的基本性状为：pH 9.13，全氮 15.8g/kg，有机质 470.6g/kg；牛粪：pH7.52，全氮 9.7g/kg，有机质 317.5g/kg。试验各处理基质的基本性状见表 6.16。

表 6.16　各基质的基本性状

处理	pH	EC/(mS/cm)	TN/(g/kg)	NO_3^--N/(g/kg)	NH_4^+-N/(mg/kg)
C	5.61	0.41	24.6	1.25	43.6
CG	8.05	0.43	21.0	0.62	44.8
CN	6.27	0.61	14.9	0.42	21.2
CGN	6.53	0.60	18.2	0.85	29.3

6.3.1.3　数据统计

采用 SPSS 13.0 进行。方差分析均采用 LSD 双尾检验法。

6.3.2　不同配比醋糟基质全氮与有效氮的变化

6.3.2.1　不同配比醋糟基质全氮的变化

纯醋糟基质全氮含量较高，配比菇渣和牛粪后有所下降，并且以单一添加牛粪处理为最低，较纯醋糟处理下降了 40% 左右 (表 6.17)。在黄瓜生长的各生育期，不同醋糟基质全氮含量变化有所差异 (图 6.8)。在幼苗期和伸蔓–开花期，全氮含量以 C 和 CG 处理显著高于 CGN 和 CN 处理，但 C 和 CG 处理间、CGN 和 CN 处理间差异不显著；而在结瓜后期，则以 CG 处理最高，并显著高于其他 3 个处理。

各基质全氮含量随着黄瓜的生长发育呈现不同的变化趋势。纯醋糟全氮含量一直呈下降趋势，添加菇渣和牛粪各处理全氮含量则表现为黄瓜生长前期呈下降趋势，而后期则略有增加，这可能主要与有机质的矿化导致全氮含量相对增加有关。

6.3.2.2　不同配比醋糟基质有效氮的变化

1) 不同配比醋糟基质硝态氮和铵态氮含量的变化

从图 6.9 可见，纯醋糟基质硝态氮含量较高，配比菇渣和牛粪后有所下降，并且以 CN 处理为最低 (0.42g/kg)，仅为纯醋糟处理的 34% 左右。在黄瓜生长的各生育期,不同基质处理硝态氮含量变化差异较大。黄瓜幼苗期,C 和 CGN 处理显著高于 CG 和 CN 处理;伸蔓–结瓜期,随着黄瓜生长对氮素需求量的增加,各基质硝态氮含量呈现较大的波动;到了结瓜后期,各处理硝态氮则表现为 CG 处理显著高于其他 3 个处理,并以 C 处理为最低。

表 6.17 不同配比醋糟基质有效氮与全氮间的关系

处理	幼苗期				结瓜期			
	NO_3^--N /(g/kg)	NH_4^+-N /(mg/kg)	NO_3^--N /有效氮/%	有效氮 /全氮/%	NO_3^--N /(g/kg)	NH_4^+-N /(mg/kg)	NO_3^--N /有效氮/%	有效氮 /全氮/%
C	1.20	39.4	0.97	4.7	0.43	9.4	0.98	2.2
CG	0.58	42.8	0.93	2.6	0.52	7.7	0.99	2.4
CN	0.37	19.1	0.95	2.4	0.30	5.9	0.98	2.2
CGN	0.84	27.0	0.97	4.5	0.42	3.9	0.99	2.3

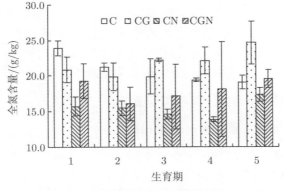

图 6.8 黄瓜不同生长阶段基质全氮含量的变化

1 幼苗期;2 伸蔓–开花期;3 开花–结瓜期;4 结瓜期;5 结瓜后期 (下同)

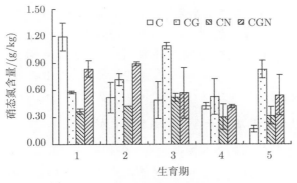

图 6.9 黄瓜不同生长阶段基质硝态氮含量的变化

各基质硝态氮含量随黄瓜各生育期呈现不同的变化动态。纯醋糟处理表现为黄瓜生长前期硝态氮含量迅速下降，而中后期变化比较平缓；CG 和 CN 处理则总体上呈黄瓜生长中期较高，而生长前期和后期则较低的趋势，尤其 CG 处理在开花–结瓜期出现了一个明显的峰值；CGN 处理则与 C 处理相反，硝态氮含量在黄瓜生长前期变化比较平稳，中后期则表现为明显下降。

铵态氮的含量的变化仅以幼苗期和结瓜期为例 (表 6.19)，幼苗期 C 和 CG 处理明显高于 CN 和 CGN 处理，最高值可达 42.8mg/kg；而到了结瓜期，各处理铵态氮含量均明显下降，仅变化在 3.9~9.4mg/kg 之间，并且各基质处理间无明显差异。

2) 不同配比醋糟基质有效氮含量与全氮间的关系

表 6.17 中可以看出，各基质有效氮以硝态氮含量为主，在幼苗期，硝态氮占有效氮的 93%~97%，结瓜期可达到 98% 以上。因此，表 6.17 中仅以硝态氮为代表计算各基质处理有效氮占全氮的比例。幼苗期各基质处理有效氮占全氮的比例变化较大，以 C 和 CGN 处理为最高，分别为 4.7% 和 4.5% 左右，CG 和 CN 处理较低，分别为 2.6% 和 2.4%，结瓜期各处理有效氮占全氮的比例均有所下降，平均为 2.3% 左右，并且各处理间无显著差异。对黄瓜不同生育期各个基质处理硝态氮含量和全氮含量间的统计表明，二者具有极显著的正相关关系 ($r = 0.581$，$p < 0.01$，$n = 20$)。

6.3.3　不同配比醋糟基质氮素含量与基质其他性状的关系

6.3.3.1　不同配比醋糟基质氮素含量与 pH 的关系

如表 6.16 所示，不同醋糟处理间 pH 的变化相差较大。纯醋糟具有一定的酸性，pH 为 5.6；醋糟加菇渣处理则明显偏碱性，pH 高达 8 左右，对需要弱酸性至中性条件的黄瓜生长较为不利；而添加牛粪的 2 个处理 (CN 和 CGN)pH 则相对比较适宜，分别为 6.3 和 6.5。在黄瓜生长过程中，各处理以 CG 处理 pH 变化较大，随黄瓜生长虽有所下降，但仍在 7.5 以上 (图 6.10)。

从整体上来看，基质硝态氮为与 pH 具有一定的相关性 ($p = 0.06$，$r = 0.477$，$n = 16$)。但对于基质的不同处理，其与 pH 的相关程度相差较大。CG 处理 pH 与全氮间具有显著的负相关关系；CGN 处理 pH 与全氮和硝态氮均表现出一定的相关性 (p 分别为 0.07 和 0.15)，但均未达到显著水平；C 和 CN 处理 pH 与全氮和硝态氮的相关性较弱 ($p > 0.26$)。

6.3.3.2　不同配比醋糟基质氮素含量与脲酶活性的关系

脲酶是土壤中最活跃的水解酶类之一，能促进尿素和有机物分子中碳氢键的水解，释放出供作物利用的铵[70,71]，在土壤氮素循环中有重要作用。脲酶活性主要受基质性状 (pH、质地、有机质含量、养分、微生物活性等)、环境条件 (温度、水分) 和作物生长状况等多种因素的共同影响。

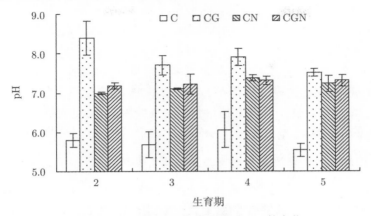

图 6.10 黄瓜不同生长阶段基质 pH 的变化

不同配比醋糟基质脲酶活性的变化规律差异较大 (图 6.11)。从幼苗期到结瓜后期，CG 处理脲酶活性一直呈递减趋势，结瓜后期达到最低。而其他 3 个处理脲酶活性则随生育期的进行呈先升高后下降的波动变化规律。3 个处理脲酶活性最高值出现的时期不同，C 和 CN 处理最高值均出现在开花–结瓜期，CGN 处理脲酶活性最高值则出现在伸蔓–开花期，但 3 个处理最高值间无显著差异。

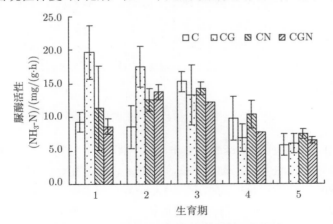

图 6.11 黄瓜不同生长阶段基质脲酶活性的变化

不同配比醋糟基质脲酶活性差异受黄瓜生长的影响。在黄瓜幼苗和伸蔓–开花期，各处理间脲酶活性相差较大，其中以 CG 处理脲酶活性显著高于其他处理，CN、C 和 CGN 处理间差异不显著。在开花–结瓜期以后，同一生育期各处理间脲酶活性差异较小，各处理间差异不显著。

醋糟 4 个处理脲酶与全氮和硝态氮含量间的关系整体较弱 ($0.40 < p < 0.56$, $n = 20$)。但对于不同处理,脲酶活性与氮素间的关系差别较大。CN 处理,脲酶活性与硝态氮含量的相关性最高,达到了显著水平 ($r = 0.871$, $p = 0.05$, $n = 5$);C 处理,硝态氮与全氮的相关性最高,达到了极显著水平 ($r = 0.871$, $p < 0.01$, $n = 5$)。但对于 CGN 和 CG 处理,基质性状间的相互影响较为复杂。CGN 处理全氮与脲酶、脲酶与 pH 间的相关程度均达到了显著水平,但硝态氮含量仅与 pH 表现出稍弱的相关关系 ($p = 0.15$),而与其他性状相关性较差;CG 处理则各性状指标间未表现出明显的相关性。

6.3.3.3　不同配比醋糟基质氮素含量与蔗糖酶活性的关系

蔗糖酶对增加土壤中易溶性营养物质起着重要作用。研究表明,蔗糖酶与土壤中有机质、氮、磷含量,微生物数量活计土壤呼吸强度等许多因子有相关性,不仅可以表征土壤生物学活性强度,也可以作为评价土壤肥力水平的一个指标[68,71]。

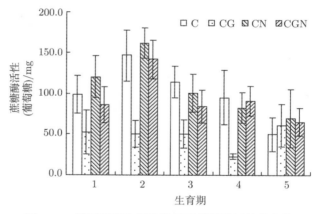

图 6.12　黄瓜不同生长阶段基质蔗糖酶活性的变化

醋糟基质各处理间蔗糖酶活性的差异较大 (图 6.12),其中 CG 蔗糖酶活性明显低于其他 3 个处理,并随黄瓜的生长,蔗糖酶活性的变化幅度变小。C、CN 和 CGN 处理蔗糖酶活性的变化较为接近,均表现为在伸蔓–开花期上升到最高,然后一直呈下降的趋势。黄瓜同一生育期,除伸蔓–开花期和结瓜期 CG 处理蔗糖酶活性与其他 3 个处理存在显著差异 (C、CN 和 CGN 处理间差异不显著) 外,其他生育期 4 个处理间均差异不显著。

6.3.3.4　不同配比醋糟基质氮素含量与微生物呼吸强度的关系

土壤微生物呼吸强度可以反映土壤微生物总的活性,也是土壤肥力的评价指标之一。试验前各基质的微生物总呼吸强度较高,种植黄瓜后各处理的呼吸强度均有所下降，但不同处理的变化存在差异 (图 6.13)。随黄瓜的生长，C、CN 和 CGN 处理的呼吸强度一直呈下降趋势，其中以 C 处理下降幅度最大，结瓜后期较试验前下降达 70% 左右，CN 和 CGN 处理下降平均为 45% 左右；CG 处理呼吸强度在开花–结瓜期较低，到结瓜后期又有所增高。黄瓜不同生育期，各处理间的差异不同。试验前至开花–结瓜期，各处理间存在显著差异，而结瓜后期 C 和 CGN 与 CG 和 CN 处理差异显著，而 C 和 CGN、CG 和 CN 处理均无显著差异。

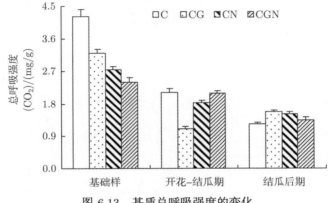

图 6.13　基质总呼吸强度的变化

以试验前、开花–结瓜期和结瓜后期的数据进行统计，TN、NO_3-N 与总呼吸强度均存在较弱的相关性 ($0.23 < p < 0.30$，$n = 12$)。在黄瓜生长期，总呼吸强度与蔗糖酶活性存在极显著的相关关系 ($p < 0.01$，$n = 8$)。

6.3.4　不同醋糟基质配比对黄瓜生长的影响

6.3.4.1　不同醋糟基质配比对黄瓜形态指标的影响

由图 6.14 中可以看出，株高、茎粗、叶片数指标在黄瓜生育期内一直呈上升趋势。不同基质处理间，黄瓜的生长状况存在一定差异。其中，以单添加菇渣处理的黄瓜生长状况较差，其株高、茎粗和叶片叶绿素含量指标均低于其他处理，尤其在伸蔓–开花期以后，其株高显著偏低。这可能主要与该基质的 pH 过高 (pH 为 8.0 左右)，不适宜黄瓜生长有关 (黄瓜适宜的 pH 范围为 5.5~7.5)。而纯醋糟，醋糟加牛粪，醋糟加菇渣加牛粪处理，pH 较为适中 (5.6~6.5)，养分含量较高 (表 6.18)，黄瓜植株生长相对较好。醋糟加牛粪 (CN) 处理其株高和茎粗均高于 CGN 和 C 处理，但各基质处理间的差异并未达到显著水平。

由表 6.18 可以看出 CN 处理开花最早为 6 月 12 号，C 与 CGN 处理则相差 1d，CG 处理开花期为最晚。醋糟各基质处理间黄瓜花期出现早晚的差异与相应黄瓜的生长状况基本一致。

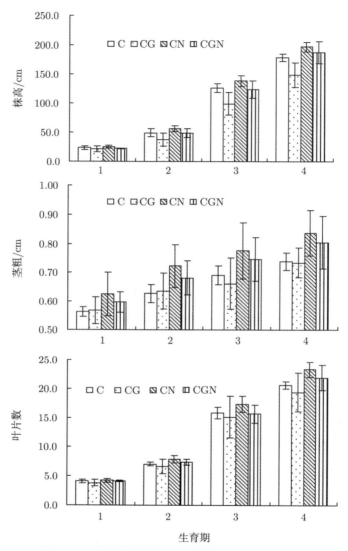

图 6.14　不同醋糟基质配比对黄瓜形态指标的影响

1 幼苗期；2 幼苗–伸蔓期；3 伸蔓–开花期；4 开花–结瓜期

表 6.18　不同醋糟处理黄瓜的花期

花期	C	CG	CN	CGN
日期	6.14	6.16	6.12	6.15
定植后天数/d	25	27	23	26

注：各处理花期以各个处理 50%植株开花标记。

6.3.4.2 不同醋糟基质配比对黄瓜叶片叶绿素含量的影响

从表 6.19 中可以看出，从幼苗期至开花–结瓜期，不同基质处理叶片叶绿素含量变化基本一致，随黄瓜生育期的进程均呈先升高、后下降、然后又有所上升的趋势，且不同基质处理间叶绿素含量平均值均表现为 C>CN、CGN>CG 的变化趋势，但同一生育期各处理间的差别又因生育期不同有所差异。幼苗期，C、CG 和 CGN 处理间存在显著差别，但 C 和 CN 处理、CN 和 CGN 处理间差别不显著。幼苗–伸蔓期，C 处理与其他 3 个处理均差别显著，但 CN 和 CGN 处理无显著差别；伸蔓–开花期，C、CN 和 CGN 处理间差别均不显著，但均显著高于 CG 处理，开花–结瓜期各基质处理间的差别与幼苗期一致。

表 6.19 不同醋糟基质黄瓜叶片叶绿素含量 (SPSD 值) 比较

处理	幼苗期	幼苗–伸蔓期	伸蔓期	伸蔓–开花期
C	38.0±1.4c	42.3±0.5c	38.8±1.0b	42.5±0.2c
CG	28.1±2.9a	35.4±1.7a	28.4±4.5a	31.3±1.7a
CN	35.0±2.5bc	38.3±2.4b	36.5±2.2b	40.1±1.6bc
CGN	33.5±0.8b	38.4±1.0b	36.1±1.3b	39.2±2.0b

6.3.4.3 不同醋糟基质配比对黄瓜产量的影响

各醋糟基质单株产量如图 6.15 所示。其中，以 C 处理单株产量最高，达到 1.63kg/株，其次为 CN 处理，CGN 处理的产量最低，为 1.36kg/株。4 个处理平均产量为 1.50kg/株左右，较朱雨薇[71]、李中邵[72] 等报道的有机基质–添加营养液处理的黄瓜的产量 (2.5~3.4kg/株) 明显偏低。由于试验是在不添加任何外界肥源的条件下进行的，黄瓜的生长仅靠基质的养分供应，因此，总体养分的供应不足可能是导致本实验产量较低的重要原因。

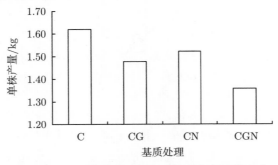

图 6.15 不同醋糟基质配比对黄瓜的产量的影响

6.3.5　不同配比醋糟基质氮素有效性的评价

基质中全氮和有效氮含量直接影响氮素的有效性的重要因素。纯醋糟基质全氮和硝态氮含量相对较高,混合加入菇渣和牛粪后均有不同程度的降低。在黄瓜生长过程中,伴随着作物的吸收、有机质的矿化等过程,基质中的全氮和有效氮含量发生了较大的变化。纯醋糟基质全氮含量一直呈下降趋势,一方面可能主要与黄瓜生长吸收的氮素相对较多有关,这可以从该处理黄瓜叶片叶绿素含量均高于其他处理得到证实 (表 6.20);另一方面,也可能与硝态氮极易从上层淋洗到下层,而导致取样层 (0~15cm) 全氮含量下降有关,这也可以从图 6.34 中伸蔓-开花期醋糟基质硝态氮含量较幼苗期急剧下降得到部分说明。添加菇渣和牛粪各处理全氮含量表现为黄瓜生长前期呈下降趋势,而后期则略有增加,这可能主要与后期有机质的矿化导致全氮含量相对增加有关。

基质有效态氮以硝态氮为主,受基质原料性状以及作物生长等因素的共同影响,不同配比醋糟基质的硝态氮含量表现为主要受全氮状况的影响,二者具有极显著的正相关关系 ($r = 0.581$,$p < 0.01$,$n = 20$);其次与 pH 的相关性达到了 $p = 0.06$ ($r = 0.477$,$n = 16$) 的相关水平,而与脲酶和蔗糖酶活性的相关性较低。对于醋糟基质的不同处理,硝态氮含量的影响因素也不同。CN 处理,硝态氮含量与脲酶活性的相关性最高,达到了显著水平 ($r = 0.871$,$p = 0.05$,$n = 5$);C 处理,硝态氮与全氮的相关性最高,达到了极显著水平 ($r = 0.871$,$p < 0.01$,$n = 5$)。但对于 CGN 和 CG 处理,基质性状间的相互影响较为复杂。CGN 处理全氮与脲酶、脲酶与 pH 间的相关程度均达到了显著水平,但硝态氮含量仅与 pH 表现出稍弱的相关关系 ($p = 0.15$),而与其他性状相关性较差;CG 处理则各性状指标间未表现出明显的相关性。

从黄瓜的生长状况和产量来看,各基质处理存在一定差异。其中,以单添加菇渣处理的黄瓜生长状况较差,其株高、茎粗和叶片叶绿素含量指标均低于其他处理,尤其在伸蔓-开花期以后,其株高和叶片叶绿素含量均显著偏低。这可能主要是由于该基质的 pH 过高 (pH 为 8.0 左右),不适宜黄瓜生长的原因 (黄瓜适宜的 pH 范围为 5.5~7.5。而纯醋糟,醋糟加牛粪,醋糟加菇渣加牛粪处理,pH 较为适中 (5.6~6.5),黄瓜植株生长相对较好。其中醋糟加牛粪 (CN) 处理的株高和茎粗均高于 CGN 和 C 处理。4 个处理中,纯醋糟处理叶片叶绿素含量平均值最高,尤其在幼苗期和幼苗-伸蔓期,SPAD 值明显较高,说明黄瓜从基质中吸收了较为充足的氮素营养,这与该时期基质有效氮含量大幅度下降是一致的。与纯醋糟相比,添加牛粪处理的氮素释放更具有 "缓效性" 的特点,因而在伸蔓期以后,其叶片叶绿素含量与纯醋糟达到了同一水平。李建明等[66] 的研究结果也表明,沙土基质中添加牛粪含量越高,在甜瓜生育中后期根系活力越强,可以促进甜瓜果实品质的提高和高产的获得。

因此，总的来看，纯醋糟氮素矿化较快，有效氮含量高，氮素供应具有一定的"速效性"，前期氮素供应充足，满足了黄瓜生长初期对氮素的需要，但由于纯醋糟颗粒粗，保水保肥性较差 (通气孔度大于 40%)，易导致上层有效氮的淋失，因此到后期有效氮供应则明显下降。而添加牛粪和菇渣以后，氮素供应更具有"长效性"，一方面可在一定程度上减缓前期的氮素供应，另一方面则可提高后期氮素供应的持久性，这对保证后期作物产量具有重要作用。尽管试验中不同基质处理黄瓜产量并未表现明显差异，但从长期和满足黄瓜生长过程中营养需求的角度综合考虑，以醋糟和牛粪配比较好，其次为醋糟加菇渣加牛粪。由于本实验所用菇渣 pH 较高，导致醋糟加菇渣处理的生长效果较差。可见，与醋糟配比时，应降低菇渣的添加比例。

值得注意的是，有机基质中氮素的转化及其有效性除了受其基质本身特性的影响外，还与种植作物种类以及其他一些因子如环境温度、基质湿度等因素有关，对于这些因子如何综合作用于有机基质氮素的有效性，还需要进一步研究。

6.4 醋糟基质袋栽黄瓜合理的营养液浓度试验

已有的研究表明，纯醋糟基质颗粒粗、相对容易失水这种基质特点比较适合于较封闭介质环境的袋栽栽培模式，由于常规袋栽方式都是以珍珠岩为基质，所以营养液必须是全价的，而醋糟基质中本身就含有作物所需要的养分，是否可以降低营养液的浓度呢? 为此，又进行了醋糟基质袋栽黄瓜合理的营养液浓度的试验研究。

6.4.1 材料与方法

试验在镇江市京口区瑞京农业示范园中进行。基质材料为醋糟和珍珠岩，采用袋栽方式。供试作物为温室专用水果黄瓜碧玉 1 号。

试验设计了 3 个营养液灌溉浓度处理和 1 个对照处理

处理 1: 醋糟基质灌 0% 浓度营养液 (即只灌清水);

处理 2: 醋糟基质灌 50% 浓度营养液;

处理 3: 醋糟基质灌 100% 浓度营养液;

对照 (CK): 珍珠岩基质灌 100% 液浓度营养。

营养液配方同 5.2.2.1 节中的表 5.11。每个栽培袋种植 3 株，每个处理 3 个栽培袋，作为 3 次重复。栽培袋随机摆放。

测定指标及方法: 从定植开始每隔 7d 分别测量株高、叶龄、叶长、叶宽、叶片叶绿素含量。在植株结果后进行果实采摘，测量其鲜重和干重及叶片营养元素。测定方法见 5.2.2.1 节。

以上各测量结果均取平均值后进行分析。

6.4.2 基质袋栽黄瓜生长指标对不同营养液浓度的反应

6.4.2.1 黄瓜株高对不同营养液浓度的反应

由图 6.16 中的斜率可以看出，株高随时间的变化趋势是，在生长初期增长速率较低，而随着生长的进行，株高的增长速率逐渐升高，以中后期的速度最快，而到了后期，增长速率又开始降下来，趋于平稳。在各处理之间，株高的变化差异也十分明显，处理 3 一直处于最高位置，处理 2 与 CK 居中，两者之间差别不大。而处理 1 则最小，尤其是在生长后期，与其他处理之间的差距不断加大。

方差分析的结果显示，在 0.05 水平上，处理 3、CK 和处理 2 之间差异不显著，而仅仅灌清水的处理 1 与其他三个处理之间差异显著。说明仅仅依靠醋糟本身的营养成分来提供作物生长所需是远远不够的，在生长初期尚能勉强维持，但是到了中后期，由于营养供应不足而严重抑制了作物的正常生长。而处理 2 是施用了 50%的营养液，就能有效地提供营养成分供作物正常生长所需，与珍珠岩表现相同，说明用醋糟作基质可以减少营养液的施用。

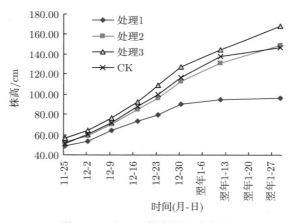

图 6.16　各处理株高的动态变化

6.4.2.2 黄瓜叶龄对不同营养液浓度的反应

从图 6.17 各处理叶龄的动态变化中可以看出，各处理间黄瓜叶龄的变化规律与株高的变化规律很相似，即在生长初期，各处理间差异不明显，进入中后期，以处理 3 最好，处理 1 最差，处理 2 与 CK 之间不存在明显差异。

从方差分析的结果中可以看出，在 0.05 水平上，处理 1、处理 2、处理 3 以及 CK 之间差异都不显著，说明叶龄这个指标受水肥条件的影响不大。

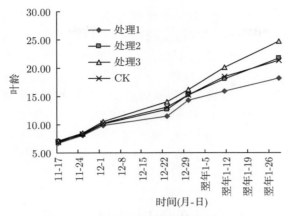

图 6.17 各处理叶龄的动态变化

6.4.2.3 黄瓜叶面积对不同营养液浓度的反应

图 6.18 为不同处理的黄瓜叶面积动态变化。与前面两个指标相比，各处理间黄瓜的叶面积相差较大，其中处理 3 的优势很明显，比处理 2 和 CK 要高出 10%~20%，比处理 1 高出近一倍。处理 2 与 CK 相比，在前期增长速率以及绝对值上都相差不大，在后期 CK 比处理 2 稍微高一些。

方差分析的结果显示，在 0.05 水平上，处理 3、处理 2 与 CK 之间差异不显著，而处理 1 与其他三个处理之间差异显著。

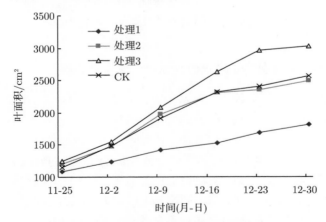

图 6.18 各处理叶片叶面积动态变化

6.4.2.4 黄瓜叶片叶绿素含量对不同营养液浓度的反应

从图 6.19 中可以看出，不同处理黄瓜叶片的叶绿素含量在整个生育过程中都会呈现出相同趋势的动态变化。不同处理之间来比较，处理 3 叶绿素含量最高，而处理 1 则劣势明显，无论是在生长的前期还是中后期，叶片叶绿素含量都比其他处理要低得多。处理 2 和 CK 之间差别不大。方差结果显示，在 0.05 水平上，处理 3、处理 2 和 CK 之间差异显著，处理 2 和 CK 与处理 1 之间的差异也显著。处理 3 与 CK 相比，差异显著，说明从叶绿素含量这个指标来看，醋糟作为栽培基质比珍珠岩效果理想；处理 2 与 CK 相比，差异不显著，但是处理 2 只用了一半的肥水灌溉量，就可以提供充足的营养供应，供作物正常生长所需，更能证明用醋糟作为栽培基质的优越性。

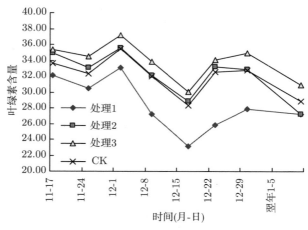

图 6.19   各处理叶片叶绿素含量动态变化

6.4.3   不同营养液浓度处理的黄瓜叶片营养元素含量分析

对不同处理的黄瓜，采其相同叶龄的叶片，进行了氮、磷、钾大量元素及铁、锌微量元素含量的分析，结果见图 6.20 和图 6.21。

从图 6.20 (a)、(b)、(c) 中可以看出，黄瓜叶片氮、磷、钾的含量随着处理中营养液浓度的增加而增加，其中醋糟基质施 100% 浓度营养液的处理 3 的各种元素含量都高于 CK (珍珠岩基质施以 100% 浓度营养液)，处理 2(醋糟基质施以 50% 浓度营养液) 与对照基本持平，而处理 1 (醋糟基质浇清水) 的产量最低。统计结果表明，处理 3、处理 2 与 CK 相比差异都不显著，而处理 1 都在 0.05 的水平上呈现出差异。说明如果用醋糟作为温室黄瓜的栽培基质，仅用 50% 浓度的营养液即可满足黄瓜对于氮素的需要，但是只灌清水、仅靠醋糟本身的营养成分则不能提供温室黄瓜正常生长所需。

从图 6.21(a)、(b) 中可见，黄瓜叶片中微量元素铁和锌的含量跟氮磷钾大量元素表现出相同的趋势，即随着基质中营养液浓度的增加而增加，50%营养液的处理2 与 CK 之间基本持平。但是与氮磷钾元素含量表现出不同的是，3 个不同浓度营养液的处理及 CK 之间都没有统计学上的显著性差异，表明基质中施用营养液，对于氮磷钾大量元素的供应作用大于对于微量元素的作用，或者说醋糟基质中的微量元素在一定范围内能够基本维持蔬菜生长的需要。

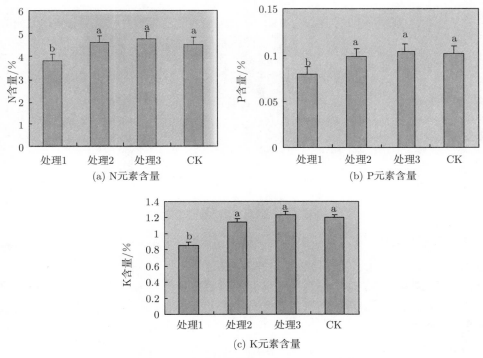

图 6.20　不同处理黄瓜叶片 N、P、K 元素含量

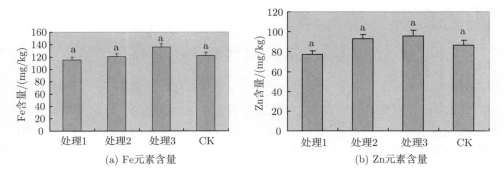

图 6.21　各处理黄瓜叶片 Fe 和 Zn 元素含量

6.4.4　不同浓度营养液处理的袋栽黄瓜产量结果

比较图 6.22 不同营养液处理的黄瓜产量,可以看出,醋糟基质施以 100% 浓度营养液的处理 3 其黄瓜产量最高,其次是醋糟基质施以 50% 浓度营养液的处理 2,比珍珠岩基质施以 100% 浓度营养液的 CK 略高,而处理 1 产量最低。统计结果表明,处理 2 与 CK 相比,两者差异不显著,而其他处理之间都在 0.05 的水平上呈现出差异。

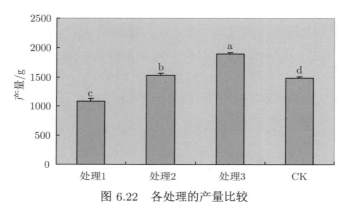

图 6.22　各处理的产量比较

结合前面对黄瓜生长发育指标的影响分析,可以得出,在各项指标上都呈现绝对优势的处理 3 黄瓜产量也相应地最高,相反,各项指标都最低的处理 1 黄瓜产量也最低。处理 3 和 CK,采用了相同的营养液灌溉量,但是处理 3 黄瓜产量却比 CK 高许多,说明用醋糟作为温室黄瓜的栽培基质比起珍珠岩来能获得更高的黄瓜产量,因而效果要更理想。处理 2 与 CK 相比,黄瓜产量相差不大,但是节约了一半的水肥,因此处理 2 也是比较理想的基质配方选择。而处理 1 黄瓜产量最低,说明采用纯醋糟作为温室黄瓜的袋栽基质,必须灌溉营养液,因为袋中所装的基质含量有限,只灌溉清水不能提供黄瓜正常生长所需的营养量,否则会影响黄瓜的生长和最终产量。

6.5　醋糟基质连续多茬盆栽生菜的养分效应

有机基质作为轻型基质,既适合在大田、温室使用,也适合在阳台等小环境中进行盆栽。但是盆栽条件下,单株植物所拥有的基质少,相应的养分含量也少,并且在连续栽培过程中随着有机质的矿化,基质及养分总量也随之减少。因此研究基质盆栽条件下的施肥效应是很有必要的,可以为基质在温室及其他各种生境中的推广应用提供技术支持。

生菜即叶用莴苣,因适宜生食而得名,质地脆嫩,口感鲜嫩清香。近年来,生菜又成为立体栽培和阳光生态菜园的主要栽培蔬菜。因此,进行了盆栽生菜的多茬连续栽培试验。

6.5.1 试验材料与方法

6.5.1.1 试验地点以及试验材料

本试验在江苏大学农业工程研究院的连栋型温室内进行。供试作物为意大利耐抽薹生菜。

试验基质醋糟是在江苏大学温室内堆制发酵而形成的,珍珠岩和蛭石在市场上购买。栽培基质采用新醋糟、珍珠岩与蛭石比为 3:2:1 的混合基质。混合基质初始性质为:pH 5.75,EC 1.68mS/cm,容重为 0.115g/cm^3,总孔隙度、气体孔隙度和持水量分别为 75.47%、16.23% 和 59.25%。其全氮、全磷和全钾含量分别为 0.93%、0.16% 和 0.44%。

6.5.1.2 试验设计

试验共设 5 个处理,即 0s (不施肥,为对照处理)、1/8s、1/4s、1/2s、1s。其中:1s 为常规土壤栽培施肥量,按照生菜产量 1000kg 需 2~4kg 纯氮,0.9~1.6kg 五氧化二磷,2.1~4.9kg 氧化钾[58] 计算,1/8s、1/4s、1/2s 分别为正常施肥量的 1/8、1/4、1/2 倍。

试验采取盆栽,盆底内径 16.5cm,盆口内径 23cm,盆高 21cm,装满基质。每个处理 8 盆,每盆种植 3 株生菜,随机区组排列。

试验连续进行了 3 茬:第一茬生菜于 2010 年 10 月 15 日育苗,11 月 24 日定植,2011 年 2 月下旬结束。定植时施一次底肥,从定植后第 15 天开始,每隔 10d 追肥一次。第二茬生菜于 2011 年 1 月 28 日育苗,3 月 20 日定植,5 月上旬结束。定植时施一次底肥,从定植后第 15 天开始,每隔 10d 追肥一次。第三茬生菜于 2011 年 4 月 7 日育苗,5 月 11 日定植,6 月下旬结束。定植时施一次底肥,从定植后第 12 天开始,每隔 8d 追肥一次。

施肥方式:氮肥采用尿素 (含47%N),磷肥采用五氧化二磷 (含100%P$_2$O$_5$),钾肥采用碳酸钾 (含68%K$_2$O)。施肥前将其配成溶液,然后直接施肥于基质中。每个处理每次追肥量相等,肥料 2/5 作基施,3/5 分作追肥,分 3 次追施。

6.5.1.3 测定项目与方法

1) 基质物理性状,主要包括:容重、孔隙度、pH、EC。

测定方法同 5.1.1 节。

2) 基质化学性状,包括 pH、EC、有机质、全氮、全磷和全钾。

测定方法同 1.1.3.1 节。

3) 生菜生长、生理指标的测定

试验中定期测定生菜的株高、茎粗、叶片数、开展度、根叶干鲜重、叶绿素等性状,每次测定三株,取其平均值。用游标卡尺测量茎粗,用直尺测量株高和开展度,叶绿素含量采用 SPAD-502 手持叶绿素测定仪测定。将生菜洗净,用吸水纸吸干表面水分称鲜重,然后将烘箱温度调节至 105℃,杀青 15min,再将烘箱温度调节至 75℃ 烘至恒重,测量干重。于收获期用电子秤测定各处理生菜产量。

光合作用速率测定:使用 LI-6400(LI-COR,Lincoln,NE,USA) 便携式光合测定仪测定,测定时间为生菜生长旺盛期 (晴天早上 9 点至 11 点) 测定叶位一致。

4) 生菜品质的测定

硝酸盐含量的测定采用水杨酸硝化比色法;可溶性蛋白含量的测定采用考马斯亮蓝 G-250 染色法;可溶性糖含量的测定采用蒽酮比色法;全氮、全磷、全钾测定在 H_2SO_4-H_2O_2 消煮后,分别采用奈氏比色法、钒钼黄比色法和火焰光度计法。

5) 养分吸收量和养分利用率计算方法

养分吸收量的计算方法:养分吸收量 = 养分含量 × 产量 (干物质量)

化肥中 N、P、K 养分的利用率计算方法:

化肥中养分 (N、P 或 K) 的利用率 =(植株吸收的该养分量 — 对照处理植株吸收的该养分量)/施入化肥的该养分量 ×100%

总养分利用率的计算方法:总养分 (N、P 或 K) 利用率 = 植株吸收该养分总量/(基质中该养分总量 + 施入化肥中该养分含量)×100%

6.5.2　不同施肥量对生菜生长、生理和品质的影响

6.5.2.1　不同施肥量对生菜生长的影响

三茬生菜生长在不同的季节,其光温条件相差大。第一茬冬天栽培的温度低、生长期长,第二茬春天栽培的光温适宜、生长期适中,而第三茬在夏季高温高光强下,则生长期最短。因此,以下仅比较同一茬生菜各指标对施肥量的响应。

1) 不同施肥量对株高的影响

从图 6.23 中可以看出,不同施肥量处理对生菜株高有较明显的影响。连续栽培的生菜株高都是随着施肥量的增加而增加,即 1s>1/2s>1/4s>1/8s>0s。处理 0s 下生菜株高明显低于其他处理,是因为处理 0s 没有施肥,只灌溉清水,在生菜生长初期可以依靠醋糟自身提供的养分生长,但在中后期可能因为需肥量多而醋糟养分释放缓慢供应不上营养。其中第一茬生菜最终株高处理 1s 下为 23.13cm,处理 0s 下为 19.05cm,处理 0s 比处理 1s 下低 17.6%;随着连续种植茬数增加,这种差异越来越大,至第三茬生菜收获,处理 1s 下生菜的株高最大,达 23.0cm,而处理 0s 下生菜株高仅为 17.2cm,差异达到 25.2%。

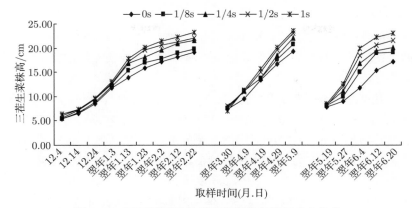

图 6.23 不同施肥量处理下生菜株高增长动态比较

2) 不同施肥量对生菜茎粗的影响

从图 6.24 可以看出,不同施肥量处理对生菜茎粗有较明显的影响。连续栽培生菜的茎粗表现出不一样的变化规律。

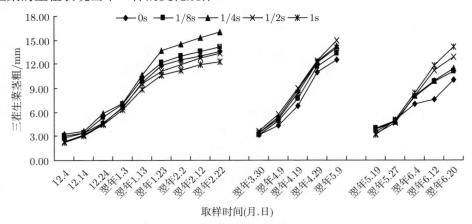

图 6.24 不同施肥量处理下生菜茎粗增长动态比较

第一茬生菜茎粗的变化规律是 1/4s>1/8s>0s>1/2s>1s,第二茬生菜茎粗的变化规律是 1/2s>1/4s>1s>1/8s>0s,处理 1/4s 下生菜的茎粗处理 1/4s 下生菜的茎粗要最后达到 16.01mm,远远高于其他处理。这可能是因为随着施肥量的增加,生菜茎粗不断增大;但施肥量过高导致植株徒长,处理 1s 中生菜最后茎粗仅为 12.23mm,茎粗减小。第二茬生菜茎粗的变化规律是 1/2s>1/4s>1s>1/8s>0s,处理 1/2s 下生菜的茎粗要显著高于其他处理,第三茬生菜茎粗的变化规律是 1s>1/2s>1/4s>1/8s>0s,说明随着基质连续使用,处理 1/4s 和 1/2s 养分逐步跟不上作物生长需求,尤其是进入中后期,差异逐渐增大。最终处理 1s 下生菜的茎粗为 14.14mm,而处理 0s 中生菜茎粗仅为 10.04mm。

显然，醋糟有机基质连续栽培生菜，其需肥量越来越大，究其原因，可能是因为随着醋糟使用时间的增加，其养分含量不断减少，需要依靠外部施肥来满足生菜生长对于养分的需要。

3) 不同施肥量对生菜叶片数的影响

从图 6.25 可以看出，不同施肥量处理对生菜叶片数有较明显的影响。连续栽培生菜的叶片数的变化规律与茎粗基本一致。第一茬生菜叶片数随着施肥量的增加不断增加，但施肥量过大导致叶片数减小。最终以处理 1/4s 下生菜的叶片数最多，达到 28 片，而处理 1s 中生菜的叶片数仅有 25 片。第二茬生菜叶片数最后以处理 1/2s 下生菜的叶片数最多，达到 29 片，而处理 0s 中生菜的叶片数仅有 24 片。第三茬生菜叶片数随着施肥量的增加不断增大。前期不同处理间叶片数差异不明显，以后差异逐渐变大。处理 0s 下生菜的叶片数显著低于其他处理，不施肥显著影响了生菜的生长。最终以处理 1s 下生菜的叶片数最多，达到 24 片，而处理 0s 中生菜的叶片数仅有 17 片。

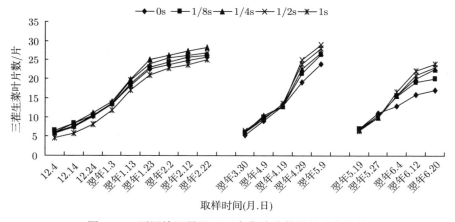

图 6.25　不同施肥量处理下生菜叶片数增长动态比较

4) 不同施肥量对生菜开展度的影响

从图 6.26 可以看出，不同施肥量处理对生菜开展度有较明显的影响。连续栽培生菜的开展度的变化规律与茎粗、叶片数基本一致。

第一茬生菜开展度随着施肥量的增加不断增加，但施肥量过大导致开展度减小。最终处理 1/4s 下生菜的开展度为 29.73cm，而处理 1s 中生菜开展度仅为 25.27cm。第二茬生菜各处理下开展度在前期差异不显著，后期差异显著。处理 1/2s 下生菜的开展度要明显高于其他处理，收获时生菜的开展度达到 31.10cm，而处理 0s 中生菜开展度最小，仅为 26.27cm。第三茬生菜开展度随着施肥量的增加而增大，不施肥严重影响了生菜的生长。最终处理 1s 下生菜的开展度为 27.27cm，而处理 0s 中生菜开展度仅为 18.53cm，比处理 1s 下降幅度达到 32%。

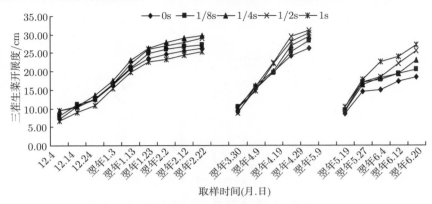

图 6.26　不同施肥量处理下生菜开展度增长动态比较

5) 不同施肥量对生菜叶绿素的影响

图 6.27 中是不同施肥量处理对生菜叶片中叶绿素含量的影响。从图中可见，不同茬次生菜的叶片叶绿素含量之间有较大差异，冬天低温下栽培的比夏天高温下栽培的含量高。但连续栽培中不同茬次生菜的叶绿素都是随着施肥量的增加而增大，即 1s>1/2s>1/4s>1/8s>0s。1s 施肥量处理下，利用 SPAD-502 手持叶绿素测定仪测定三茬生菜叶绿素含量分别为 44.76、41.60 和 37.60；而 0s 施肥量处理下，连续栽培生菜叶绿素含量分别为 39.69、38.40 和 34.63。

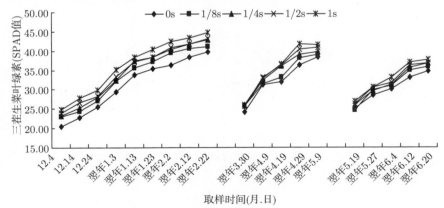

图 6.27　不同施肥量处理下生菜叶绿素增长动态比较

6) 不同施肥量对生菜光合作用的影响

叶片光合作用是作物产量积累的基础。由表 6.20 可知，不同施肥量处理对生

表 6.20　不同施肥量处理下生菜光合作用的比较

处理	净光合速率/(mol/(m²·s))			气孔导度/(mol/(m²·s))			蒸腾速率/(mol/(m²·s))		
	第一茬	第二茬	第三茬	第一茬	第二茬	第三茬	第一茬	第二茬	第三茬
0s	7.458±0.045b	7.285±0.064c	6.373±0.052b	0.196±0.009b	0.200±0.006c	0.189±0.005b	4.785±0.034b	5.006±0.067b	3.274±0.095c
1/8s	7.961±0.094ab	8.560±0.096bc	7.153±0.073ab	0.210±0.007a	0.228±0.004bc	0.190±0.009b	5.034±0.075ab	5.657±0.055b	3.853±0.100bc
1/4s	8.347±0.077a	9.091±0.078b	7.319±0.150a	0.245±0.008a	0.277±0.007b	0.194±0.006b	5.353±0.032a	6.185±0.099ab	4.148±0.035b
1/2s	8.023±0.029a	10.228±0.074a	7.971±0.086a	0.227±0.007a	0.348±0.013a	0.202±0.011ab	5.147±0.056ab	6.315±0.027a	4.892±0.078b
1s	7.356±0.053b	10.154±0.120a	8.480±0.046a	0.191±0.005b	0.293±0.010b	0.215±0.007a	4.612±0.063b	6.248±0.087a	5.358±0.025a

菜叶片净光合速率有较明显的影响。连续栽培生菜的叶片净光合速率表现出不一样的变化规律。第一茬生菜和第二茬生菜的叶片净光合速率随着施肥量的增加而增大,但当施肥过量时,净光合速率反而减小。第一茬处理 1/4s 下生菜叶片的净光合速率最大,达到 $8.347mol/(m^2\cdot s)$,而第一茬生菜的产量也以处理 1/4s 最高,达 152.00g。第二茬处理 1/2s 下生菜叶片的净光合速率最大,为 $10.228mol/(m^2\cdot s)$,而第二茬生菜的产量也以处理 1/2s 最高,为 227.36g。第三茬生菜叶片净光合速率随着施肥量的增加而增大。第三茬处理 1s 下生菜叶片的净光合速率最大,是 $8.480mol/(m^2\cdot s)$,而第三茬生菜的产量也以处理 1s 最高,为 156.07g。叶片气孔导度和叶片蒸腾速率指标与净光合速率的反应呈现出相同的趋势。这一不同施肥量处理间在三茬生菜上的反应差异与茎粗、叶片数和开展度 3 个指标的表现基本一致。

7) 不同施肥量对生菜产量的影响

从表 6.21 可知,不同施肥量处理对生菜产量有较明显的影响。连续栽培生菜的产量表现出不一样的变化规律。

表 6.21　不同施肥量处理下生菜产量比较

第一茬 (2010~2011 冬)			第二茬 (2011 春)			第三茬 (2011 夏)		
施肥处理	产量/g	较最低增长/%	施肥处理	产量/g	较最低增长/%	施肥处理	产量/g	较最低增长/%
1/4s	152.00a	28.35	1/2s	227.36a	79.45	1s	156.07a	257.55
1/2s	147.91ab	24.89	1s	221.71ab	74.99	1/2s	129.40b	196.45
1/8s	138.67bc	17.09	1/4s	186.92b	47.53	1/4s	103.64c	137.43
0s	127.04c	7.27	1/8s	152.45c	20.32	1/8s	73.15d	67.58
1s	118.43c	—	0s	126.70d	—	0s	43.65e	—

第一茬生菜产量随着施肥量的增加而增大,但施肥过量时,产量反而减小。处理 1/4s 产量最高 (152.00g),以处理 1s 产量最低 (118.43g),这可能是因为在第一茬时,新鲜醋糟基质释放的养分含量高,导致处理 1s 施肥量过高,EC 偏大,不利于生菜的正常生长。第二茬生菜产量以处理 1/2s 产量最高 (227.36g),处理 0s 产量 (126.70g) 显著低于其他处理,这是因为在生菜的整个生长期内,处理 0s 没有施肥,只灌溉清水,没有满足生菜生长对于养分的需求,致使植物长势弱,产量下降。第三茬生菜产量随着施肥量的增加而增大。处理 1s 产量最高 (156.07g),处理 0s 产量最低 (43.65g),可见基质长期使用后,不施肥或施肥量少已经不能满足生菜正常生长对于养分的需求。

6.5.2.2　施肥量对生菜品质的影响

1) 不同施肥量对叶片硝酸盐含量的影响

从表 6.22 可知,不同施肥量处理对生菜叶片硝酸盐含量有较明显的影响。不同茬次栽培生菜之间来看，叶片的硝酸盐含量变化规律一致，都是随着施肥量的增加而增加，即 1s>1/2s>1/4s>1/8s>0s。随着栽培茬数的增加，0s 处理下硝酸盐含量逐渐降低，而其他处理的硝酸盐含量逐渐增大。1s 处理下三茬生菜的硝酸盐含量分别为 1592.19mg/kg、2141.53mg/kg 和 2840.66mg/kg，0s 处理下三茬硝酸盐的含量分别为 936.53mg/kg、885.79mg/kg 和 832.94mg/kg。GB19338—2003《蔬菜中硝酸盐限量》国家标准中规定，叶菜类硝酸盐含量 (mg/kg FW) 应不大于 3000mg/kg FW[78]，而所有处理的硝酸盐含量都在此范围之内。

表 6.22　　不同施肥量处理下生菜叶片硝酸盐含量比较　　　（单位：mg/kg FW）

施肥处理	第一茬	第二茬	第三茬
0s	936.53±11c	885.79±11d	832.94±12c
1/8s	1141.74±15b	1210.70±17cd	1511.70±18bc
1/4s	1209.30±17b	1355.09±22c	1651.46±17b
1/2s	1472.07±10ab	1621.60±18b	2315.70±25ab
1s	1592.19±13a	2141.53±14a	2840.66±21a

2) 不同施肥量对叶片可溶性糖含量的影响

不同施肥量处理下生菜叶片可溶性糖含量列于表 6.23。由表可知，不同施肥量处理对生菜叶片可溶性糖含量有较明显的影响，不同茬次生菜叶片中的可溶性糖含量表现出不一样的变化规律。

表 6.23　　不同施肥量处理下生菜叶片可溶性糖含量比较　　　（单位：mg/g FW）

施肥处理	第一茬	第二茬	第三茬
0s	2.21±0.014ab	1.00±0.034b	0.29±0.025b
1/8s	2.35±0.015ab	1.12±0.025b	0.30±0.036b
1/4s	2.63±0.027a	1.30±0.016a	0.37±0.020ab
1/2s	2.40±0.019ab	1.33±0.018a	0.42±0.016a
1s	2.13±0.031ab	1.31±0.021a	0.43±0.017a

第一茬和第二茬生菜叶片可溶性糖含量随着施肥量的增加而增大，但当施肥过量时，可溶性糖含量反而减小。第一茬以处理 1/4s 的可溶性糖含量最高，达到 2.63mg/g。处理 1s 的可溶性糖含量最低，仅为 2.13mg/g，显著低于其他处理的可溶性糖含量。第二茬生菜以处理 1/2s 的可溶性糖含量最高，达到 1.33mg/g，处理 0s 的可溶性糖含量最低，仅为 1.00mg/g，显著低于其他处理的可溶性糖含量。第三茬生菜叶片可溶性糖含量随着施肥量的增加而增大。处理 1s 的可溶性糖含量最高，达到 0.43mg/g，处理 0s 的可溶性糖含量最低，仅为 0.29mg/g，显著低于其他处理的可溶性糖含量。

随着茬数的增加，生菜叶片中可溶性糖含量逐渐减少。究竟是不同天气下的光温原因，还是因为基质中养分性状变化的原因，需要进一步研究。

3) 不同施肥量对叶片蛋白质含量的影响

表 6.24 是不同施肥量处理下生菜叶片可溶性蛋白含量的比较。从表中可知，不同施肥量处理对生菜叶片可溶性蛋白含量有较明显的影响。不同茬次栽培的生菜叶片中的可溶性蛋白含量变化规律一致，都是随着施肥量的增加而增加，即 1s>1/2s>1/4s>1/8s>0s。处理 1s 下各茬生菜的可溶性蛋白含量最高，分别为 5.274mg/g、2.686mg/g、2.998mg/g，处理 0s 下各茬生菜的可溶性蛋白最低，分别为 4.910mg/g、2.629mg/g、2.955mg/g，差异不是很大。从统计学来分析，第一茬中，施肥量大的处理 1s 和 1/2s 与施肥量低的处理 1/8s 及 1s 之间有显著性差异，而第二茬和第三茬则没有显著性差异。

表 6.24　不同施肥量处理下生菜叶片可溶性蛋白含量比较　　（单位：mg/g FW)

施肥处理	第一茬	第二茬	第三茬
0s	4.910±0.060b	2.629±0.015a	2.955±0.064a
1/8s	4.97±0.037b	2.63±0.016a	2.98±0.014a
1/4s	5.11±0.041ab	2.65±0.019a	2.99±0.011a
1/2s	5.18±0.043a	2.67±0.027a	2.99±0.021a
1s	5.274±0.076a	2.686±0.024a	2.998±0.012a

从不同茬次来比较，第一茬的叶片可溶性蛋白含量较高，而第二茬和第三茬则明显降低，究竟是气候原因还是基质理化性状原因尚待研究。

6.5.3　施肥量对醋糟基质栽培生菜养分吸收利用的影响

6.5.3.1　施肥量对生菜根和叶中养分含量的影响

1) 不同施肥量对生菜根和叶中全氮含量的影响

如图 6.28 和图 6.29 所示，随着施肥量的增加，根系和叶片中全氮含量也有所提高，其变化规律均表现为：1s>1/2s>1/4s>1/8s>0s，其中第一茬的差异较小，但是第二茬和第三茬的差异明显增加。

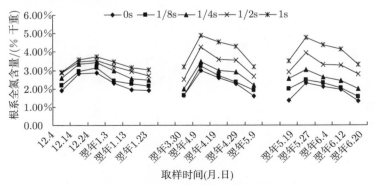

图 6.28　不同施肥量处理下生菜根系全氮含量的动态变化

　　不同茬生菜的根系和叶片全氮含量均呈现一个先上升后下降的趋势。三茬生菜的根系全氮含量最高分别为 3.741%、4.889%、4.776%，最低分别为 1.890%、1.604%、1.297%。叶片全氮含量最高分别为 5.242%、6.073%、5.575%，最低分别为 2.194%、2.899%、2.625%。

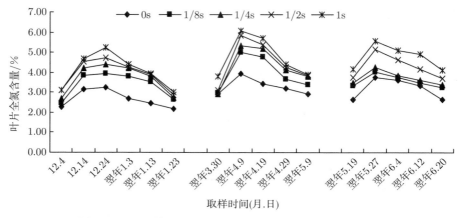

图 6.29　不同施肥量处理下生菜叶片全氮含量的动态变化

　2) 不同施肥量对生菜根和叶中全磷含量的影响

　　如图 6.30 和图 6.31 所示，不同施肥量对连续栽培生菜的根系和叶片全磷含量的影响很大，其变化规律均表现为：1s>1/2s>1/4s>1/8s>0s，即随着施肥量的下降，根系和叶片全磷含量也随之下降。各处理间含磷量的差异在根系上以第二茬最大，叶片中则是第一茬最大。根系和叶片的含磷量都是第一茬最高，第二和第三茬明显低于第一茬。

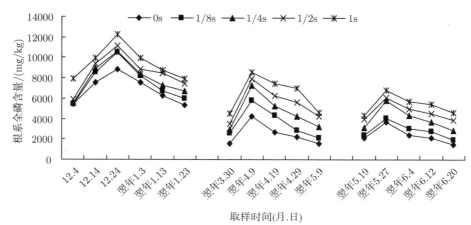

图 6.30　不同施肥量处理下生菜根系全磷含量的动态变化

连续栽培生菜的根系和叶片全磷含量均呈现一个先上升后下降的趋势。根系全磷含量最高分别为 12210.23mg/kg、8558.46mg/kg、6792.24mg/kg，最低分别为 5381.00mg/kg、1545.24mg/kg、1508.63mg/kg。叶片全磷含量最高分别为 13783.92mg/kg、9898.98mg/kg、7594.06mg/kg，最低分别为 6151.42mg/kg、3594.51mg/kg、2756.16mg/kg。

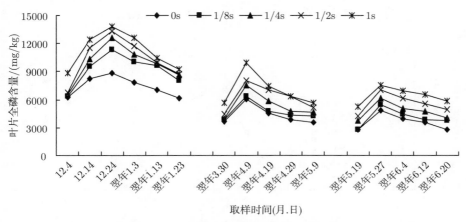

图 6.31　不同施肥量处理下生菜叶片全磷含量的动态变化

3) 不同施肥量对生菜根和叶中全钾含量的影响

如图 6.32 和图 6.33 所示，不同施肥量对连续栽培生菜的根系和叶片全钾含量有显著的影响。其变化规律均表现为：1s>1/2s>1/4s>1/8s>0s，即随着施肥量的增加，根系和叶片全钾含量也有所提高。随着连续栽培茬数的增加，不同处理间的

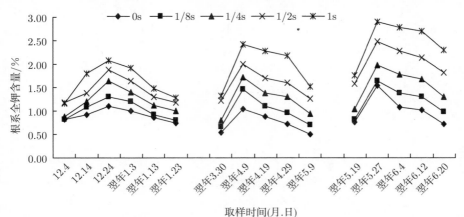

图 6.32　不同施肥量处理下生菜根系全钾含量的动态变化

差异不断加大。但是与前面几项指标不同的是,随着茬数的增加,低施肥量的处理根系含钾量并没有减少,而高施肥量的处理则含钾量大大提高。而叶片的全钾含量则第三茬各个处理都高于第一茬。

连续栽培生菜的根系和叶片全钾含量也呈现一个先上升后下降的趋势。三茬生菜中根系全钾含量最高分别为 2.08%、2.42%、2.90%,最低分别为 0.74%、0.50%、0.73%。叶片全钾含量最高分别为 2.71%、3.41%、3.55%,最低分别为 1.04%、1.30%、1.82%。

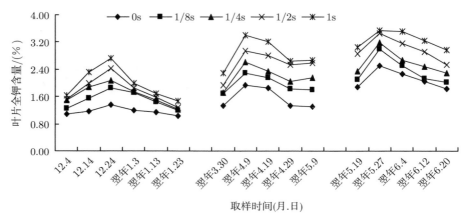

图 6.33   不同施肥量处理下生菜叶片全钾含量的动态变化

6.5.3.2   施肥量对生菜根和叶中养分吸收量的影响

根据上节所测定的叶片和根系养分含量以及当时的干物质量,分别得到三茬生菜的叶片和根系的氮、磷、钾吸收总量,如图 6.34～ 图 6.39 所示。总的来说,随着施肥量的增加,吸收总量也提高,但是不同元素、不同茬次之间的差异较大。

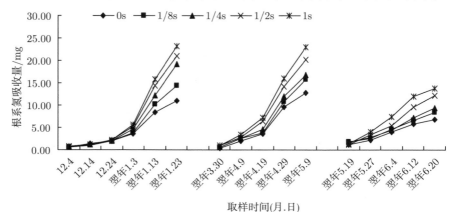

图 6.34   不同施肥量处理下生菜根系全氮吸收量的动态变化

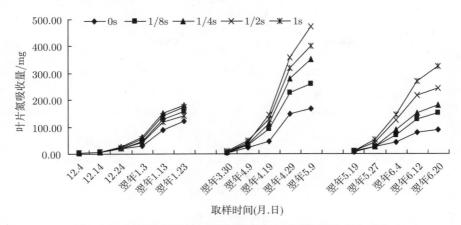

图 6.35 不同施肥量处理下生菜叶片全氮吸收量的动态变化

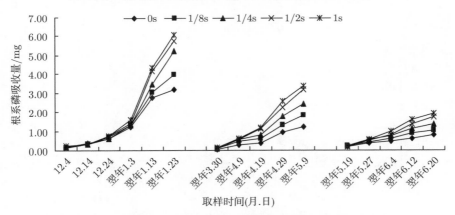

图 6.36 不同施肥量处理下生菜根系全磷吸收量的动态变化

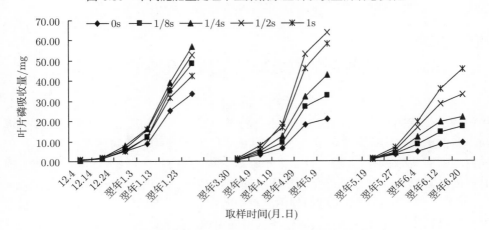

图 6.37 不同施肥量处理下生菜叶片全磷吸收量的动态变化

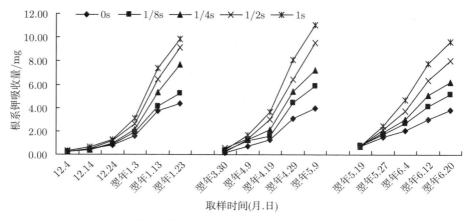

图 6.38　不同施肥量处理下生菜根系全钾吸收量的动态变化

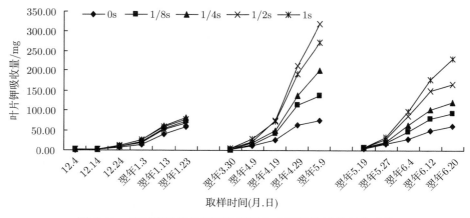

图 6.39　不同施肥量处理下生菜叶片全钾吸收量的动态变化

6.6　连续栽培使用后醋糟基质理化性状变化特征

在有机基质栽培体系中,作物在基质中生长几周甚至几年,因此,基质使用过程中理化性状的稳定性对作物生产力有着重要影响。有机基质在栽培过程中受基质本身的矿化作用、基质内微生物的代谢作用、栽培作物根系与基质机械作用、基质内动物活动等影响,其理化性状在不断地变化。这些变化对水分和养分的调控有着重要的意义。本节对醋糟有机基质长期栽培条件下理化性状的变化进行深入研究,旨在了解醋糟基质在长时间使用过程中其主要理化指标的变化特征,为醋糟基质利用过程中的养分管理和基质循环利用提供理论支持。

6.6.1 材料与方法

6.6.1.1 试验方案设计

试验于 2008 年 3 月 ~2010 年 9 月在江苏大学农业工程研究院试验温室进行。在 30 个月期间，采用堆制发酵充分腐熟的醋糟，在栽培槽内共连续种植了两茬黄瓜和六茬生菜，整个试验期间不追施肥料。

基质取样时间安排为：① 第 3 个月 (醋糟发酵结束后)；② 第 6 个月 (完成第一茬黄瓜栽培)；③ 第 12 个月 (第二茬黄瓜栽培完成)；④ 第 18 个月；⑤ 第 24 个月；⑥ 第 30 个月。具体种植安排为 2008 年 3~6 月种植第一茬黄瓜，2008 年 9~12 月种植第二茬黄瓜，黄瓜栽培结束后连续种植六茬生菜，基质种植时间持续 30 个月。

栽培槽长 17m，宽 0.8m，高 0.4m。每茬栽培后把基质混合均匀，保持基质深度在 30cm。

6.6.1.2 测定指标及方法

基质持水力 (WHC) 和气体孔隙度 (AP) 的测定：

取一花盆用胶带封好口，加水至通常加满基质的高度，用铅笔做标记，倒入量筒，记录结果 (A)，加入基质到标记线，然后用量筒慢慢加入到基质中，至水均匀地充满基质，记下用水量 (B)，把装有饱和基质的花盆放在小桶上，把盆上胶带移去，让水自然流出直到水不流为止，记下结果 (C)。分别按以下公式计算各物理性状：

总孔隙度 (%)=$B/A \times 100$；气体孔隙度 (%)=$C/A \times 100$；持水量 (%)= 总孔隙度－气体孔隙度；pH：取基质质量 1g 固液比为 1:5，pH 计测定。

基质 EC、pH 测定：取一定量有代表性的基质和去离子水按 1:2 混合，搅拌后静置得到澄清上清液，用 EC 计 (HI993310，Hanna 公司) 测定 EC，pH 计 (HI99121，Hanna 公司) 测定 pH。

有机质含量、全氮、磷、钾含量测定方法同上文，硝化反硝化采用 Baps 气体分离技术测定。

金属元素测定：电感耦合等离子体原子发射光谱仪，美国 Jar-rell-Ash ICP-9000(N+M)；功率：正向功率 1.1kW，反向功率 5 W；雾化器：直角型气动雾化器；冷却气：17L/min；等离子气：0.6L/min；载气：0.3L/min；观察高度：线圈上方 16mm 处。去离子水、石英烧杯、优级纯硝酸、优级纯高氯酸；用光谱纯试剂配制浓度为 1mg/mL 的 Ca、Mg、Zn、Cu、Fe、B 标准溶液作为贮备液，配制混合溶液作为高标溶液：高标溶液 Ca、Mg、Zn、Cu、Fe、B 浓度是 10mg/L。取基质样在温度为 80℃ 的烘箱中烘干大约 4h，冷却，研磨粉碎后放入干燥器内待用。称取试样

1.000g，用去离子水润湿，加优级纯 HNO_3 10mL，电炉上低温溶解，试样不断溶解至澄清后，加优级纯 $HClO_4$ 2mL，并提高温度。当 $HClO_4$ 分解冒白烟后，溶液至近干，试样已完全分解，用 7%的硝酸溶液定容 25mL 容量瓶待测，同时带试剂空白[73]。

基质粒径：采用干筛法测定[74]。

6.6.1.3　数据分析

采用 SPSS13.0 进行数据分析计算，运用曲线拟合工具对数据进行拟合。

6.6.2　基质物理性状的变化

6.6.2.1　基质粒径组成的动态变化

表 6.25 为不同取样时间醋糟基质粒径结构划分，根据基质粒径大小分为粗颗粒 (粒径 >2.0mm)，中等颗粒 (0.45mm< 粒径 <2mm)，细小颗粒 (粒径 <0.45mm)。醋糟基质在栽培过程中，粗颗粒百分含量变化较小，保持在 10%左右。中等粒径百分含量逐渐减小，由 73.5%减少到 26.1%。细小颗粒百分含量逐渐增加，由最初的 15.8%增加到 64.6%。

不同栽培时期醋糟基质不同粒径颗粒百分含量的显著性分析可以看出，中等颗粒不同采样点间差异显著，取样初期 (3 周) 中等粒径颗粒最多，取样末期 (30 周) 中等颗粒基质百分含量最小；细小颗粒随取样时间变化，百分含量逐渐增加，各取样点间差异显著，取样末期细小颗粒百分含量最大，显著大于其他处理。

表 6.25　不同栽培时间醋糟基质粒径所占的百分比　　　　　(单位：%)

粒径/mm	3 个月	6 个月	12 个月	18 个月	24 个月	30 个月
3.2~2.5	7.2	7.2	7.9	7.1	7.6	7.2
2.5~2	3.5	4.2	3.4	3.9	2.7	2.1
2~1	58.0	54.7	37.5	24.2	12.1	10.6
1~0.45	15.5	16.5	19.9	22.0	20.6	15.5
0.45~0.3	12.2	11.5	22.2	30.2	41.5	44.2
0.3~0.1	2.4	3.8	5.8	7.7	10.3	13.2
<0.1	1.2	2.1	3.3	4.9	5.2	7.2
结构						
>2mm	10.7c	11.4a	11.3a	11.0a	10.3b	9.3c
0.45mm< 粒径 <2mm	73.5a	71.2b	57.4c	46.2d	32.7e	26.1f
<0.45mm	15.8e	17.4e	31.3d	42.8c	57.0b	64.6a

注：粒径结构划分，粗糙 = 粒径 >2mm；中等 =2mm> 粒径 >0.45mm；细小 = 粒径 <0.45mm。相同小写字母表示处理间不存在显著差异，不同字母表示存在显著差异 ($p < 0.05$)，下同。

1) 细颗粒 (粒径 <0.45mm) 随栽培时间变化的模拟模型

基于试验观测数据,选择直线、双曲线、幂指数、Logistic 等对不同栽培时期基质细小颗粒百分含量与取样时间对应点进行曲线拟合。由拟合结果发现,Logistic 曲线拟合得到的 Rsq 均比其他拟合模型大,其值为 0.977,即拟合效果最好,如图 6.40 所示。

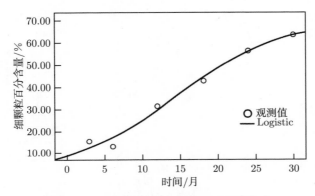

图 6.40 基质细小颗粒随栽培时间动态变化

本试验在取样时间范围内基质细小颗粒随栽培时间变化用 Logistic 曲线表示为

$$y = \frac{1}{\frac{1}{65} + 0.106 \times 0.868^x} \tag{6-8}$$

式中,x 表示基质栽培时间 (月);y 表示基质中细小颗粒的百分含量 (%)。

2) 中等颗粒 (2mm> 粒径 >0.45mm) 随栽培时间变化的模拟模型

根据试验观测数据,对基质中等颗粒百分含量与取样时间对应点进行曲线拟合。由拟合结果发现,Logistic 曲线拟合得到的 Rsq 均比其他拟合模型大,其值为 0.993,即拟合效果最好,如图 6.41 所示。

本试验在取样时间范围内基质中等颗粒随栽培时间变化用 Logistic 曲线表示为

$$y = \frac{1}{\frac{1}{85} + 0.003 \times 1.084^x} \tag{6-9}$$

式中,x 表示基质栽培时间 (月);y 表示基质中细小颗粒的百分含量 (%)。

6.6.2.2 基质容重和孔隙度的动态变化

表 6.26 为醋糟基质随栽培时间变化物理性状变化特征。醋糟基质容重随着栽培时间增加不断增加,容重由最初的 0.12g/cm³ 增加到取样后期的 0.30g/cm³,基

质栽培的前一年基质容重均小于合理的容重范围 $(0.19\sim0.70\text{g/cm}^3)$，随着栽培时间持续，基质容重增加到了合理范围内。醋糟栽培后期基质容重显著高于栽培前期。

随着醋糟基质栽培时间的推进，基质总孔隙度逐渐增加，且总孔隙度都在合理范围内 $(50\%\sim80\%)$，栽培 30 周醋糟基质总孔隙度为 84.3%，显著高于其他取样时间。

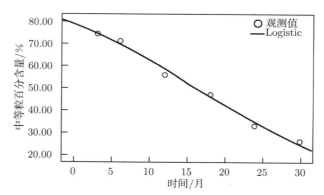

图 6.41　基质中等颗粒随栽培时间动态变化

表 6.26　　不同栽培时间醋糟基质物理性状变化

时间	容重/(g/cm³)	总孔隙度/%	通气孔隙度/%	持水孔隙度/%
3 个月	0.12d	64.1d	30a	34.1f
6 个月	0.13d	72.2c	27.7a	44.5e
12 个月	0.18c	74.3c	18.4b	55.9d
18 个月	0.23b	73.9c	11.4c	62.5c
24 个月	0.29a	76.1b	6.1d	70b
30 个月	0.30a	84.3a	5.2d	79.1a
合理范围	0.19~0.70	50~80	10~30	45~65

醋糟基质持水孔隙度和总孔隙度有相似的变化趋势，即随着取样时间进行，醋糟基质持水孔隙度逐渐增加，由初期的 34.1% 上升到取样后期的 79.1%，不同取样时期醋糟基质间持水孔隙度差异显著。

醋糟基质通气孔隙度随取样时间延长，与总孔隙度、持水孔隙度表现为相反的趋势，由最初的 30% 下降到后期的 5.2%，醋糟基质栽培 18 个月后，基质通气空隙度小于 10%，明显小于合理的基质通气孔隙度范围 $(10\%\sim30\%)$。

1) 醋糟基质容重随栽培时间变化的模拟模型

依据试验观测数据，选择直线，双曲线，幂指数，Logistic 等对不同栽培时期基质容重与取样时间对应点进行曲线拟合。由拟合结果发现，Logistic 曲线拟合得到的 Rsq 均比其他拟合模型大，其值为 0.969，即拟合效果最好，如图 6.42 所示。

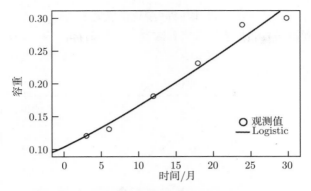

图 6.42 醋糟基质容重随栽培时间动态变化

本试验在取样时间范围内醋糟基质容重随栽培时间变化用 Logistic 曲线表示为

$$y = \frac{1}{1 + 8.3 \times 0.955^x}, \ R^2 = 0.969 \tag{6-10}$$

式中，x 表示基质栽培时间 (月)；y 表示醋糟基质容重 (g/cm^3)。

2) 醋糟基质总孔隙度随栽培时间变化的模拟模型

根据试验观测数据，对基质总孔隙度与取样时间对应点进行曲线拟合。由拟合结果发现，三次多项式曲线拟合得到的 Rsq 均比其他拟合模型大，其值为 0.996，即拟合效果最好，如图 6.43 所示。

本试验在取样时间范围内醋糟基质总孔隙度随栽培时间变化用三次多项式表示为

$$y = 55.3 + 3.89x - 0.247x^2 + 0.005x^3, R^2 = 0.996 \tag{6-11}$$

式中，x 表示基质栽培时间 (月)；y 表示醋糟基质总孔隙度 (%)。

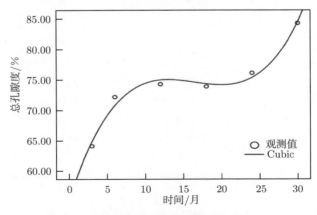

图 6.43 醋糟基质总孔隙度随栽培时间动态变化

3) 醋糟基质通气孔隙度随栽培时间变化的模拟模型

根据试验观测数据,对基质通气孔隙度与取样时间对应点进行曲线拟合。由拟合结果发现,Logistic 拟合得到的 Rsq 均比其他拟合模型大,其值为 0.963,即拟合效果最好,如图 6.44 所示。

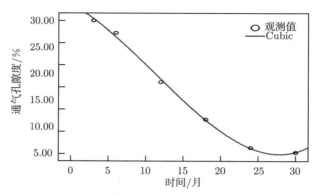

图 6.44　醋糟基质通气孔隙度随栽培时间动态变化

本试验在取样时间范围内醋糟基质通气孔隙度随栽培时间变化用 Logistic 曲线表示为

$$y = \cfrac{1}{\cfrac{1}{35} + 0.004 \times 1.148^x}, R^2 = 0.963 \tag{6-12}$$

式中,x 表示基质栽培时间 (月);y 表示醋糟基质通气孔隙度 (%)。

4) 醋糟基质持水孔隙度随栽培时间变化的模拟模型

根据试验观测数据,对基质持水孔隙度与取样时间对应点进行曲线拟合。由拟合结果发现,Logistic 拟合得到的 Rsq 均比其他拟合模型大,其值为 0.983,即拟合效果最好,如图 6.45 所示。

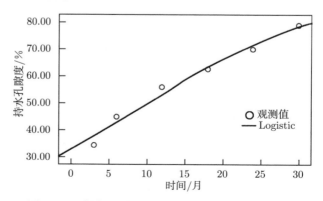

图 6.45　醋糟基质持水孔隙度随栽培时间动态变化

本试验在取样时间范围内醋糟基质通气孔隙度随栽培时间变化用 Logistic 曲线表示为

$$y = \cfrac{1}{\cfrac{1}{95} + 0.021 \times 0.928^x}, R^2 = 0.983 \tag{6-13}$$

6.6.2.3 基质粒径结构与基质物理性状相关性分析

粒径分布是反映栽培基质内部结构最基础的物理性状，粒径大小及其组成的百分含量决定着基质的内部结构和孔隙度，与基质内液体和溶质含量相互作用，同时还影响着基质的紧实度和强度。

表 6.27 为醋糟基质不同粒径颗粒与醋糟基质物理性状相关性矩阵，由表可以看出，醋糟基质容重与细小颗粒的含量有极显著的正相关关系，与中等颗粒的百分含量有极显著的负相关关系，随着基质内细小颗粒百分含量增加和中等颗粒百分含量的减小，基质容重逐渐增大。因此，中小颗粒百分含量决定着基质容重的大小。

表 6.27　醋糟基质物理性状与粒径颗粒的相关性矩阵

		容重	总孔隙度	通气孔隙度	持水孔隙度	粗糙	中等	细小
容重	相关系数	1						
	sig							
总孔隙度	相关系数	0.837	1					
	sig	0.037						
通气孔隙度	相关系数	−0.989**	−0.835	1				
	sig	0.000	0.039					
持水孔隙度	相关系数	0.970**	0.934**	−0.976**	1			
	sig	0.001	0.006	0.001				
粗糙	相关系数	−0.420	−0.075	0.395	−0.285	1		
	sig	0.407	0.888	0.439	0.584			
中等	相关系数	−0.995**	−0.876	0.987**	−0.984**	0.417	1	
	sig	0.000	0.022	0.000	0.000	0.411		
细小	相关系数	0.939**	0.832	−0.984**	0.964**	−0.502	−0.995**	1
	sig	0.000	0.040	0.000	0.002	0.310	0.000	

注：** 表示达到 $a = 0.01$ 显著水平，下同。

醋糟基质总空隙度与基质中等颗粒百分含量显著负相关，与细小颗粒含量显著正相关，随着基质中细小颗粒百分含量的增加，基质总空隙度逐渐增加。

醋糟基质的通气孔隙度与中等颗粒百分含量呈极显著正相关，与细小颗粒百分含量极显著负相关，随基质内中等颗粒百分含量减少，基质通气孔隙度逐渐变小。

醋糟基质持水孔隙度与中等颗粒百分含量呈极显著负相关，与细小颗粒基质呈极显著的正相关，随基质中细小颗粒增加，基质持水力不断增加。

醋糟基质物理性状变化与粗颗粒百分含量相关性较差。

由表 6.27 可以看出，醋糟基质中中等颗粒与细小颗粒的百分含量决定着其基本物理性状，随着中等颗粒百分含量的减少和细小颗粒百分含量的增加，基质容重、总孔隙度和持水空隙度相应增加，而基质通气孔隙度逐渐减小。

6.6.3　基质化学性状的变化

6.6.3.1　栽培过程中醋糟基质全量养分的变化特征

图 6.46 为醋糟基质不同取样时间的全氮、全磷和全钾变化特征。不同取样时间醋糟基质全氮和全磷含量有增加趋势，全钾含量呈降低趋势，全氮含量由最初的 26.05g/kg 上升至 28.95g/kg，全磷含量由最初的 4.2g/kg 上升至 5.2g/kg，全钾含量由最初的 3.14g/kg 下降至 1.46g/kg。

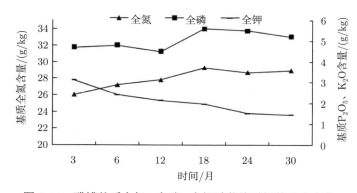

图 6.46　醋糟基质全氮、全磷、全钾随栽培时间的动态变化

6.6.3.2　醋糟基质 EC 和 pH 随栽培时间变化特征

由图 6.47 可以看出，随着醋糟基质栽培时间的增加，醋糟基质 pH 和 EC 呈下降趋势。醋糟基质栽培 12 个月后 pH 由最初的 6.5 下降至 5.0 左右，随后保持在 5.0 左右。醋糟基质的电导率随着栽培时间的推进而不断下降，由最初的 2.3mS/cm 下降至 0.98mS/cm。

6.6.3.3　醋糟基质内有机质含量、有机碳和 C/N 随栽培时间变化特征

表 6.28 为不同栽培时间醋糟基质 OM、TOC 和 C/N 随栽培时间的变化规律，可以看出随着醋糟基质使用时间增加，基质内有机质、有机碳含量均随着栽培时间下降，不同取样间差异显著，有机质含量由最初的 821.8g/kg 下降至 30 个月后的 567.4g/kg，有机质含量下降了 31%，碳氮比由最初的 18.3 下降到最后的 11.4。

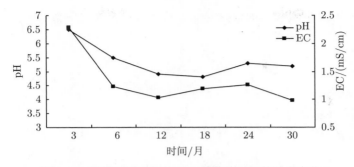

图 6.47 醋糟基质 pH 和 EC 随栽培时间的动态变化

表 6.28 不同栽培时间醋糟基质 OM、TOC 和 C/N 变化

时间	OM/(g/kg)	TOC/(g/kg)	C/N
3 个月	821.8a	477.0a	18.3a
6 个月	776.9b	450.9a	16.6a
12 个月	655.4c	380.4b	13.7b
18 个月	631.4c	366.5c	12.5bc
24 个月	574.3d	333.3d	11.6c
30 个月	567.4d	329.3d	11.4c

1) 有机质含量随栽培时间的模拟模型

图 6.48 为醋糟基质有机质含量随时间的动态变化,可以看出醋糟基质随栽培进程基质中有机质含量呈不断下降趋势。对基质有机质含量与取样时间对应点进行曲线拟合,由拟合结果发现,幂负指数模型拟合得到的 Rsq 均比其他拟合模型大,其值为 0.972,即拟合效果最好。

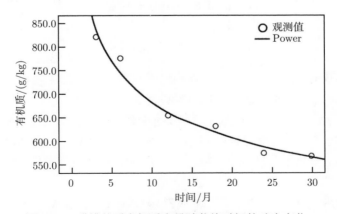

图 6.48 醋糟基质有机质含量随栽培时间的动态变化

本试验在取样时间范围内醋糟基质有机质含量随栽培时间变化用幂负指数曲线表示为

$$y = 1017.6x^{-0.172}, R^2 = 0.972 \tag{6-14}$$

式中，x 表示基质栽培时间 (月)；y 表示醋糟基质有机质含量 (g/kg)。

2) 有机碳含量随栽培时间变化的模拟模型

图 6.49 为醋糟基质总有机碳随时间的动态变化，可以看出醋糟基质随栽培进程，基质中有机质含量呈不断下降趋势。对基质总有机碳含量与取样时间对应点进行曲线拟合。由拟合结果发现，幂负指数模型拟合得到的 Rsq 均比其他拟合模型大，其值为 0.972，即拟合效果最好。

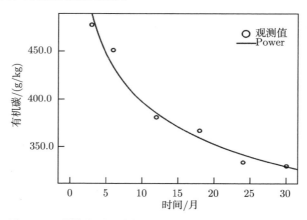

图 6.49　醋糟基质总有机碳含量随栽培时间的动态变化

本试验在取样时间范围内醋糟基质总有机碳含量随栽培时间变化用幂负指数曲线表示为

$$y = 590.7x^{-0.172}, R^2 = 0.972 \tag{6-15}$$

式中，x 表示基质栽培时间 (月)；y 表示醋糟基质总有机碳含量 (g/kg)。

3) C/N 随栽培时间的动态变化模拟模型

图 6.50 为醋糟基质 C/N 随时间的动态变化，可以看出醋糟基质随栽培进程，基质中 C/N 也呈不断下降趋势。对基质 C/N 与取样时间对应点进行曲线拟合。由拟合结果发现，幂负指数模型拟合得到的 Rsq 均比其他拟合模型大，其值为 0.992，即拟合效果最好。

本试验在取样时间范围内醋糟基质内总有机碳含量随栽培时间变化用幂负指数曲线表示为

$$y = 23.8x^{-0.22}, R^2 = 0.992 \tag{6-16}$$

式中，x 表示基质栽培时间 (月)；y 表示醋糟栽培基质 C/N。

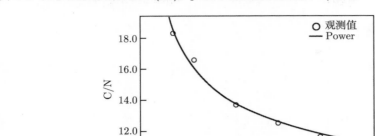

图 6.50 醋糟基质 C/N 随栽培时间的动态变化

6.6.3.4 醋糟基质硝态氮、氨态氮含量随栽培时间变化特征

表 6.29 为醋糟基质栽培过程中硝态氮和氨态氮随栽培时间的变化特征，可以看出，硝态氮含量在栽培前 6 个月迅速下降，随后下降趋势变缓，氨态氮含量随着栽培基质使用时间延长含量逐渐减小，栽培超过 18 个月后，基质中氨态氮浓度小于 10mg/kg。

表 6.29 不同栽培时间醋糟基质内硝态氮和氨态氮变化

时间	硝态氮/(mg/kg)	氨态氮/(mg/kg)
3 个月	1720.4a	353.3a
6 个月	652.4b	86.0b
12 个月	379.7c	48.0c
18 个月	426.3c	35.0d
24 个月	381.9c	7.3e
30 个月	275.5d	4.4e

1) 氨态氮含量随栽培时间的模拟模型

图 6.51 为醋糟基质中氨态氮含量随时间变化趋势图，可以看出随栽培的进行，醋糟基质中氨态氮含量也呈不断下降趋势。对基质氨态氮含量与取样时间对应点进行曲线拟合。由拟合结果发现，幂负指数模型拟合得到的 Rsq 均比其他拟合模型大，其值为 0.919，即拟合效果最好。

本试验在取样时间范围内醋糟基质内硝态氮随栽培时间变化用幂负指数曲线表示为

$$y = 2633.18x^{-1.754}, R^2 = 0.919 \tag{6-17}$$

式中，x 表示基质栽培时间 (月)；y 表示醋糟栽培基质氨态氮含量 (mg/kg)。

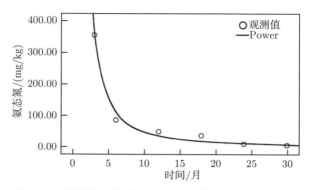

图 6.51　醋糟基质氨态氮含量随栽培时间的动态变化

2) 硝态氮含量随栽培时间的模拟模型

图 6.52 为醋糟基质中硝态氮含量随时间变化趋势图，可以看出醋糟基质随栽培进程，其硝态氮含量也呈不断下降趋势。对基质硝态氮含量与取样时间对应点进行曲线拟合。由拟合结果发现，幂负指数模型拟合得到的 Rsq 均比其他拟合模型大，其值为 0.841，即拟合效果最好。

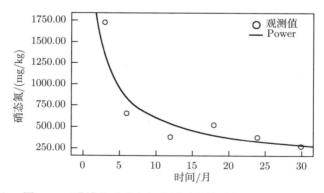

图 6.52　醋糟基质硝态氮含量随栽培时间的动态变化

本试验在取样时间范围内醋糟基质内硝态氮随栽培时间变化用幂负指数曲线表示为

$$y = 2812.89x^{-0.67}, R^2 = 0.841 \qquad (6\text{-}18)$$

式中，x 表示基质栽培时间 (月)；y 表示醋糟栽培基质氨态氮含量 (mg/kg)。

6.6.3.5　醋糟基质金属元素含量随栽培时间变化特征

表 6.30 为不同金属元素含量随栽培时间变化特征，可以看出在基质中，铁、锰、铜、锌、钙、镁等金属元素随栽培进程，其相对含量不断增加。

铁元素与铜元素随栽培进程的进行，基质中其含量不断增加。栽培时间达 12 个月时，其含量显著高于基质栽培初期，栽培 30 个月后其含量最高。

锰、锌元素在栽培 12 个月后，基质中有效含量显著高于初始含量，之后随着栽培时间增加，基质中其含量逐渐增加，但较 12 月时取样基质间差异不显著。

钙元素随着取样进程基质钙含量不断增加，30 个月以后钙含量是初始含量的 4.5 倍，不同取样时间差异显著。

基质栽培 3 个月后，镁元素含量有所下降，随着基质栽培时间增加，基质中镁元素也不断增加。

基质中钠元素含量变化不同于其他元素，基质初始栽培时含量明显高于其他取样时间，随着基质栽培的进程钠含量呈现下降趋势，18 月取样时，基质中钠含量最小，随后呈一定的上升趋势。

基质中铅、铬元素随着栽培进程，其含量也表现出一定量的增加，但不同取样时间基质中含量差异不明显。

因基质中汞、砷、镉等元素测定含量均小于 0.001g/kg，在表 6.30 中未列出。

表 6.30 醋糟基质金属元素含量随栽培时间的变化

时间	Fe/ (g/kg)	Mn/ (g/kg)	Cu/ (g/kg)	Zn/ (g/kg)	Ca/ (g/kg)	Mg/ (g/kg)	Na/ (g/kg)	Pb/ (g/kg)	Cr/ (g/kg)
3 个月	1.059c	0.108b	0.066c	0.258a	4.388d	1.197c	5.000a	0.006	0.011b
6 个月	0.816c	0.136b	0.076c	0.313ab	5.327d	0.880d	1.722cd	0.005b	0.015b
12 个月	1.477b	0.238a	0.104b	0.383ab	12.260c	1.700b	1.742c	0.006b	0.020a
18 个月	1.370b	0.258a	0.105b	0.361ab	11.115c	2.170a	1.559cd	0.025a	0.025a
24 个月	1.665ab	0.238a	0.124ab	0.395a	14.713b	2.000a	1.621cd	0.025a	0.019a
30 个月	1.823a	0.264a	0.138a	0.365a	18.840a	1.647b	1.954b	0.027a	0.029a

6.6.4 基质硝化、反硝化和呼吸能力

表 6.31 为不同栽培时间基质硝化速率、反硝化速率和呼吸速率随栽培时间变化趋势，可以看出醋糟有机基质硝化速率随着基质栽培时间表现出先上升后下降的趋势，说明在基质栽培初期，基质中硝化作用非常迅速。在栽培一茬作物后还有所上升，说明此阶段基质环境条件适宜硝化细菌活动。随着栽培进程醋糟基质硝化速率逐渐减弱，这可能是由于后期基质中氨含量迅速下降，硝化细菌从氨的氧化中获得的能量变少导致的。

通过 baps 技术测定不同栽培时间醋糟有机基质反硝化速率均为零，其可能原因有两方面：由于基质通气性较好，不宜产生嫌气环境；基质中硝化作用转化的硝态氮迅速为栽培作物吸收。

　　土壤微生物的呼吸速率反映土壤微生物总的活性，也是反映土壤肥力的指标。在本试验中可以看出，醋糟有机基质在栽培初期基质呼吸速率很大，随着栽培时间增加，基质呼吸速率迅速下降，在栽培 18 个月后呼吸速率趋于稳定。说明醋糟有机基质栽培初期微生物非常活跃，随着栽培进程有效养分和有机碳的消耗，微生物活动趋于缓和。

表 6.31　醋糟基质硝化、反硝化和呼吸作用栽培时间变化

时间	硝化速率/(μg/(kg·h), N)	反硝化速率/(μg/(kg·h), N)	呼吸速率/(μg/(kg·h), C)
3 个月	765b	—	50810a
6 个月	816a	—	23456b
12 个月	689b	—	8116c
18 个月	669b	—	6640d
24 个月	479c	—	6432d
30 个月	261d	—	5677e

　　1) 硝化速率随栽培时间变化的模拟模型

　　对基质硝化速率与取样时间对应点进行曲线拟合，拟合结果如图 6.53 所示，由拟合结果发现，二次多项式模型拟合得到的 Rsq 均比其他拟合模型大，其值为0.977，即拟合效果最好。

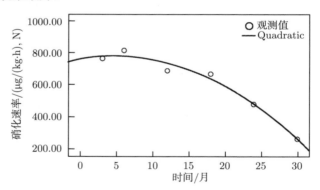

图 6.53　醋糟基质硝化速率随栽培时间的动态变化

　　本试验在取样时间范围内醋糟基质硝化速率随栽培时间变化用二次多项式曲线表示为

$$y = 763.38 + 7.68x - 0.809x^2, R^2 = 0.977 \tag{6-19}$$

式中，y 为醋糟有机基质硝化速率 (μg/(kg·h), N)；x 为醋糟有机基质栽培时间 (月)。

　　2) 呼吸速率随栽培时间变化的模拟模型

　　对基质呼吸速率与取样时间对应点进行曲线拟合，拟合结果如图 6.54 所示，由拟合结果发现，幂负指数模型拟合得到的 Rsq 均比其他拟合模型大，其值为 0.948，

即拟合效果最好。

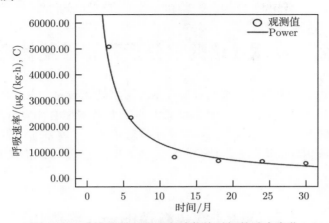

图 6.54   醋糟基质呼吸速率随栽培时间的动态变化

本试验在取样时间范围内醋糟基质呼吸速率随栽培时间变化用幂负指数曲线表示为

$$y = 131698e^{-0.985x}, R^2 = 0.948 \tag{6-20}$$

式中，y 为醋糟有机基质呼吸速率 $(\mu g/(kg \cdot h), C)$；x 为醋糟有机基质栽培时间 (月)。

第7章 基质栽培的水分运移特征及管理技术

醋糟基质由于颗粒粗大，通气孔隙度大，保水性比较差，表层基质容易失水，因此醋糟基质用于园艺植物育苗和栽培以与蛭石和草炭配合作复合基质为宜。同时，该新型基质用于蔬菜育苗也需要探索水分管理模式。本章通过黄瓜穴盘育苗、生菜和黄瓜基质栽培试验，设置了不同的基质含水量处理，以确定醋糟基质合理的水分运筹方案。

7.1 黄瓜基质穴盘育苗的适宜灌溉指标

水分是穴盘苗生长发育过程中重要的生态因子，探明穴盘苗生长发育与水分之间的关系是穴盘苗健康优质生产的前提。大规模的穴盘育苗生产中，穴盘育苗过程中水分灌溉时机及灌溉方式的选择是极其重要的工作。国内外对园艺植物生产中的灌溉指标进行了大量研究，但针对苗期的灌溉指标研究较少，特别是针对穴盘育苗灌溉指标的研究更少。为此本节以前期筛选的醋糟基质为栽培基质，采用基部供水方式，通过设定不同的灌溉下限指标，研究对黄瓜穴盘苗生长及生理指标的影响，最终选出适宜的灌溉下限，为提出醋糟为基质的黄瓜穴盘育苗适宜灌溉指标提供理论依据。

7.1.1 材料和方法

7.1.1.1 试验材料

供试的蔬菜为黄瓜，品种为津优 1 号。

用 50 孔穴盘育苗，育苗基质为醋糟与草炭和蛭石按 2:1:1 混合。

7.1.1.2 试验设计

2009 年 11 月 5 日播种，12 月 5 日结束，苗龄 30d。试验在育苗专用温室进行，气温保持 25℃(昼)/18℃(夜)。

1) 不同的基质含水率对黄瓜穴盘苗发芽率的影响

发芽期设定 4 个不同的基质含水率处理，按照穴盘内基质最大持水量的百分数，分别为：处理Ⅰ—100%，处理Ⅱ—90%，处理Ⅲ—80%，处理Ⅳ—70%。

2) 苗期不同的下限处理对黄瓜穴盘苗生长的影响

待黄瓜两片子叶完全展开时，进行幼苗期不同水分下限处理。

试验设置穴盘内基质的灌水量上限为基质的最大基质持水量，设定 4 个灌水下限，分别为穴盘内基质最大持水量的百分数：处理 I—65%，处理 II—55%，处理 III—45%，处理 IV—35%。

试验采用单因素随机完全区组设计，3 次重复，每个重复为一个穴盘，共 12 个穴盘。穴盘内基质含水量采用称重法进行测定，方法为把穴盘固定于实时称量系统，对穴盘质量变化实时监测，待穴盘质量达到灌水下限时进行灌水。

穴盘达到下限点的质量由公式 $M = r \times v \times \theta f \times q + w_0 + w_i$ 确定。式中，M 为穴盘达到灌水下限时的质量 (g)；r 为基质容重 (g/cm^3)；θf 为田间持水量 (%)；q 为基质水分下限 (%)；w_0 为穴盘质量 (g)；w_i 为穴盘内黄瓜幼苗的质量 (g)；v 为每相邻两次灌水达到上限时的质量差。

7.1.1.3　测定项目及方法

发芽率：发芽期间，逐日记载发芽粒数，第 4 天记录发芽势，第 6 天测发芽率，同时计算发芽势、发芽率。计算公式如下：

发芽势 (%)=(第 4 天内正常发芽的种子数/供试种子总数)×100%

发芽率 (%)=(第 6 天内正常发芽的种子数/供试种子总数)×100%

12 月 5 日选取各处理长势一致的植株，每处理 3 株，测定各项指标。

测定的生长指标有：植株地上部和地下部的鲜质量和干质量，穴盘苗主根长度。

测定的生理指标有：

(1) 光合作用速率测定

用 LI-6400 光合仪于 12 月 5 日上午 9~11 时，测定穴盘苗第 1 片真叶净光合速率 (P_n)、气孔导度 (G_s)、胞间 CO_2 浓度 (C_i)、蒸腾速率 (T_r) 等，重复 3 次，计算气孔限制值 (L_s)=1-C_i/C_0(C_0 为大气 CO_2 浓度)，水分利用效率 (WUE)=P_n/T_r，设定叶室工作参数：光照强度 1000μmol/(m^2·s)。

(2) 叶绿素荧光测定

采用德国 Heinz Walz GmbH 公司生产的 IMAGING-PAM Mini 型调制式荧光仪进行测定，采用 IMAGING-PAM 软件——Imaging Win 进行叶绿素荧光的各项参数的测定和计算。测量步骤：首先将待测植株暗适应 20min。打开仪器测定初始荧光 (F_0)，最大荧光 (F_m)，则可变荧光 (F_v)=F_m-F_0，计算 PS II 最大光化学量子产量 (F_v/F_m)，然后在 Kinetics 窗口下测定叶片的叶绿素荧光动力学曲线，测定各荧光参数，光化学猝灭系数 (qP)，非光化学猝灭系数 (NPQ)，计算 PS II 实际光化学量子产量 Y(II)，调节性能量耗散的量子产量 Y(NPQ)，非调节性能量耗散量子产量 Y(NO) 等[75]。各处理测定 3 株。

(3) 其他生理指标及测定

叶绿素含量，用 CCM-200 叶绿素仪；根系活力，用亚甲蓝法；叶片可溶性蛋白，用考马斯亮蓝 G250 染色法；可溶性糖，用蒽酮比色法[76]。

采用 Microsoft Excel 2003 和 SPSS 13.0 进行数据处理和统计分析。

7.1.2   基质的不同水分处理对穴盘苗发芽率和发芽势的影响

由图 7.1 可以看出，基质含水率由 70% 提高到 100% 时，黄瓜穴盘苗的发芽率表现出一个先逐步上升后陡然下降的过程，发芽率随含水率的增加而加大，在基质含水率为饱和含水率的 90% 时达到最大，发芽率为 96%，当基质含水率达到 100% 时，发芽率最小只有 88%。不同基质含水率处理对穴盘苗的发芽势的影响则表现出不同的趋势，在 70% 时发芽势最小，随基质含水率的增加发芽势也增大，在 80% 与 90% 处理下发芽势最大，达到 92%，但当基质达到饱和含水率时黄瓜穴盘苗的发芽势也大幅下降。

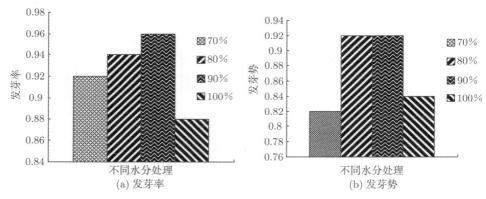

图 7.1   基质水分处理对黄瓜穴盘苗发芽的影响

从不同的水分处理对黄瓜穴盘苗的发芽率和发芽势的影响可以看出，在基质含水率为饱和含水率的 80%～90% 范围内时，黄瓜穴盘苗的发芽率、发芽势最大，说明在此含水率下基质气液比合适，种子发芽率高，发芽整齐。

7.1.3   不同灌溉下限处理对黄瓜穴盘苗叶片光合与蒸腾作用的影响

7.1.3.1   光合速率的变化

光合速率的大小与作物的水分状况密切相关，土壤水分亏缺时光合速率的降低并非由于水分供应不足，而是由于水分亏缺引起气孔或非气孔因素的限制。然而，水分过多也不利于光合作用的进行，土壤水分过多、通气不良不仅会妨碍根系活动，间接影响光合作用，而且当叶肉细胞处于低渗状态，也会使光合速率和量子效率下降[77]。

表 7.1 为不同灌溉下限处理下黄瓜穴盘苗在上午十时左右的最大光合作用，结果表明不同的处理对黄瓜穴盘苗的光合作用影响极其显著 ($F = 137$, $p < 0.01$)，其净光合速率随灌水下限的下降表现为一个先上升后下降的过程，在下限处理为 35% 时净光合速率达到最小，处理为 45% 时净光合速率最大，55% 时次之，各处理间都达到显著性水平 ($p < 0.05$)。可见过高的下限处理 (65%) 与过低的下限 (35%) 都抑制了穴盘苗的光合能力，这与前人的研究结果相一致[78,79]。

表 7.1　不同下限处理对穴盘苗光合速率的影响

不同处理	平均值/$(\mu mol/(m^2 \cdot s), CO_2)$	5%显著水平
65%	21.53±0.23	c
55%	22.16±0.31	b
45%	23.04±0.26	a
35%	14.62±0.26	d

7.1.3.2　气孔导度和胞间 CO_2 浓度的变化

植株叶片的气孔导度是指示遭受水分和光热胁迫的敏感因子，也是植株自我调节的一种生理机制。如图 7.2 所示，可以看出随灌溉下限的下降，黄瓜穴盘苗的气孔导度 (G_s)、胞间 CO_2 浓度 (C_i) 表现出相似的趋势，即随灌水下限的下降表现为一个先上升后下降的过程，各处理间差异显著，与各处理的净光合速率表现相一致。这可能是受基质的水分含量影响，在 65% 下限处理下基质中水分过多，阻碍根基间的气体交换，而在 35% 的下限处理下由于此时基质内水分含量过低，造成黄瓜穴盘苗植株干旱胁迫，导致叶片气孔导度的下降及胞间 CO_2 浓度的下降。

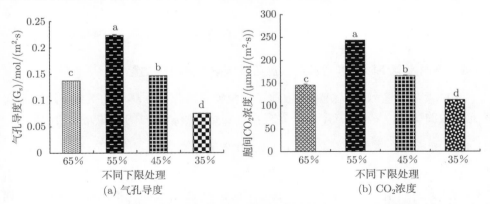

图 7.2　不同下限处理对穴盘苗叶片气孔导度及胞间 CO_2 浓度的影响

7.1.3.3　蒸腾速率和蒸腾效率的变化

蒸腾作用既受外界因子的影响，又受植物体内部结构和生理状况的调节；基质水分是影响蒸腾作用的主要的外界条件，叶片气孔导度对土壤水分的变化非常敏感，气孔导度的变化进而影响蒸腾速率的变化。由图 7.3 可以看出随灌水下限的下降，各处理的蒸腾速率表现为一个先上升后下降的过程，蒸腾速率有明显的差异，这与气孔导度 (G_s) 对不同下限处理的表现相一致。

水分利用效率是植物光合、蒸腾特性的综合反映，由净光合速率和蒸腾速率的比值求得。由图 7.3 还可以看出不同水分下限处理的蒸腾效率表现出一个先下降后上升的过程，各处理间差异显著。在 65% 处理下的水分利用效率较高，这可能是在此下限处理下，叶片与根系间的水势较小，蒸腾水平较低，致使水分利用效率高。而在 55% 和 45% 下限处理下由于其蒸腾效率高，使其水分利用效率低，而在 35% 下限处理下水分利用效率最高，这是由于蒸腾耗水对气孔的依赖程度大于光合，在土壤水分胁迫下蒸腾速率下降幅度高于净光合速率。

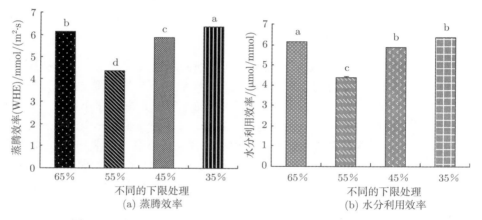

图 7.3　不同下限处理对穴盘苗叶片蒸腾速率及蒸腾效率的影响

7.1.4　不同灌溉下限处理对黄瓜穴盘苗叶绿素荧光特性的影响

叶绿素荧光检测可以快速灵敏地了解植物光合作用与环境的关系，通过不同荧光参数的变化，揭示植物应对外界变化特别是环境胁迫时的内在光能利用机制。

7.1.4.1　黄瓜穴盘苗叶片 F_v/F_m、qP 及 NPQ 的变化

叶绿素荧光被称为是植物光合作用的探针，而荧光参数中的 F_v/F_m 则代表 PSⅡ光系统中光化学效率的变化，其值越高说明 PSⅡ发生光抑制程度越低。植物长期在干旱条件下其光合作用会受阻，而这也会在荧光参数中的 F_v/F_m 中得到反映[80]。

表 7.2 表明了不同基质水分处理下黄瓜穴盘苗叶绿素荧光参数 F_v/F_m 的变化情况。由表 7.2 可以看出，不同水分下限处理对黄瓜穴盘苗叶片的光合效率产生显

著性影响, 从最大量子产量 (F_v/F_m) 来看, 在 35% 下限处理的荧光产量最小, 显著低于其他处理, 表明 35% 下限处理时黄瓜穴盘苗遭受干旱胁迫, 在干旱胁迫下其 PSII 反应中心的原初光能转换效率受到抑制。

表 7.2　不同下限处理对黄瓜穴盘苗 F_v/F_m 的影响

不同下限处理	F_v/F_m	5% 显著水平
65%	0.747±0.006b	b
55%	0.752±0.002a	a
45%	0.748±0.004ab	ab
35%	0.714±0.002c	c

光化学猝灭: 以光化学系数 $qP=(F_m-F_s)/(F_m-F_0)$ 表示 (F_s 为稳态荧光), 反映 PSII 天线色素吸收的光能用于光化学电子传递的份额, 要保持较高的光化学猝灭就是要使 PSII 反应中心处于 “开放” 状态, 所以光化学猝灭又在一定程度上反映 PSII 反应中心的开放程度[81]。qP 越大, QA$^-$ 重新氧化形成 QA 的量越大, 即 PSII 的电子传递活性越大。

从图 7.4 可以看出不同水分下限处理下光化学猝灭系数 (qP) 随灌溉下限水平的降低, 黄瓜叶片的光合活性表现为一个先上升再下降的过程, 其中 45% 下限处理的穴盘苗叶片光合活性最高, 各处理间差异显著, 表明较高或较低的水分下限对 PSII 的电子传递活性有明显的抑制作用。

NPQ 反映的是 PSII 天线色素吸收的不能用于光合电子传递而以热的形式耗散掉的光能部分, 它是一种自我保护机制, 对光合机构具有一定的保护作用[75]。从不同下限处理的非化学猝灭系数 (NPQ) 来看, 65% 下限处理最高, 极显著高于其他处理, 35% 次之, 各处理间存在显著性差异, 表明较高的 (65%) 或者较低的 (35%) 水分下限处理, 吸收的光能中以热耗散的形式散失的比例显著增加。

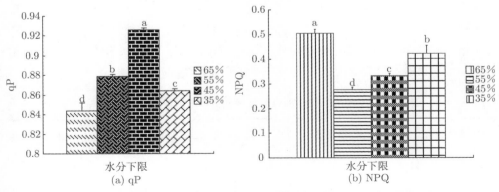

图 7.4　不同下限处理对穴盘苗叶片光化学猝灭系数及非化学猝灭系数的影响

7.1.4.2　不同水分下限处理对黄瓜穴盘苗光系统能量分配的影响

由表 7.3 可以看出,不同水分下限处理对黄瓜穴盘苗光系统能量分配产生显著性影响。从不同下限处理对黄瓜穴盘苗 PSⅡ实际量子产量 Y(Ⅱ) 来看,45% 下限处理的实际光量子产量最高,55% 的次之,显著高于下限为 65% 及 35% 的处理,说明 45%、55% 下限处理有利于 PSⅡ实际量子产量的提高,较高的 (65%) 或者较低的 (35%) 水分下限处理对 PSⅡ实际量子产量有抑制作用。

表 7.3　不同下限处理对黄瓜穴盘苗光系统能量分配的影响

不同下限处理	Y(Ⅱ)	Y(NPQ)	Y(NO)
35%	0.577c	0.146a	0.276b
45%	0.631a	0.112b	0.259c
55%	0.617b	0.097c	0.282a
65%	0.599c	0.142a	0.259c

从不同下限处理对黄瓜穴盘苗调节性能量耗散的量子产量 Y(NPQ) 来看,较高的 (65%) 或者较低的 (35%) 水分下限处理显著高于 55% 与 45% 的下限处理,表明较高或较低的水分下限处理下吸收的光能用于热耗散能量比例上升。

从不同下限处理对黄瓜非调节性能量耗散的量子产量 Y(NO) 来看,55% 下限处理与 35% 下限处理显著高 65% 及 45% 的处理,表明其光能不能用于光系统能量转化的比例显著高于其他两个处理。

7.1.5　不同灌溉下限处理对其他生理指标的影响

7.1.5.1　对可溶性糖及可溶性蛋白的影响

可溶性糖的积累在细胞的渗透调节中具有双重作用,一方面可以降低细胞的渗透势以维持细胞的膨压防止细胞内大量的被动脱水,另一方面可溶性糖的过量积累通常会对光合作用产生反馈抑制[82]。由表 7.4 可以看出随灌溉下限的下降,叶片可溶性糖逐步积累,且各处理间差异显著,水分下限为 35% 的处理积累的可溶性糖最多,表明干旱胁迫使叶片中的可溶性糖含量增加。

表 7.4　不同的下限处理对黄瓜穴盘苗可溶性糖及蛋白的影响

不同下限处理/%	可溶性糖/%	可溶性蛋白/(μg/g)
6	0.033±0.002d	113.970±1.242b
55	0.056±0.002c	115.460±0.341a
45	0.065±0.003b	115.037±0.418ab
35	0.088±0.003a	115.987±0.527a

可溶性蛋白与植物细胞的渗透调节有关,高含量的可溶性蛋白可使细胞维持较低的渗透势抵抗水分胁迫带来的伤害[83],可溶性蛋白被认为是一种与抗性相关的物质,逆境条件下含量增加可以直接作为一种渗透调节物质。由表 7.4 可以出黄瓜穴盘苗叶片可溶性蛋白含量随灌水下限的下降呈上升趋势,35% 下限处理含量最高,说明在此下限处理下黄瓜穴盘苗受到干旱胁迫导致叶片内可溶性蛋白的增加。

7.1.5.2　对根系活力的影响

根系活力是根系的吸收能力、合成能力、氧化能力和还原能力的综合体现,反映根系的生长发育状况,是根系生命力的综合指标,能够从本质上反映苗木根系生长与土壤水分及其环境之间的动态关系。

在本试验中,根系的活跃吸收面积以 55% 处理最高,显著高于其他处理,45% 下限的处理的活跃吸收比显著高于其他处理,其次为 55% 的处理,但较 65%、35% 的处理也显著提高。这说明过高或者过低的水分下限处理都不利于根系的生长及对矿物营养的吸收,进而影响穴盘苗的生长,在下限处理为 45% 和 55% 条件下,黄瓜穴盘苗的吸收面积,活跃吸收面积都最大,表明此水分处理下有利于黄瓜穴盘苗根系的扩展和对矿物质的吸收,有利于整个穴盘苗植株的生长 (表 7.5)。

表 7.5　不同的下限处理对黄瓜穴盘苗根系活力的影响

不同下限处理/%	总吸收面积/m^2	活跃吸收面积/m^2	活跃吸收比
65	0.798±0.002b	0.324±0.005c	0.407±0.006d
55	0.926±0.009a	0.489±0.004a	0.529±0.002b
45	0.733±0.007c	0.413±0.005b	0.564±0.001a
35	0.712±0.012d	0.310±0.004d	0.435±0.002c

7.1.6　不同灌溉下限处理对黄瓜穴盘苗生长指标的影响

7.1.6.1　对干物质积累的影响

植物的干物质积累量是植物光合作用等生理指标的最终体现,也是穴盘苗质量的重要指标。

不同的水分下限处理显著影响黄瓜穴盘苗的地上部干重 (F= 4.64, $p < 0.05$) 和地下部干重 (F= 9.64, $p < 0.05$)。由图 7.5 可以看出不同的灌溉下限处理对黄瓜随灌水下限的下降,黄瓜穴盘苗的地上部和地下部干物质积累表现出一个先上升后下降的过程,在灌水下限为 45% 时黄瓜穴盘苗的地上部干物质积累达到最大,较高或者较低的水分下限处理下其干物质积累量减少,在灌水下限为 35% 时干物质积累量最少。

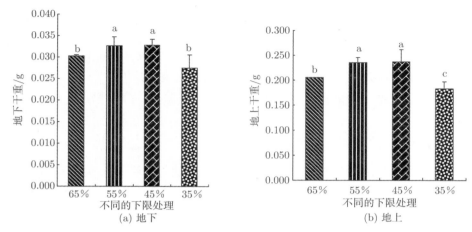

图 7.5　不同的水分下限处理对干重的影响

7.1.6.2　对主根长的影响

穴盘苗的主根长是衡量穴盘苗质量的一个重要指标，是反映穴盘苗根系吸收能力及穴盘苗根托是否紧密的指标。由表 7.6 中可以看出不同下限处理的黄瓜主根长度存在显著性差异，以 55% 下限处理的根系最长，显著长于其他处理，表明此水分下限处理有利于根系的气体交换及营养吸收，可以促进根系的生长，水分下限 65% 的处理根系生长最短，显著低于其他处理，这可能是由于水分过多，导致根系呼吸受限，阻碍根系的生长。

表 7.6　不同下限处理对黄瓜穴盘苗主根长的影响

不同下限处理/%	主根长/cm
65	84.06±1.04d
55	122.94±1.57a
45	109.17±5.38b
35	102.26±2.96c

综合以上各项生理指标和生长指标的测定结果，黄瓜穴盘育苗生产中，灌水下限设定在 45%~55% 范围内较为适宜。

7.2　黄瓜基质栽培中适宜的含水量指标研究

在黄瓜基质穴盘育苗水分试验的基础上，以饱和含水量百分数为指标，进行了黄瓜基质栽培中适宜含水量的试验研究，为基质栽培的水分管理技术提供依据。

7.2.1　材料和方法

试验在江苏大学 Venlo 型温室中进行，供试品种为荷兰水果黄瓜碧玉 2 号。

7.2.1.1　试验设计

试验采用裂区设计，以基质 (A 因素) 为主处理，设纯醋糟基质 (A1)、醋糟加草炭加蛭石按体积比 6:1:1 混合的复配基质 (A2) 共 2 个水平 (表 7.7)；水分 (B 因素) 为副处理，设以下 4 个水平，基质饱和含水量的百分数分别为：B1(40%～55%)，B2(55%～70%)，B3(70%～85%)，B4(85%～100%)。

表 7.7　不同基质的成分配比及理化性状

基质	醋糟/%:草炭/%:蛭石/%	容重	总孔隙度/%	气体孔隙度/%	持水量/%
A1	100:0:0	0.14	80	35	45
A2	75:12.5:12.5	0.16	81.5	29.5	53

试验共 8 个处理，每个处理重复 3 次，每个重复 10 株，小区随机排列。每天使用水分传感器测定基质含水量，当水分接近处理水分的范围下限时进行灌溉。

试验共进行了春秋两茬。试验 1 于 4 月 12 日播种，4 月 22 日移栽；试验 2 于 8 月 23 日播种，8 月 31 日移栽，种植密度为 3.89 株/m²。

7.2.1.2　水分测定方法

使用德国 IMKO 公司生产的 TRIME-HD 便携式剖面水分速测仪测定基质水分含量。此仪器主要用于土壤水分的测定，因此使用前用烘干法对其进行标定，先用 TDR 测定基质的含水量，再用烘干法测定基质的含水量，以此做出标准曲线。本试验基质的标准曲线见图 7.6，TDR 值和基质水分百分含量的关系为

$$y = 0.5533x - 18.333, \quad R^2 = 0.9769 \tag{7-1}$$

式中，x 为基质水分百分含量；y 为 TDR 值。

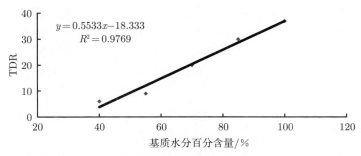

图 7.6　标准曲线 (纯醋糟 + 草炭 + 蛭石以 6:1:1 混合)

7.2.1.3　黄瓜生长和生理性状测定

处理后每周测定植株叶片数、株高、茎粗、叶长、叶宽，定期测定植株地上、地下部干鲜重。干物质量采用烘干法测定，叶绿素含量采用 SPAD-502 手持叶绿素测定仪 (日本美能达公司) 测定；维生素 C 采用 2, 6-二氯酚靛酚滴定法测定；硝酸盐采用水杨酸硝化法；可溶性蛋白和可溶性糖测定方法同 7.1.1 节。

叶绿素荧光测定时间为 5 月 26 日和 11 月 1 日，叶位为第 13 片；光合作用相关参数测定时间为 5 月 24 日早 9 点至 11 点，叶位为第 5 片。测定方法同 7.1.1 节。

每次采收果实时记录果实重量。

7.2.2　不同基质含水量对黄瓜水分利用率的影响

根据每次采收果实时记录的果实重量、灌溉量，计算得到单株产量、果实含水量、单株干物质量、单株灌溉量，见表 7.8。

表 7.8　不同基质含水量对黄瓜生长的影响

基质	基质含水量	单株产量/g	果实含水量/%	单株干物质量/g	单株灌溉量/L
A1(纯醋糟)	B1(40%～55%)	829a	94.27a±0.96	74.5a±4.9	9.14a
	B2(55%～70%)	1615bc	95.16bc±4.82	128.1bc±7.59	17.04b
	B3(70%～85%)	1910c	95.27c±5.12	126.3b±7.74	26.42d
	B4(85%～100%)	1933c	96.03d±6.39	131.6c±8.77	38.06f
A2(醋糟复配)	B1(40%～55%)	1509b	93.47a±1.23	121.2c±9.96	11.45a
	B2(55%～70%)	2161d	94.77b±9.12	155.1d±6.39	17.01b
	B3(70%～85%)	2275de	95.01bc±4.32	159.8d±4.39	20.91c
	B4(85%～100%)	2607e	96.51d±4.65	132.3c±1.27	31.73e

注：不同小写字母 a、b、c 等表示 5% 显著差异性。下同。

不同基质含水量对黄瓜产量影响是不同的，从表 7.8 可以看出，在相同含水量下，混合基质 A2 的黄瓜单株产量显著高于纯醋糟 A1 处理，说明加入蛭石和草炭的醋糟基质比纯醋糟基质更利于黄瓜产量的提高。虽然两种基质不同，但随着含水量的增加黄瓜单株产量都有增加的趋势，说明增加灌水量可以改善纯醋糟基质保水性差的劣势，但混合基质在含水量为 B2(55%～70%) 时单株产量就已显著高于纯醋糟栽培的最高单株产量，可见在纯醋糟中加入其他基质比纯醋糟栽培时提高灌溉量更有效。基质含水量最低的两个处理产量显著低于其他处理，这是因为这两个处理已经发生干旱胁迫。

比较不同基质含水量处理的果实含水量发现，两种基质在含水量相同时，果实的含水量之间并无显著差异。使用两种基质栽培黄瓜，黄瓜果实的含水量随着含水量的增加而显著增加，果实含水量最大的处理为 A2B4，最低处理为 A2B1，其果实含水量为最高处理的 96.8%。

在同一含水量下，除了含水量为 B4(85%~100%) 时，两种基质的单株干物质量无显著差异外，复配基质 A2 单株干物质量显著高于纯醋糟基质 A1。在使用纯醋糟栽培黄瓜时，单株干物质量随着含水量的上升而显著增加，最高处理为 B4，其单株干物质量为最低处理 B1 的 1.76 倍，可见含水量为 B1(40%~55%) 的处理严重抑制了黄瓜干物质的积累；使用醋糟加草炭加蛭石为栽培基质时，单株干物质量随着含水量的上升出现先上升后下降的趋势，B2(55%~70%) 和 B3(70%~85%) 含水量处理显著高于其他两个含水量处理，B3(70%~85%) 含水量处理的单株干物质量最高，达 159.8g。

显而易见，单株灌溉量必定随着含水量的增加而增加，对比两种基质处理，在 B1(40%~55%) 和 B2(55%~70%) 含水量处理下，两种基质单株灌溉量无显著差异，在 B3(70%~85%) 和 B4(85%~100%) 含水量处理下，纯醋糟单株灌溉量显著高于混合基质，这是因为纯醋糟保水性差，在灌溉时达到指定的含水量需要更多的灌水。

表 7.9 不同基质含水量对黄瓜水分利用率的影响

基质	基质含水量	水分利用率/(kg/m³)	处理日期到结果期的天数
A1(纯醋糟)	B1(40%~55%)	8.157c±0.43	15
	B2(55%~70%)	7.512d±0.69	16
	B3(70%~85%)	4.783e±0.41	17
	B4(85%~100%)	3.458f±0.089	17
A2(醋糟复配)	B1(40%~55%)	10.585a±0.099	15
	B2(55%~70%)	9.123b±1.22	16
	B3(70%~85%)	7.639d±1.39	17
	B4(85%~100%)	4.170ef±0.44	17

水分利用率是指作物消耗单位水量生产出的同化量，通过单株干物质量和单株灌溉量可以得到水分利用率[84]，根据表 7.9 数据，进一步分析得到不同基质含水量处理的水分利用效率。从表中可以看出相同含水量水平下，混合基质 A2 的水分利用率显著高于纯醋糟基质 A1。比较同一基质，随着基质含水量的增加，水分利用率显著下降，水分利用率最高处理为 A2B1 处理，最低处理为 A1B4，两者相差 3.06 倍，但是 B1 处理植株已发生干旱胁迫，结果中有大量畸形果。

从处理日期到结果期的天数来看，基质含水量较低的处理高于基质含水量高的处理，这是因为基质含水量的降低使黄瓜植株提前进入生殖生长，导致结果时间提前。

结合产量、水分利用率等进行综合分析，得出结论，A2B3 处理为栽培黄瓜的最优处理。

7.2.3　不同基质含水量对黄瓜光合特性的影响

7.2.3.1　光合速率和叶绿素含量的变化

由表 7.10 可以看出，除含水量为 B3(70%~85%) 时，两种基质处理的叶片光合速率没有显著差异外，其他同一含水量下，混合基质 A2 处理的叶片光合速率均显著高于纯醋糟 A1 处理，光合速率越大产生的干物质的量就越多，这也是 A2 处理的植株干物质量显著大于 A1 处理的原因。使用纯醋糟栽培黄瓜时，光合速率最高的处理为 B3(70%~85%) 含水量处理，使用混合基质栽培黄瓜时，光合速率最高的处理为 B4(85%~100%) 含水量处理，两种基质在含水量为 B1(40%~55%) 时，光合速率都显著小于同一基质下的其他含水量处理，表明随着基质含水量的减少，黄瓜叶片光合速率显著降低。

叶绿素含量的多少反映植株的生长状况，是测试基质养分的供应能力的一个重要指标，从表中可以看出，在含水量为 B1(40%~55%) 和 B2(55%~70%) 时，A1 处理的叶绿素含量显著高于 A2 处理，B3(70%~85%) 和 B4(85%~100%) 时，两种基质处理的叶绿素含量差异不显著。使用两种基质栽培黄瓜，随着基质含水量的升高，叶绿素含量逐渐降低，对于一般叶菜类植物，基质含水量增加会导致叶片叶绿素含量的增加。而本实验中，随着基质含水量的升高，叶绿素含量出现逐渐降低的趋势，这可能是因为，基质含水量过低，导致黄瓜叶片含水量降低，使叶绿素的相对含量升高。

表 7.10　不同基质含水量对黄瓜光合速率的影响

基质	基质含水量	光合速率/(μmol/(m²·s))	叶绿素含量相对值
	B1(40%~55%)	7.677a±0.36	44.52a±1.35
A1(纯醋糟)	B2(55%~70%)	17.93b±0.74	43.56b±1.66
	B3(70%~85%)	22.92cd±0.46	40.65d±1.96
	B4(85%~100%)	19.05c±0.99	39.78de±2.36
	B1(40%~55%)	16.07b±0.38	42.27c±0.71
A2(醋糟复配)	B2(55%~70%)	20.55cd±0.36	42.14c±1.39
	B3(70%~85%)	22.25cd±0.78	39.52de±2.1
	B4(85%~100%)	25.88d±0.41	35.53e±2.2

7.2.3.2　气孔导度和蒸腾速率的变化

由表 7.11 可以看出，在相同含水量下，A2 处理叶片气孔导度显著高于 A1 处理。在相同基质条件下，随着基质含水量的增加，气孔导度逐渐增加。比较不同基质和含水量的 12 个处理，A2B4 处理的叶片气孔导度最大，A1B1 处理最小，两者相差 7 倍之多。

基质水分是影响蒸腾作用的主要的外界条件，由试验得到数据可以看出，含水量为 B1(40%~55%) 和 B4(85%~100%) 时，A2 处理的叶片气孔导度显著高于 A1 处理，含水量 B2(55%~70%) 和 B3(70%~85%) 时，两种基质的叶片气孔导度无显著差异。比较相同基质不同含水量发现，蒸腾速率随基质含水量的降低而逐渐降低，含水量为 B1(40%~55%) 时，叶片气孔导度显著低于相同基质栽培下的其他含水量处理。这是因为在水分含量较少的情况下，黄瓜叶片通过适当控制气孔的开放程度和降低蒸腾速率来协调碳同化和水分消耗之间的关系，从而使黄瓜叶片在损失水分较少的条件下获取最多的 CO_2。本实验表明，在基质含水量较低的情况下，黄瓜叶片光合速率显著下降，同时气孔导度和蒸腾速率降低以达到自我保护的目的。

表 7.11 不同基质含水量对叶片气孔导度和蒸腾速率的影响

基质	基质含水量	气孔导度/(mol/(m²·s))	蒸腾速率/(mmol/(m²·s))
A1(纯醋糟)	B1(40%~55%)	0.020a±0.008	1.26a±0.071
	B2(55%~70%)	0.119b±0.007	5.62c±0.014
	B3(70%~85%)	0.125bc±0.007	5.92c±0.049
	B4(85%~100%)	0.134c±0.001	6.19c±0.015
A2(醋糟复配)	B1(40%~55%)	0.071b±0.009	3.84b±0.075
	B2(55%~70%)	0.132c±0.004	6.15cd±0.072
	B3(70%~85%)	0.130c±0.006	6.05c±0.096
	B4(85%~100%)	0.144d±0.004	6.82d±1.12

7.2.4 不同基质含水量对黄瓜荧光特性的影响

叶绿素荧光猝灭分为光化学猝灭 qP 和非光化学猝灭 qN。其中 qP 反映的是 PSⅡ 天线色素吸收的光能用于光化学电子传递的份额，光化学猝灭系数 qP 越大，光合活性越大，即 PSⅡ 的电子传递活性愈大。qN 是指由非辐射能量耗散等引起的荧光猝灭，反映的是植物耗散过剩光能为热能的能力，非光化学猝灭对光合机构起一定的保护作用[85]。表 7.12 的结果显示，随着含水量的增加，两种基质的 qP 大小呈现交替上升的现象，规律性不强。而在相同基质条件下，随着含水量的增加，qP 呈现先上升后下降的趋势。使用纯醋糟基质栽培时，B2(55%~70%) 处理的 qP 最大；使用混合基质栽培时，B3(70%~85%) 处理 qP 最大。综合不同含水量和基质的 8 个处理，A1B1 处理的 qP 显著低于其他处理，表明基质含水量显著影响黄瓜叶片中 PSⅡ 氧化侧与 PSⅡ 反应中心之间的电子流动，基质含水量降低对 PSⅡ 的电子传递活性有明显的抑制作用，这个处理已受到严重水分胁迫。

表 7.12　　不同基质含水量对黄瓜荧光特性的影响

基质	基质含水量	qP	qN
A1(纯醋糟)	B1(40%~55%)	0.137a±0.006	0.665a±0.007
	B2(55%~70%)	0.590d±0.001	0.497cd±0.004
	B3(70%~85%)	0.470c±0.004	0.513c±0.006
	B4(85%~100%)	0.479c±0.02	0.505c±0.003
A2(醋糟复配)	B1(40%~55%)	0.425b±0.004	0.572b±0.01
	B2(55%~70%)	0.532d±0.01	0.508c±0.004
	B3(70%~85%)	0.543d±0.007	0.495d±0.012
	B4(85%~100%)	0.492cd±0.009	0.469d±0.007

从表中可以看出，除含水量处理为 B2(55%~70%) 时，A1 处理和 A2 处理的 qN 无显著差异外，其他含水量处理下，A1 处理的 qN 显著高于 A2 处理。比较相同基质下不同含水量的 qN 发现，使用纯醋糟栽培时，B1(40%~55%) 处理的 qN 显著高于其他处理，其他处理间无显著差异；使用醋糟复配基质栽培时，随着含水量的增加，qN 显著下降。基质含水量过低导致 qN 的升高，说明黄瓜叶片通过耗散多余能量以保护光合机构的能力增强。

7.2.5　不同基质含水量对黄瓜品质的影响

水果黄瓜是一种非常优良的鲜食品种，它的品质的高低直接影响着菜农的收入和居民的生活质量与健康。本试验对黄瓜可溶性蛋白、可溶性糖、维生素 C、硝酸盐几个品质指标进行测定，旨在探讨水分对黄瓜品质的影响，结果见表 7.13。

表 7.13　　不同基质含水量对黄瓜品质的影响

基质	基质含水量	硝酸盐含量 /(mg/kg)	可溶性蛋白 /(mg/g)	维生素 C 含量 /(mg/g)	可溶性糖 /(mg/g)
A1(纯醋糟)	B1(40%~55%)	1172b±42	0.765d±0.005	1.611a±0.012	31.3a±0.45
	B2(55%~70%)	553d±12	0.913b±0.015	1.343c±0.041	30.7a±0.24
	B3(70%~85%)	597d±18	0.814c±0.004	1.355c±0.014	26.8bc±1.31
	B4(85%~100%)	497de±36	0.833c±0.009	1.208d±0.007	20.1c±0.25
A2(醋糟复配)	B1(40%~55%)	1600a±46	0.838bc±0.007	1.457b±0.017	30.1a±0.92
	B2(55%~70%)	945c±14	0.939ab±0.003	1.227de±0.028	24.9bc±0.82
	B3(70%~85%)	577d±35	0.990a±0.007	1.147e±0.022	18.4d±0.77
	B4(85%~100%)	406e±29	0.968a±0.012	1.142e±0.021	16.4d±0.93

降低硝酸盐的含量是提高设施栽培蔬菜品质的重要目标之一。由表可以看出，含水量为 B1(40%~55%) 和 B2(55%~70%) 时，纯醋糟处理 A1 的果实硝酸盐含量显著低于混合基质 A2 处理，含水量为 B3(70%~85%) 和 B4(85%~100%) 时，

两种基质的果实硝酸盐含量无显著差异。比较相同基质不同含水量的硝酸盐含量，随着灌溉量的降低，黄瓜硝酸盐的含量逐渐升高，其中最高的为 A1B1 和 A2B1 两个处理，显著高于其他处理，这两个基质含水量最低的处理不仅植株生长处于干旱胁迫状态，收获的果实硝酸盐含量已超标，品质下降。

基质含水量的不同导致黄瓜果实可溶性蛋白含量有所差异。在含水量相同情况下，以醋糟混合基质处理栽培的黄瓜，果实中可溶性蛋白含量显著高于以纯醋糟基质处理。在同种基质栽培时，含水量最低的 B1(40%～55%) 处理显著低于其他处理，说明含水量的减少降低了果实中的可溶性蛋白的含量。

从果实中的维生素 C 含量来看，在相同含水量下，复配基质 A2 处理显著低于纯醋糟基质 A1 处理。比较相同基质下不同基质含水量发现，果实中维生素 C 含量随基质含水量的下降而逐渐增加。在不同基质和含水量的 8 种处理中，维生素 C 含量最高的处理为 A1B1，最低处理为 A1B4。

可溶性糖的过量积累通常会对光合作用产生反馈抑制。在相同含水量下，纯醋糟基质 A1 处理果实中可溶性糖含量显著高于以复配醋糟基质 A2 处理。在同一基质栽培条件下，随着含水量的减少，果实中可溶性糖含量显著增加。试验结果说明纯醋糟基质比复配基质更有利于黄瓜果实中可溶性糖和维生素 C 含量的积累；而基质含水量的降低导致可溶性糖和维生素 C 含量显著增加，可能是因为灌溉量的减少，果实含水量也相应减少，导致维生素 C 与可溶性糖的相对含量升高。

7.3 不同基质含水量对盆栽生菜生长和生理特性的影响

生菜对水分比较敏感，水分会影响生菜干物质生产和产量形成。关于生菜水分生理的研究有许多，但主要是在土壤栽培条件下，而对于基质栽培适宜含水量的研究很少，因此研究基质栽培下不同含水量对生菜生理和生长的影响，是建立和完善醋糟有机基质栽培技术体系的需要。

7.3.1 试验材料及方法

7.3.1.1 试验材料

供试生菜品种为意大利耐热、耐抽薹生菜。

基质材料：设置纯醋糟及由醋糟分别与草炭和蛭石按不同比例配合成的复配基质共 3 种处理。醋糟为在本校试验温室内经堆制发酵而成；草炭为市购东北产草炭；蛭石为石家庄产，粒径为 3～6mm。生菜于 2010 年 3 月 20 日浸种催芽后播种；4 月 18 日 6 叶 1 心时，定植于及塑料盆中，盆高 22cm，盆口内径 23cm，盆底内径 17cm；6 月 2 日采收。

7.3.1.2　试验设计

试验采用裂区设计，基质 (A 因素) 为主处理，共设三个水平，分别为：纯醋糟 (A1)；醋糟加草炭，按体积比 3:1 混合 (A2)；醋糟加蛭石，按体积比 3:1 混合 (A3)，其理化性质如表 7.14。水分 (B 因素) 为副处理，设置 4 个水平，按照基质饱和含水量计，分别为 40%~55%(B1)，55%~70%(B2)，70%~85%(B3)，85%~100%(B4)。试验共 12 个处理，每个处理重复 3 次，每个重复 10 盆，每盆两株，小区随机排列。每天使用水分传感器测定基质含水量，当水分接近处理水分的范围下限时进行灌溉。

表 7.14　不同基质的成分配比及其理化性状

基质	醋糟/%:草炭/%:蛭石/%	容重	总孔隙度/%	气体孔隙度/%	持水量/%	pH	EC/(mS/cm)
A1	100:0:0	0.14	80	35	45	7.24	4.98
A2	75:25:0	0.14	83	29	54	6.91	3.57
A3	75:0:25	0.18	81	30	51	7.16	3.8

7.3.1.3　测定项目和方法

1) 基质性状的测定

基质持水力 (WHC)、气体孔隙度 (AP)、基质 pH、EC，测定方法同 1.1.3.1 节。

2) 水分传感器的标定

使用德国 IMKO 公司生产的 TRIME-HD 便携式剖面水分速测仪测定基质水分含量，每天测定 1 至 2 次，标准曲线分别见图 7.7~图 7.9。TDR 值和基质水分百分含量的关系为

A1，$\qquad\qquad y = 0.3967x - 8.8667, R^2 = 0.9911;$ $\qquad\qquad$ (7-2)

A2，$\qquad\qquad y = 0.4933x - 13.133, R^2 = 0.9828;$ $\qquad\qquad$ (7-3)

A3，$\qquad\qquad y = 0.5533x - 18.333, R^2 = 0.9769;$ $\qquad\qquad$ (7-4)

式中，x 为基质水分百分含量；y 为 TDR 值。

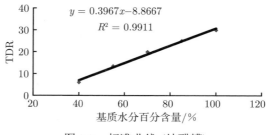

图 7.7　标准曲线 (纯醋糟)

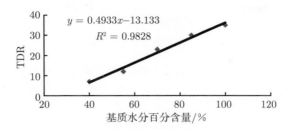

图 7.8 标准曲线 (醋糟:草炭为 3:1 混合)

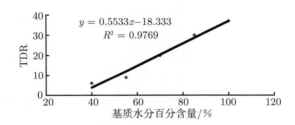

图 7.9 标准曲线 (醋糟:蛭石为 3:1 混合)

3) 生菜生长及生理指标的测定

测定植株地上部鲜质量、干物质量、叶片数、叶绿素含量、可溶性蛋白、可溶性糖、维生素 C 含量、硝酸盐、叶绿素荧光和光合作用特性等, 测定方法及数据处理方法同 7.2.1 节。叶绿素荧光测定时间为 5 月 26 日, 测定叶位为第五片; 光合作用测定时间为 5 月 25 日早上 9 点至 11 点, 测定叶位为第五片。

7.3.2 不同基质含水量对生菜生长的影响

采收时测得不同灌水处理下生菜地上部的干鲜重、叶片含水量、叶片数和根冠比, 见表 7.15。从表中可见, 不同基质含水量的生菜地上部鲜重以及地上部干重都存在显著差异。在同一含水量下, A2 和 A3 复配基质的地上部干重和鲜重都显著高于 A1 处理, 仅含水量处理为 B4(85%~100%) 时, A1 处理的地上部干重略高于 A2 和 A3 处理, 说明混合基质比纯醋糟基质利于生菜的地上部物质积累。

在 4 个不同含水量处理中, 比较生菜地上部鲜重和干重, A2 和 A3 复配基质以 B3(70%~85%) 最高, B4(85%~100%) 其次, 而在 A1 基质中, 则以 B4(85%~100%) 最高, 随着含水量的降低生菜地上部鲜重和干重逐渐下降。结合基质种类和含水量的 12 个处理中, A3 基质 B3(70%~85%) 处理下的生菜地上部鲜重和干重最大。

生菜地上部主要为叶片, 由表 7.15 可以看出, 生菜叶片数随基质含水量的大小变化趋势与地上部鲜重变化趋势一致。3 种基质在同一基质含水量条件下叶片含水量的差异并不显著, 只有基质含水量为 B1 时, A1 和 A2 基质显著低于 A3 处理。而 4 种不同含水量处理中, 3 种基质处理都有相同的规律, 即叶片含水量均随基质含水量的增加而增加。

表 7.15　不同基质含水量对生菜生长的影响

基质	基质含水量	单株地上部鲜重/g	单株地上部干重/g	叶片数/个	叶片含水量/%	根冠比
A1 (纯醋糟)	B1(40%~55%)	33.2a±0.21	1.65a±0.021	12.3a±0.79	95.03a±0.001	0.179a±0.009
	B2(55%~70%)	57.33b±0.32	2.56b±0.013	15.3b±0.89	95.52a±0.006	0.157b±0.007
	B3(70%~85%)	65.54c±0.34	2.47b±0.089	16.6b±0.91	96.23b±0.004	0.139c±0.006
	B4(85%~100%)	102.56e±0.39	3.06c±0.13	20.4c±1.66	97.01c±0.004	0.136c±0.007
A2(醋糟+ 草炭)	B1(40%~55%)	65.34c±0.19	2.92c±0.075	12.8a±0.75	95.52a±0.005	0.152b±0.007
	B2(55%~70%)	74.98d±0.97	2.66bc±0.064	17.4bc±1.11	96.4b±0.005	0.134c±0.006
	B3(70%~85%)	112.33f±0.54	3.40d±0.014	22.4c±0.69	96.96bc±0.004	0.129cd±0.008
	B4(85%~100%)	100.2e±1.22	2.81bc±0.13	18.2bc±0.63	97.20c±0.007	0.122d±0.007
A3(醋糟+ 蛭石)	B1(40%~55%)	64.54bc±0.86	2.56b±0.056	15.4b±0.39	96.03b±0.009	0.159b±0.011
	B2(55%~70%)	70.56cd±0.21	2.66bc±0.02	18.9c±0.5	96.23b±0.007	0.127d±0.001
	B3(70%~85%)	122.53g±0.18	3.72e±0.048	23.6d±1.79	96.96bc±0.009	0.123d±0.008
	B4(85%~100%)	102.88e±0.87	2.95c±0.014	19.3c±0.95	97.12c±0.004	0.113e±0.007

对根冠比的研究发现, 在同一基质含水量下, A1 基质的根冠比显著高于 A2 和 A3 混合基质; 比较 A2 和 A3 基质处理, 含水量为 B2(55%~70%) 和 B4(85%~100%) 时, A2 基质处理的根冠比又显著高于 A3 基质, 其他处理无显著差别。在相同基质条件下, 生菜根冠比随着基质含水量的增加而呈现递减趋势, 这与"旱长根, 湿长叶"的规律一致。对比 12 个基质含水量处理, 根冠比最高的处理为 A1B1 处理, 最低的处理为 A3B4 处理, 表明基质含水量过低显著抑制了生菜的生长, 同时使用混合基质栽培的处理优于使用纯醋糟基质栽培的处理。

7.3.3　不同基质含水量对生菜光合特性的影响

不同基质含水量处理对叶绿素含量、光合速率、蒸腾速率和气孔导度的影响见表 7.16, 从表中可见, 在相同含水量条件下, 除在 B4(85%~100%) 含水量下 A3 基质处理的叶片叶绿素含量显著高于其他两种基质处理外, 不同基质条件下的叶片叶绿素含量没有显著差异; 不论哪种基质, 叶片叶绿素含量都随基质含水量的上升而缓慢上升, 且 B1(40%~55%) 含水量处理显著低于相同基质下的其他含水量处理。在 12 个基质含水量处理中, A3 基质 B4(85%~100%) 含水量处理叶绿素含量最高。

表 7.16 不同基质含水量对生菜光合特性的影响

基质	基质含水量	叶绿素含量	光合速率 /(mol/(m²·s))	气孔导度 /(mol/(m²·s))	蒸腾速率 /(mol/(m²·s))
A1(纯醋糟)	B1(40%~55%)	23.67a±0.03	7.45a±0.045	0.082c±0.002	4.31cd±0.025
	B2(55%~70%)	23.68a ±0.04	8.81b±0.012	0.094d±0.004	4.85d±0.046
	B3(70%~85%)	23.88ab±0.11	12.07e±0.045	0.135g±0.009	7.21f±0.079
	B4(85%~100%)	24.59b±0.14	11.36de±0.096	0.124f±0.01	5.92e±0.064
A2(醋糟+草炭)	B1(40%~55%)	23.74a±0.09	8.41b±0.076	0.083c±0.004	2.45b±0.041
	B2(55%~70%)	24.11ab±0.08	9.2c±0.078	0.105de±0.008	3.42c±0.012
	B3(70%~85%)	24.43b±0.11	13.51f±0.019	0.121ef±0.008	5.77de±0.032
	B4(85%~100%)	25.01b±0.21	10.96d±0.15	0.129f±0.001	6.14e±0.027
A3(醋糟+蛭石)	B1(40%~55%)	24a±0.23	8.9bc±0.096	0.051a±0.006	1.73a±0.089
	B2(55%~70%)	24.8b±0.21	10.64d±0.078	0.068b±0.004	2.69b±0.1
	B3(70%~85%)	25.1b±0.07	13.06f±0.2	0.096d±0.009	4.03cd±0.015
	B4(85%~100%)	25.52c±0.04	11.72e±0.04	0.115e±0.007	5.62d±0.099

以光合速率来看，相同含水量条件下，三种基质中，以醋糟加蛭石为栽培基质的 A3 处理光合速率最高，以醋糟加草炭为栽培基质的 A2 处理光合速率次之，纯醋糟栽培基质的 A1 处理的光合速率最低；在相同基质条件下，随着基质含水量的减少，生菜叶片光合速率显著降低，结合基质种类和含水量处理，A2B3 处理与 A3B3 处理光合速率最大。

从蒸腾作用相关指标来看，当含水量相同时，A3 基质的气孔导度显著低于 A1 和 A2 基质，三种基质的蒸腾速率大小为 A1>A2>A3；很多情况下，气孔导度直接与蒸腾作用成正比，以纯醋糟基质栽培生菜时，气孔导度和蒸腾速率随着含水量的增加而呈现先上升后下降的趋势，在含水量为 B3 (70%~85%) 时，气孔导度和蒸腾速率最大，在使用 A2 和 A3 混合基质栽培生菜时，气孔导度和蒸腾速率随着含水量的增加而增加。在 12 个基质含水量处理中，A1 基质 B3 (70%~85%) 含水量处理气孔导度和蒸腾速率最高。从相同基质的不同含水量对气孔导度和蒸腾速率的影响来看，随着基质含水量的降低，气孔导度逐渐降低，蒸腾速率也随之降低，这是因为在水分含量较少的情况下，生菜通过适当控制气孔的开放程度和降低蒸腾速率来协调碳同化和水分消耗之间的关系，从而使生菜在损失水分较少的条件下获取最多的 CO_2。本实验表明，在基质水分较低的情况下，生菜光合速率显著下降，导致生菜产量降低，同时气孔导度和蒸腾速率降低以自我保护。

7.3.4 不同基质含水量对生菜叶绿素荧光参数的影响

F_v/F_m 较高说明叶片捕获的光能中可以有更多的部分用于光合电子传递。在同一含水量下，三种不同基质之间的 F_v/F_m 差异不显著 (表 7.17)；而在同一基质不同含水量条件下，F_v/F_m 随着含水量的增加而呈现先上升后下降的趋势。以纯醋糟 A1 栽培生菜，含水量为 B2(55%～70%) 时，F_v/F_m 最大；以混合基质 A2 和 A3 栽培生菜，含水量为 B3 (70%～85%) 时，F_v/F_m 最大，且显著高于其他基质含水量处理。而不论哪种基质，最低含水量处理的 F_v/F_m 显著低于其他处理，表明 40%～55% 的饱和含水量处理显著降低了 PSⅡ 反应中心内部光能转换效率。

F_v/F_0 常用来度量 PSⅡ 的潜在活性，表 7.17 结果显示，含水量为 B1(40%～55%) 时，A2 基质处理的 F_v/F_0 值显著低于 A1 和 A3 处理；含水量为 B2(55%～70%) 时，F_v/F_0 值的大小关系为 A1>A3>A2；含水量为 B3(70%～85%) 时，F_v/F_0 值的大小关系为 A2>A3>A1；含水量为 B4(85%～100%) 时，A3 基质的 F_v/F_0 值显著高于 A1 和 A2 基质。以纯醋糟 A1 栽培生菜，含水量为 B2(55%～70%) 时，F_v/F_0 值达到最大，B1(40%～55%) 时，F_v/F_0 值最小；以混合基质 A2 和 A3 栽培生菜，含水量为 B3 (70%～85%) 时，F_v/F_0 值达到最大，B1(40%～55%) 时，F_v/F_0 值最小。结果表明，40%～55% 的饱和基质含水量处理在一定程度上降低了 PSⅡ 的潜在活性。

表 7.17　不同基质含水量对生菜荧光特性的影响

基质	基质含水量	F_v/F_m	F_v/F_0	qP	qN
A1(纯醋糟)	B1(40%～55%)	0.743a±0.004	2.902b±0.009	0.775bc±0.096	0.684d±0.012
	B2(55%～70%)	0.773c±0.007	3.883f±0.051	0.809c±0.012	0.613c±0.036
	B3(70%～85%)	0.767b±0.012	3.265bc±0.069	0.824cd±0.007	0.566b±0.007
	B4(85%～100%)	0.763b±0.026	3.230bc±0.041	0.832d±0.047	0.488a±0.041
A2(醋糟+草炭)	B1(40%～55%)	0.740a±0.047	2.156a±0.047	0.757b±0.014	0.804f±0.047
	B2(55%～70%)	0.759b±0.11	3.148b±0.089	0.766b±0.046	0.735e±0.063
	B3(70%～85%)	0.777c±0.089	3.707e±0.074	0.803c±0.071	0.613bc±0.015
	B4(85%～100%)	0.758b±0.074	2.976b±0.014	0.847d±0.069	0.607c±0.017
A3(醋糟+蛭石)	B1(40%～55%)	0.752a±0.041	3.155b±0.046	0.717a±0.009	0.725e±0.027
	B2(55%～70%)	0.766b±0.075	3.295c±0.069	0.724a±0.071	0.647cd±0.013
	B3(70%～85%)	0.780c±0.039	3.643d±0.047	0.759b±0.078	0.584b±0.034
	B4(85%～100%)	0.773c±0.041	3.405c±0.079	0.811cd±0.066	0.578b±0.029

叶绿素荧光的光化学猝灭指标来看，在同一含水量下，纯醋糟基质 A1 处理的 qP 略高于醋糟加蛭石的 A2 处理，A2 处理显著高于醋糟加草炭的 A3 处理，说明 A1 和 A2 基质栽培生菜的叶片光合活性显著高于 A3 基质。三种基质栽培生菜，生菜叶片的 qP 随着含水量的增加而增加，均在含水量为 B4(85%～100%) 时达到最大，表明基质含水量显著影响生菜叶片中 PSⅡ 氧化侧与 PSⅡ 反应中心之间的电

子流动, 基质含水量的降低使光合活性降低。

qN 是指由非辐射能量耗散等引起的荧光猝灭, 在同一含水量下, A2 基质栽培生菜的 qN 显著高于 A3 基质, 而 A3 基质栽培生菜的 qN 又显著高于 A1 基质。在栽培基质相同时, qN 都随着含水量的增加而显著下降, A2B1 处理 qN 最大, A3B1处理次之, A1B4 处理最小, 随着含水量的降低, qN 的升高说明生菜通过耗散多余能量以保护光合机构的能力增强[86]。

7.3.5 不同基质含水量对生菜品质的影响

不同基质含水量对生菜可溶性蛋白、可溶性糖、维生素 C、硝酸盐等品质指标的测定结果见表 7.18。

设施栽培下由于光照强度低, 往往导致硝酸盐容易积累, 因此硝酸盐含量低是叶菜的一个内在品质指标。从表中可见, 同一含水量下, 醋糟与蛭石 3:1 的混合基质处理, 其硝酸盐含量显著低于 A1 和 A2 基质栽培的生菜。在同一基质栽培条件下, 随着含水量的降低, 生菜叶片硝酸盐的含量显著升高。在 B1 和 B2 基质含水量处理下, 无论何种基质, 其硝酸盐的含量都高于 1000mg/kg, 而在 B3 和 B4 基质含水量处理下, 其生菜硝酸盐的含量都低于 1000mg/kg。因此从降低硝酸盐含量的角度看, 生菜栽培后期的基质含水量不能过低。

表 7.18 不同基质含水量对生菜品质的影响

基质	基质含水量	硝酸盐含量 /(mg/kg)	可溶性蛋白 /(mg/g)	维生素C /(mg/g)	可溶性糖 /(mg/g)
A1(纯醋糟)	B1(40%~55%)	1586f±98	2.352a±0.069	1.240f±0.014	8.613d±0.056
	B2(55%~70%)	1101d±45	2.388bc±0.063	1.172e±0.018	7.916c±0.079
	B3(70%~85%)	861bc±63	2.441d±0.012	0.732b±0.014	7.762bc±0.12
	B4(85%~100%)	508a±12	2.384bc±0.028	0.610a±0.022	5.833a±0.17
A2(醋糟+草炭)	B1(40%~55%)	1633g±13	2.402c±0.015	1.219ef±0.036	10.181ef±0.14
	B2(55%~70%)	1104d±17	2.399c±0.092	0.805c±0.047	7.487bc±0.019
	B3(70%~85%)	960c±10	2.425d±0.14	0.708b±0.077	6.269a±0.033
	B4(85%~100%)	731b±11	2.399c±0.012	0.700b±0.01	6.032a±0.017
A3(醋糟+蛭石)	B1(40%~55%)	1360e±19	2.358a±0.052	0.903d±0.046	10.759f±0.099
	B2(55%~70%)	1023cd±22	2.383b±0.014	0.842c±0.016	9.418e±0.039
	B3(70%~85%)	710b±20	2.406c±0.095	0.512a±0.029	6.876b±0.044
	B4(85%~100%)	457a±13	2.392c±0.086	0.537a±0.017	6.111a±0.017

基质含水量的不同导致生产叶片可溶性蛋白含量有所差异。在同一含水量下,

A2 基质栽培生菜的蛋白质含量显著高于 A1 基质处理和 A3 基质处理，A1 基质处理和 A3 基质处理之间没有显著差异。以纯醋糟 A1 为栽培基质时，含水量为 B3(70%～85%) 时，生菜叶片可溶性蛋白含量最高，含水量为 B1(40%～55%) 时，生菜叶片可溶性蛋白含量最低，其他两个含水量处理没有显著差别；以醋糟加蛭石 A2 为栽培基质时，含水量 B3(70%～85%) 时，生菜叶片可溶性蛋白含量最高，其他含水量处理没有显著差别；以醋糟加草炭 A3 为栽培基质时，B3(70%～85%) 处理可溶性蛋白含量最高，B4(85%～100%) 处理次之，B1(40%～55%) 处理最低。

在同一含水量条件下，A1 处理的生菜维生素 C 含量略高于 A2 处理，A2 处理的生菜维生素 C 含量显著高于 A3 处理，而对于可溶性糖含量，除了在含水量为 B3(70%～85%) 时，A1 处理大于 A2 和 A3 外，三种基质的生菜维生素 C 含量大小关系为 A3>A2>A1。

在相同的基质栽培条件下，随着基质含水量的增加，生菜叶片维生素 C 的含量呈现逐渐降低的趋势，与此相同，生菜叶片可溶性糖含量也随基质含水量的增加而呈现降低趋势，这与上一节黄瓜试验中得到的结果基本一致。比较不同的基质和含水量的 12 个处理，A1B1 处理生菜维生素 C 含量最大，A2B1 处理次之；A3B1 处理生菜可溶性糖含量最大，A2B1 处理次之。这可能是由于基质含水量增加，叶片含水量也相应增加，导致维生素 C 与可溶性糖的相对含量降低。

7.4　微灌条件下基质栽培的水分运移规律和根系生长特性

栽培介质中的水分运移规律和特征的研究是合理灌溉的基础。近年来，随着滴灌和微喷灌技术在农业生产上的快速推广和应用，许多学者对水分在土壤中的入渗规律以及土壤湿润体的变化进行了研究[87-90]。湿润体即微灌条件下水分在栽培介质中的湿润区域、形状和内部水分分布，反映了水分的运移特性。但这些研究多数是在实验室内进行的，且研究对象是土壤，对温室滴灌和微喷灌条件下栽培基质的湿润体及其内部水分分布规律的研究鲜有报道。为此，本节以生菜为例，深入研究了栽培基质种类、微灌溉方式、初始含水率、灌溉量以及灌溉流量对基质湿润体及其内部水分分布规律的影响以及根系生长特性，为灌溉系统设计和进行设施基质栽培作物精准水分管理提供理论依据。

7.4.1　水分运移特性的试验材料与方法

7.4.1.1　试验设计

设计并进行了滴灌和微喷灌两种条件下的灌溉试验。选取灌溉流量、灌水量、初始含水率和栽培基质 4 个因素，其中栽培基质共配置了 4 种配方：T1 纯醋糟，T2

醋糟:泥炭 1:1，T3 醋糟:泥炭 3:1，T4 醋糟:泥炭: 蛭石 1:0.5:0.5。

供试作物为意大利耐抽薹生菜。在矩形栽培槽内栽培，规格为 1750cm×66cm ×30cm。

7.4.1.2 试验实施步骤

1) 灌溉流量确定

通过调节球阀使压力表稳定在不同的压力处，根据滴头/微喷头两侧的高精度水表读数差值、计量时间和滴头/微喷头数量计算其流量，重复 3 次，取平均值，建立压力与流量关系式，进而通过压力表压力值来确定当前流量。

2) 栽培基质初始含水率确定

将风干后的各基质加入不等量的水，搅拌均匀，在阴凉处覆膜堆放 1d，以便获得均匀的基质初始含水率，用 EC-5 水分传感器、ECT 温度传感器和 EM50 数据采集器采集并计算基质初始含水率。

3) 灌溉方式及湿润锋测定

将确定初始含水率的栽培基质分层装入栽培槽中，层间打毛，以便于各层间的紧密接触，均匀压实。开始试验之前，首先将灌溉管道内充满水，尽量避免管道内存有空气导致的水表计量误差。滴灌情况下，调节球阀使压力表稳定在设定压力位置，正式开始试验后，用秒表计时，滴灌开始后，前 30min 内每隔 5min 测量一次湿润锋，之后每隔 10min 测量一次。由于各种因素的影响，水分在不同方向上的运移距离会有些不同，测量三个方向的湿润锋，取平均值作为结果。微喷灌情况下，选择具有代表性的位置，在距基质表层 4cm、6cm、8cm、10cm、12cm、14cm 和 16cm 处埋设 EC-5 水分传感器，调节球阀使压力表稳定在设定压力位置，正式开始试验后，采用 EM50 数据采集器每分钟采集一次数据，根据传感器输出电压的变化情况判断湿润锋垂直入渗距离。

7.4.1.3 测定内容及方法

1) 累计灌水量

通过压力与流量关系式计算求得单个滴箭/微喷头的流量，通过灌溉时间计算求得单个滴箭/微喷头不同时刻的灌溉量。

2) 湿润锋运移

滴灌试验过程中，不同滴灌历时情况下，以滴箭为中心，作纵向剖面，用直尺测量不同深度处三个方向的湿润半径，取平均值作为不同时刻湿润锋的运移变化，同时记录不同时刻垂直方向湿润锋的最大湿润距离。微喷灌试验过程中，不同微喷灌历时情况下，通过 EM50 数据采集器观测传感器输出电压的首次变化情况，作为不同时刻湿润锋的运移变化，同时记录不同时刻垂直方向湿润锋的最大湿润距离。

3) 湿润体内基质含水率

滴灌试验停止后，以滴箭为中心作垂直剖面，水平和垂直方向分别间隔 3cm 和 4cm 插入 EC-5 传感器和温度传感器，通过 EM50 数据采集器每隔 10min 记录一次电压数据，并根据补偿模型进行换算得到基质含水率。微喷灌试验停止后，用 EM50 数据采集器连接预先埋设好，用于监测湿润锋的 EC-5 传感器，每隔 10min 记录一次电压数据，并根据补偿模型进行换算得到基质含水率。

7.4.2　滴灌方式下基质湿润体变化规律

滴灌情况下，作物根系能否被完全包容在湿润体内，且满足作物正常生长对水分的需求是制定合理灌溉制度、实现智能灌溉的关键。因此确定不同条件下湿润体的形状、湿润锋的变化情况，可为高效灌溉提供依据。

7.4.2.1　滴灌流量和滴灌量对湿润体的影响

滴灌入渗过程中，水分在基质水平横向 (X 轴) 和垂直向 (Z 轴) 上运移，试验中取 XOZ 平面观察基质湿润体变化过程，O 点为滴灌位置。图 7.10 表示基质初始含水率 θ 为 0.23、滴头流量 q 分别为 0.15L/h 和 0.5L/h 时，4 种栽培基质在滴灌条件下，不同入渗时间的湿润体形状。

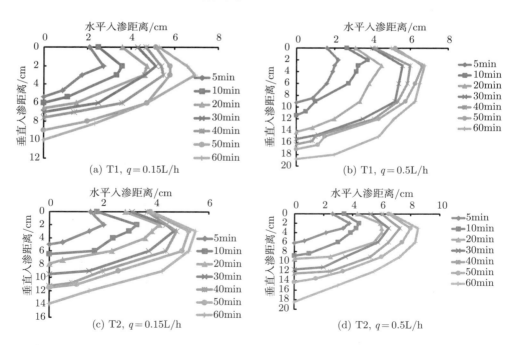

(a) T1, $q=0.15$L/h　　(b) T1, $q=0.5$L/h

(c) T2, $q=0.15$L/h　　(d) T2, $q=0.5$L/h

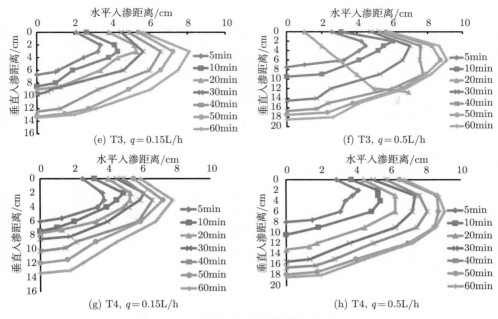

图 7.10 滴灌入渗 4 种基质湿润体形状

首先分析相同灌溉量、不同滴灌流量的情况。以滴灌量为 0.15L，滴灌流量为 0.15L/h(灌溉历时 60min) 和 0.5L/h 为例 (灌溉历时 18min，以 20min 替代分析) 进行比较。由图 7.10 可知，滴灌各基质的湿润体的形状近似于旋转抛物体，其水平入渗半径最大的地方不在基质表面，而是在基质表面下 3~6cm 的地方，原因可能主要与基质的均匀性和渗透能力等有关。滴灌流量为 0.15L/h 形成的基质湿润体体积大于 0.5L/h 流量的，4 种基质水平入渗距离至少比 0.5L/h 的大 23.3%；而垂直入渗距离差异小，最多仅比 0.5L/h 的高 5.5%，可见，相同灌溉量情况下，不同滴灌流量对基质湿润体的水平入渗深度的影响比垂直入渗深度大。这可能是因为滴灌时基质表面尚未形成积水区，且基质通气孔隙率大，垂直入渗能力强，滴灌流量大时，基质水分主要以垂直入渗为主，但由于滴灌量小，所以对垂直入渗距离上的影响较小，而滴灌流量小，达到相同灌溉量时所需滴灌历时长，最终形成的湿润体就越大，且主要体现在水平入渗距离上。

再来分析相同灌溉历时、不同灌溉流量的情况。在滴灌历时 60min 时，滴灌流量 0.5L/h 形成的基质湿润体体积较 0.15L/h 大得多，尤其是垂直入渗距离至少为 0.15L/h 的 1.34 倍。这主要是由于滴灌历时相同，滴灌流量越大，滴灌量越大，形成的湿润体体积越大。

最后，分析一下相同滴灌流量，不同灌溉量 (不同灌溉历时) 的情况。从图 7.10 的每一张图中可见，滴灌各基质的湿润体的形状仍保持近似于旋转抛物体，且随着滴灌量的增加，基质湿润体的宽度和深度均增大。在整个滴灌过程中，基质湿润体的垂直入渗距离至少比水平入渗距离大 62%(图 7.10)，可见，相同滴灌流量情况下，基质湿润体的垂直入渗距离始终比水平入渗距离要大，滴灌量大小对垂直入渗距离的影响比水平入渗距离大。这是因为滴灌时基质表面尚未形成积水区，基质水分运动在水平方向上只受基质吸力的作用，而在垂直方向上受基质吸力和重力势的共同作用，且基质通气孔隙率大，垂直入渗能力强，所以基质湿润体的垂直入渗距离大于其在水平方向上的入渗距离。

7.4.2.2　基质初始含水率对湿润体的影响

对于不饱和基质而言，不同的基质初始含水率对应着不同的非饱和导水率，从而对滴灌基质湿润体产生影响。图 7.11 表示滴灌量为 0.35L、滴灌流量 q 为 0.35L/h、不同基质初始含水率时，4 种栽培基质在滴灌条件下，不同入渗时间的湿润体形状。从图中可见，各基质的湿润体形状近似于旋转抛物体，滴灌历时相同时，基质垂直入渗距离随着基质初始含水率的增大至少减小 13%，而水平入渗距离随着基质初始含水率的增大至少增加 31%，表明随着基质初始含水率的增加，基质垂直入渗距离逐渐减小，而水平入渗距离逐渐增加，即基质湿润体整体逐渐趋向扁平。这是因为随着基质初始含水率的增大，基质水分在垂直入渗过程中所受的基质

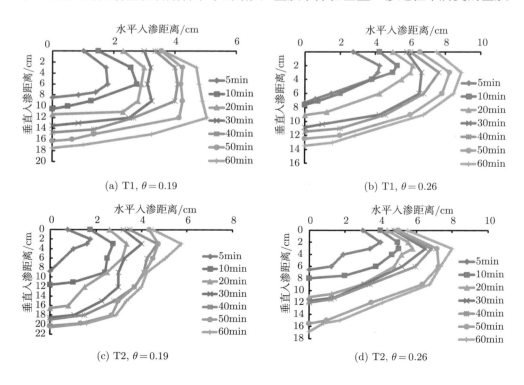

(a) T1, $\theta = 0.19$　　　　　(b) T1, $\theta = 0.26$

(c) T2, $\theta = 0.19$　　　　　(d) T2, $\theta = 0.26$

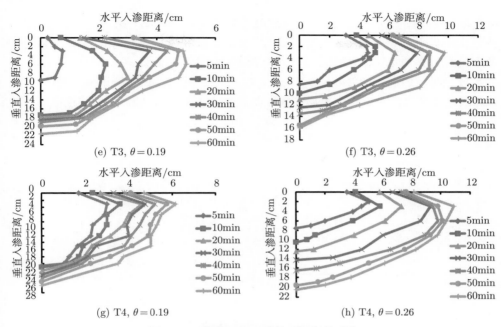

图 7.11　滴灌入渗 4 种基质湿润体形状

吸力梯度逐渐减小，从而基质垂直入渗距离减小，且由于滴灌量相同，基质垂直入渗能力随基质初始含水率增加而减弱，导致灌溉水在基质上层集中，滴箭四周的基质含水率较高，促使基质水分水平运移。

7.4.2.3　基质类型对湿润体的影响

基质类型决定着基质的物理特性，是影响基质水分运移的重要因素。如图 7.10 和图 3.8 所示，4 种类型情况下基质湿润体在形状上差别不大，近似于旋转抛物体，但在大小方面有明显的差别。整体看，滴灌流量、基质初始含水率和滴灌历时相同时，复配基质 T2、T3 和 T4 的最大水平入渗距离和垂直入渗距离均较基质 T1 大，基质湿润体的体积大小为 T4>T3>T2>T1，但复配基质 T2、T3 和 T4 基质之间的湿润体体积差别较小。这说明 3 种基质复配方法都改善了基质的物理特性。

7.4.3　滴灌方式下基质湿润锋的变化规律

7.4.3.1　滴灌流量和滴灌量对湿润锋的影响

点源入渗条件下，基质表面水平入渗距离和垂直入渗距离是湿润体的两个重要参数。图 7.12 表示基质初始含水率 θ 为 0.23、滴头流量 q 分别为 0.15L/h、0.35L/h 和 0.5L/h 时，4 种栽培基质在滴灌条件下，不同入渗时间的湿润锋变化。

图 7.12 是以滴灌量为 0.15L 为例，对滴灌流量为 0.15L/h(灌溉历时 60min)、

0.35L/h(灌溉历时 26min) 和 0.5L/h(灌溉历时 18min) 三者之间进行的相同灌溉量,不同滴灌流量的情况比较。由图 7.12 可知,在滴灌流量为 0.15L/h、0.35L/h 和 0.5L/h 时,基质水平入渗距离分别平均增加 5.21cm、4.2cm 和 4.06cm,垂直入渗距离分别平均增加 12.48cm、12.43cm 和 12.09cm。可见,相同灌溉量情况下,基质水平运移距离和垂直运移距离均随滴灌流量的增加而减小,换算成运移速率即基质

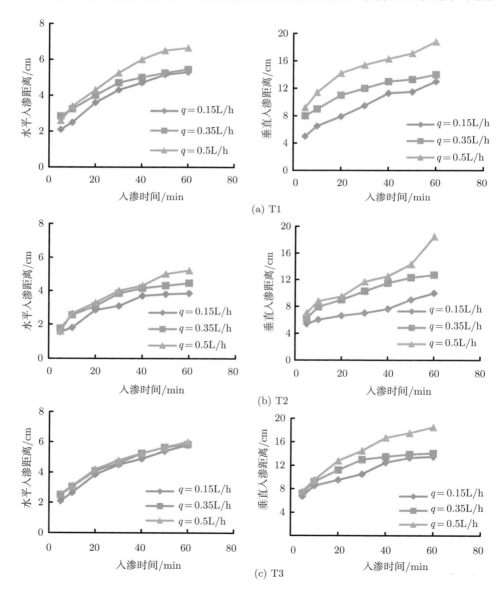

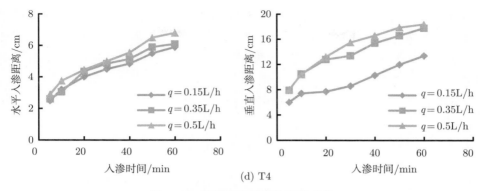

(d) T4

图 7.12 滴灌入渗基质湿润锋变化

水平和垂直运移速率随滴灌流量的增加而增加。这是因为滴灌量相同时,滴灌流量越大,滴灌历时越短,形成的湿润体内部含水率较大,入渗边界与湿润锋基质梯度也较大,基质水平和垂直运移速率较快。

相同灌溉历时、不同滴灌流量情况下,以滴灌历时 60min 为例,从图 7.12 可见,滴灌流量 0.5L/h 的基质水平平均入渗速率约为 0.15L/h 的 1.2 倍,基质垂直平均入渗速率约为 0.15L/h 的 1.49 倍,可见,随滴灌流量的增加,湿润锋的水平运移速率和垂直运移速率均随滴灌流量的增大而增大。这是由于在相同滴灌历时内,滴灌流量越大,滴灌量越大,在入渗边界与湿润锋之间形成的基质水分梯度大,提高了湿润锋的水平和垂直运移速率。

在相同滴灌流量、不同灌溉量情况下,整体看,基质的水平入渗距离和垂直入渗距离均随着滴灌量的增加而增加,但各基质滴灌前 20min,水平入渗距离平均增加了 3.84cm,而后 40min 内,平均增加了 1.77cm,垂直入渗距离在滴灌前 20min 平均增加了 10.45cm,而后 40min 内平均增加了 4.55cm,可见基质的水平入渗距离和垂直入渗距离增大的幅度随时间的推移逐渐减小,即湿润锋的运移速率逐渐降低。这是由于滴灌开始阶段,基质湿润体体积小,在入渗边界与湿润锋之间形成较高的基质水分梯度,湿润锋推进速率较高,随着滴灌历时的延长,湿润体体积逐渐增大,入渗边界到湿润锋边缘处的基质梯度逐渐减小,导致湿润锋的推进速率随着滴灌历时的延长逐渐变小 [147]。

7.4.3.2 基质初始含水率对湿润锋的影响

图 7.13 表示滴灌流量 q 为 0.35L/h、不同基质初始含水率时,4 种栽培基质在滴灌条件下,不同入渗时间的湿润锋形状。由图 7.13 可知,相同滴灌流量和滴灌量情况下,随基质初始含水率的增加,基质水平入渗距离增加 18% 以上,而基质垂直入渗距离则至少降低 31.1%。表明基质初始含水率越高,其湿润锋的水平运移速率越大,垂直运移速率越小,但在基质初始含水率为 0.22~0.29 时其垂直入渗距

离基本没有变化。这主要是滴灌量相同时,基质初始含水率越小,水平方向上需要更多的水分填充基质孔隙,延缓了湿润锋的运移;垂直方向上,基质初始含水率越小,基质水分在入渗过程中所受的基质吸力梯度越大,由于基质的通气孔隙度大,有助于湿润锋的垂向运移。

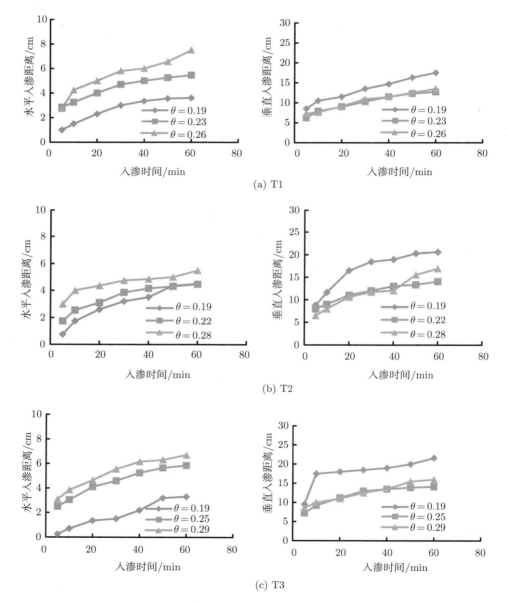

(a) T1

(b) T2

(c) T3

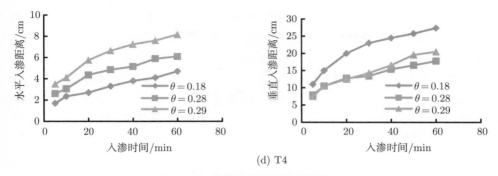

(d) T4

图 7.13 滴灌入渗基质湿润锋变化

7.4.3.3 基质类型对湿润锋的影响

综合图 7.12 和图 7.13 所示, 4 种基质类型情况下基质水平入渗距离和垂直入渗距离均随滴灌历时的增加而增加, 但其增加速率有明显差别。整体看, 滴灌流量、基质初始含水率和滴灌历时相同时, 复配基质 T3 和 T4 的水平和垂直运移速率较大, 且水平运移速率非常接近, 而基质 T2 水平运移速率和基质 T1 垂直运移速率较小。

7.4.4 微喷灌方式下基质湿润体变化规律

微喷灌是工程性节水措施之一, 同时具有调节田间小气候的作用。由于试验基质为均质、无明显层状, 加上微喷灌在测定点的均匀分布, 所以假设微喷灌条件下水分在基质中的运动为一维运动, 对其湿润体的变化研究仅考虑垂直方向的湿润锋运动情况。

微喷灌灌溉量、微喷灌压力、基质初始含水率和基质类型是影响湿润锋垂直运移的主要因素, 但由于栽培槽宽度有限, 微喷灌压力过大浪费灌溉用水, 压力过小微喷灌的均匀性差, 在充分考虑节约灌溉用水和微喷灌的均匀性的基础上, 选取微喷灌压力为 10kPa, 即喷灌流量为 3L/h。

微喷灌灌溉量和基质初始含水率对不同基质湿润锋的影响。图 7.14 表示在喷灌流量 q 为 3L/h 条件下, 在 0.16~0.28 三种不同基质初始含水率时, 4 种栽培基质在不同入渗时间的湿润锋形状。由图中可知, 相同基质初始含水率、不同灌溉量 (入渗时间) 时, 基质水分的垂直入渗距离随灌溉量的增加而增大, 这是因为在微喷灌流量一定的前提下, 随入渗时间的增加, 水分在基质吸力和重力势作用下不断下移的结果。

对相同灌溉量 (入渗时间), 不同基质初始含水率时的纯醋糟基质和复配基质特性进行比较。当基质的平均初始含水率为 0.15 左右时, 纯醋糟基质 T1 水分垂向运移速率最大, 达到 1.14cm/min, 而复配基质 T2、T3 和 T4 水分垂向平均运移速率为 0.72cm/min，不同基质水分垂直运移速率大小为 T1>T2>T4>T3；而当基质平均初始含水率为 0.26 左右时，3 类复配基质的水分垂向平均运移速率为 1.12cm/min，高于纯醋糟基质，基质水分垂向运移速率关系为 T2>T4>T3>T1。可见，复配基质的垂直湿润锋均随基质初始含水率的增加而增加，即其垂向平均运移速率随基质初始含水率的增加而增大，而纯醋糟基质 T1 在低初始含水率时不符合该规律，可能与其颗粒过大，通气孔隙率高，在低基质初始含水率时，水分快速流过基质孔隙有关。

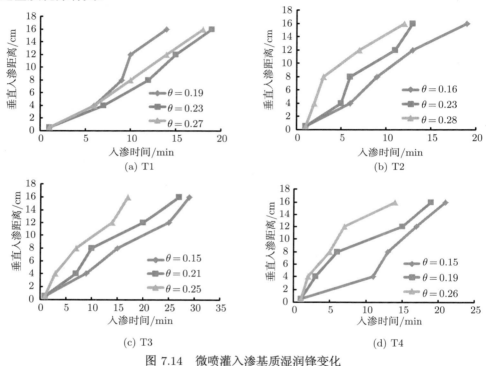

图 7.14 微喷灌入渗基质湿润锋变化

7.4.5 基质湿润体内含水率的分布

基质湿润体内的水分分布特征直接影响作物根系的吸收，了解湿润体内的水分分布对于制定正确的灌溉制度有非常重要的指导意义。

7.4.5.1 滴灌情况下基质湿润体内含水率的分布

1) 滴灌流量和滴灌量对湿润体内含水率分布的影响

将试验数据利用 SigmaPlot 软件绘制成含水率分布等值线图，以表示剖面含水率变化的趋势。图 7.15 表示基质初始含水率相同、滴头流量 q 分别为 0.15L/h 和 0.5L/h 时，4 种栽培基质在滴灌条件下，不同入渗时间的湿润体含水率分布情况, 坐标系中 (0, 0) 点为滴箭位置。由图 7.15 可知, 滴箭附近及其垂直方向的基质含水率较高, 在离滴箭由近到远的水平方向上, 基质含水率等值线从疏到密分布, 且含水率呈递减趋势。

相同灌溉量、不同滴灌流量情况下, 以滴灌量为 0.5L, 滴灌流量为 0.15L/h(灌溉历时 198min) 和 0.5L/h(灌溉历时 60min) 为例。整体看, 水平方向上, 基质含水率随距滴箭距离的增加而逐渐减小; 滴灌流量为 0.15L/h 时, 相同位置的基质含水率和基质含水率增量均较滴灌量为 0.5L/h 的高, 尤其是滴箭下 8cm 以下各基质的平均含水率至少比 0.5L/h 的高 20%。可见, 相同灌溉量情况下, 滴灌流量对基质湿润体的水分分布有较大影响。这是因为试验基质通气孔隙率大, 持水能力差, 滴灌流量大时, 基质发生渗漏现象, 而滴灌流量小, 达到相同灌溉量时所需滴灌历时长, 滴灌水润湿基质时间充足且渗漏量小。

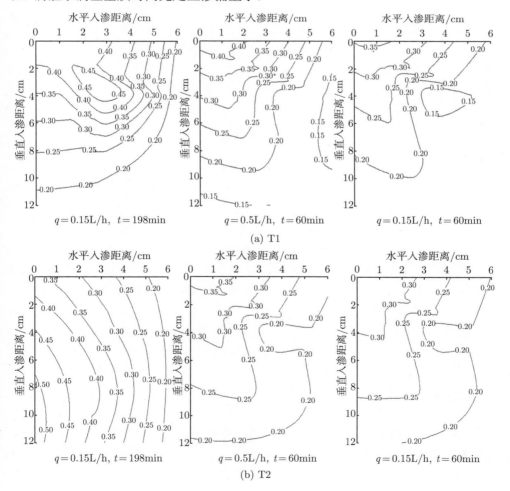

(a) T1

(b) T2

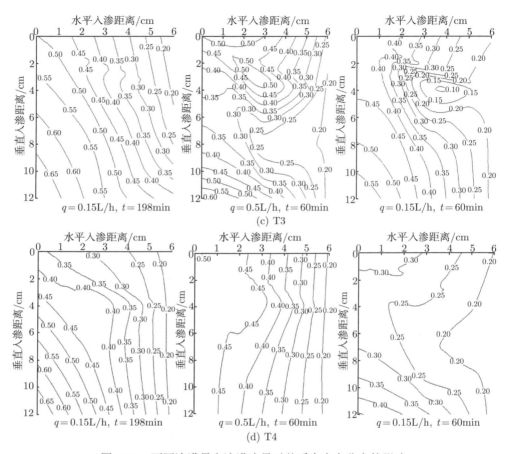

图 7.15　不同滴灌量和滴灌流量对基质含水率分布的影响

相同灌溉历时、不同滴灌流量情况下，以灌溉历时 60min，滴灌流量为 0.15L/h 和 0.5L/h 为例。滴灌流量为 0.5L/h 时，各基质的最大基质含水率比滴灌流量为 0.15L/h 的高 9%～13.5%；基质含水率相同时，以滴箭为中心的基质表层湿润范围随滴灌流量的增加而逐渐扩大，以基质含水率为 30% 为例，滴灌流量为 0.5L/h 时，所形成的各基质表层宽度至少比 0.15L/h 的大 25%。可见，滴灌历时相同时，滴灌流量大，则滴灌量大，导致基质表层含水率高，在基质表层形成的湿润范围大。

相同滴灌流量、不同灌溉量情况下，以滴灌流量为 0.15L/h，滴灌历时为 60min 和 198min 为例。由图 3.12 可知，滴灌历时为 198min 时，相同位置处各基质的含水率均较滴灌历时为 60min 的高。不同基质深度处，距滴箭水平方向 3cm 处的基质含水率至少比滴灌历时为 60min 的高 30%，而距滴箭水平方向 6cm 处的基质含水率增幅几乎为 0；垂直方向上，随滴灌量的增加，基质水分分布下移明显。可见，相同滴灌流量情况下，滴灌量对基质水平方向的水分分布影响随距滴箭距离的增加而减小，且基质含水率呈递减趋势，递减速率随滴灌量的增加而增大；滴灌量大小对基质垂直方向上水分分布的影响也较大，且滴灌量大可能引起底层渗漏。这是因为在基质吸力和重力势的共同作用下，大滴灌量更能促进基质水分在水平和垂直方向运移。

2) 基质初始含水率对湿润体内含水率分布的影响

图 7.16 表示 4 种栽培基质在滴灌流量 q 为 0.35L/h、不同基质初始含水率条件下，滴灌量为 0.5L 时的湿润体含水率分布情况。整体看，滴箭附近浅层一定范围内和滴箭下方的基质含水率随基质初始含水率增大而减小 (T2 除外，可能由于基质分层入槽时产生缝隙，导致渗漏引起的)；相同位置的基质含水率增加量随初始含水率的增加而减小；水平方向上，距滴箭6cm 处的基质含水率增量为 0，表明

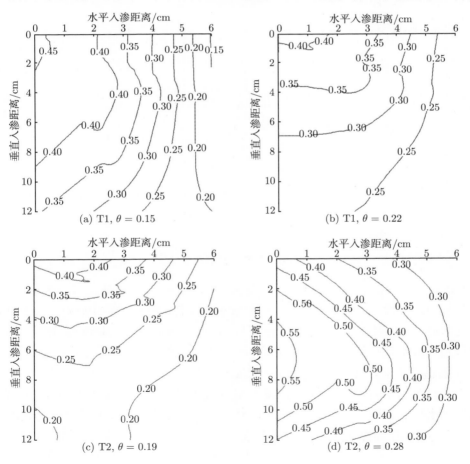

(a) T1, $\theta = 0.15$

(b) T1, $\theta = 0.22$

(c) T2, $\theta = 0.19$

(d) T2, $\theta = 0.28$

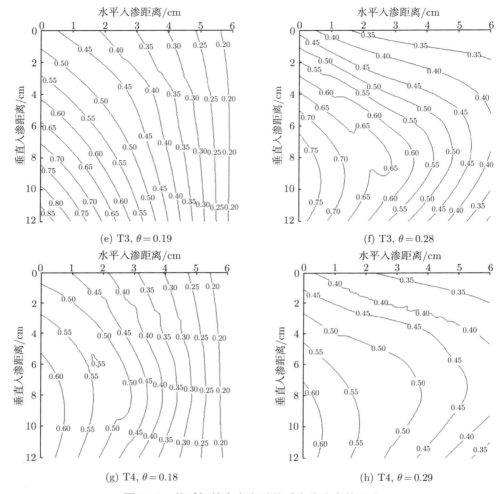

(e) T3, $\theta = 0.19$　　　　　　　　(f) T3, $\theta = 0.28$

(g) T4, $\theta = 0.18$　　　　　　　　(h) T4, $\theta = 0.29$

图 7.16　基质初始含水率对基质水分分布的影响

基质含水率增量随距滴箭距离增大而逐渐减小；基质表层下方含水率等值线随基质初始含水率增大而愈加弯曲，说明基质水分横向扩散能力随基质初始含水率增加而增加。这是因为基质初始含水率小时，基质吸力梯度大，且滴灌量相同时，基质垂直入渗能力随基质初始含水率增加而减弱，促进了基质水分运移。

3) 基质类型对湿润体内含水率分布的影响

综合图 7.15 和图 7.16 在不同滴灌情况下的 4 种基质含水率分布情况，当基质初始含水率、滴灌流量和滴灌量均相同时，复配基质 T3 和 T4 的含水率等值线分布相对较密；在滴箭垂直方向上，复配基质 T2、T3 和 T4 表层 7cm 以下深度基质含水率较高，而基质 T1 在该处以下的基质含水率较低，且复配基质在剖面相同位置的基质含水率均比 T1 高, 表明醋糟基质 T1 持水能力差, 产生下层渗漏, 而基质复配后, 其物理性状大大提高, 基质大小孔隙比更加合理, 有效提高了基质持水能力。

7.4.5.2　微喷灌情况下基质湿润体内含水率的分布

1) 微喷灌溉量对湿润体内含水率分布的影响

微喷灌条件下, 栽培基质初始含水率与灌溉历时对基质湿润体含水率的分布影响见图 7.17。坐标系中 (10, 0) 点为支管一侧距支管 10cm, 距微喷头 12.5cm 处。整体看, 微喷灌情况下, 各基质处理均出现中间层, 在垂直方向 4~10cm 范围内, 中间层的含水率等值线密度较 0~4cm 的高, 而其基质含水率较 0~4cm 的低, 表明中间层为水分过渡层, 基质含水率在该层变化较大; 基质含水率随喷灌历时 (灌溉量) 增加而增大, 喷灌历时为 30min 时的中间层平均基质含水率至少比 15min 的大 22%; 剖面相同位置处的基质含水率随微喷灌溉量增加而增加, 在 12cm 以下

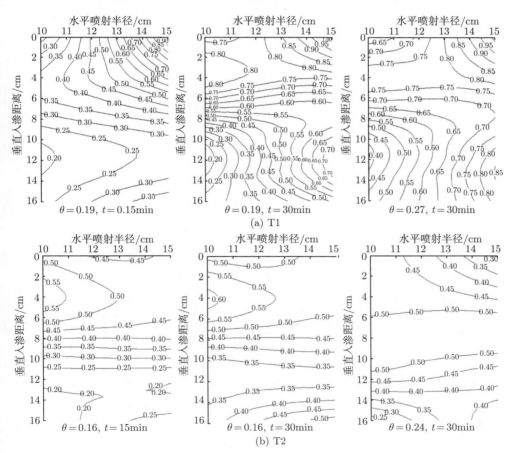

(a) T1

(b) T2

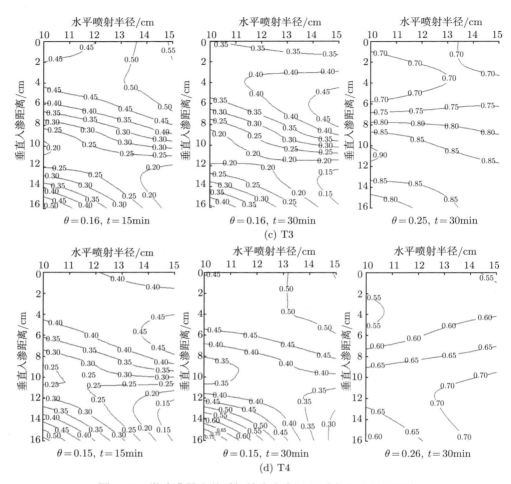

图 7.17　微喷灌量和基质初始含水率对基质水分分布的影响

的基质层，随基质深度增加，基质含水率等值线密度略有增大，基质含水率也逐渐增大 (基质 T1 除外)。这是由于基质上层直接与微喷灌水接触，随灌溉量的增加，基质含水率接近饱和状态，变化较小，且基质持水能力弱，渗透速度快，水分在重力和基质吸力作用下较快经过过渡层，到达基质下层，使得中间层基质含水率表现为快速下降，变化较大，而下层基质含水率增加。

2) 基质初始含水率对湿润体内含水率分布的影响

灌溉量相同、基质平均初始含水率为 0.17 和 0.26 时，4 种栽培基质在微喷灌条件下的湿润体含水率分布情况见图 7.17。由图 7.17 可知，微喷灌情况下，不同基质初始含水率时，各处理同样出现中间层，且其含水率等值线密度较上层基质高；中间层基质平均含水率随基质初始含水率的增加而增加，基质初始含水率为 0.26

时的中间层平均基质含水率至少比 0.17 的大 7.4%，但其基质含水率等值线密度则随基质初始含水率的增加而降低，表明该层基质含水率变化随基质初始含水率的增加而减小；这是因为基质初始含水率越大，产生的基质吸力越小，基质水分运动也就越慢。

3) 基质类型对湿润体内含水率分布的影响

如图 7.17 所示，在基质上层，复配基质 T2、T3 和 T4 的含水率等值线分布密度较接近，但远小于基质 T1，表明 3 种复配基质持水能力相似，水分在复配基质上层的变化比 T1 慢；基质 T1 的上层基质平均含水率至少比复配基质 T2、T3 和 T4 的大 21%，这可能是因为复配基质的物理性状相差不多，而基质 T1 上层颗粒较大，颗粒间大孔隙较复配基质多，微喷灌结束时，大孔隙中束缚的水分还未来得及向下运移，使得基质 T1 的基质含水率较高。

7.4.6 微灌溉和基质栽培下的生菜根系分布规律

生菜根系浅，须根发达，是生菜生长中获取水分、养分的重要器官。研究生菜根系分布特征，从灌溉角度考虑，有助于实现智能精确灌溉和减少灌溉用水，从经济角度考虑，有助于降低灌溉用水和人工成本。本章主要研究滴灌和微喷灌条件下，4 种基质栽培生菜根系的生长和分布规律的异同，实现为基质栽培生菜的节水灌溉提供科学依据。

生菜根长密度是反映其根系功能的重要结构参数，较根系生物量更能衡量植物获取水分和养分的能力。因此，本研究选择生菜根长密度进行研究。

7.4.6.1 材料与方法

1) 试验材料与仪器

试验于 2012 年在江苏大学农业工程研究院自控玻璃温室中进行。

供试生菜品种为意大利耐抽薹生菜，种植春、夏两茬。春茬于 1 月 22 日播种，3 月 13 日移栽，4 月 20 日收获。夏茬于 4 月 10 日播种，5 月 8 日移栽，6 月 12 日收获。

采用穴盘育苗，生菜在 5 片叶龄大小时，在基质栽培槽内定植，槽长 17.5m、宽 0.66m、深 0.3m，栽培密度为 14 株/m²。试验设置 4 种栽培基质和 2 种灌溉方式共 8 个处理。4 种基质配方与上一章相同，即：T1 纯醋糟，T2 醋糟:泥炭为 1:1，T3 醋糟:泥炭为 3:1，T4 醋糟:泥炭:蛭石为 1:0.5:0.5；2 种灌溉方式分别为滴箭式滴灌和微喷灌，随机排列。其中，滴灌流量为 1L/h，微喷灌半径为 0.3m。

灌溉时间主要依据天气情况和基质体积含水量决定，当 0~12cm 内的基质体积含水量低于该基质田间持水量 50% 时进行灌溉，滴灌和微喷灌的灌水量见表 7.19。同一灌溉方式下各试验处理的灌溉量及栽培管理措施均相同。各实验处理的灌溉量及栽培管理措施均相同。

表 7.19　生菜各处理的灌水量

灌溉方式	各处理每次灌水量/m³	灌水次数	各处理灌水总量/m³
滴灌	0.098	13	1.27
微喷灌	0.096	9	0.86

试验仪器：根系扫描仪 (Epson Expression STD1600 Scanner)；水分检测传感器 (EC-5，工作电压：2.5~3.6V，量程：0~100% VWC，测量精度：±8%)；自制根系采样器 (长 30cm、内径 20cm 的 PVC 管，沿中心线纵向剖开，合在一起用胶带纸将缝隙封禁，外部用铁丝固定)；直尺；电子天平 (精度 0.001g)；烘干箱。

2) 试验方法

(1) 生菜根系测量

选取栽培槽中段的生菜进行试验。每隔 6d 取样一次，每次平行取样 3 株，2 次重复。采样时以生菜为中心，将 PVC 管插入基质后整体移出，拆除 PVC 管封禁，测量根区最大深度，纵向每 3cm 测量根区半径并截取带根的基质，将取回的基质样本用筛冲洗，捡出生菜根系，去掉死根和其他杂质，再用吸水纸吸干根表面水分，测定鲜重。样本生菜根系使用扫描仪 (Epson Expression STD1600 Scanner) 扫描成灰阶模式 TIF 图像文件，将获取的 TIF 图像文件用 WinRhizo 图像处理系统分析生菜根长[91]。扫描后将样本根系放入烘箱在 85℃烘干 48h，称重并记录。

(2) 基质体积含水量测定

采用预先埋设好的 EC-5 水分传感器每隔 1h 测定基质体积含水量，直至基质含水量稳定 (8~10h)。滴灌情况下 EC-5 水分传感器横向距生菜基部 3cm，微喷灌情况下 EC-5 水分传感器横向距生菜基部 12.5cm。测定基质层纵向分别为 0~3cm、3~6cm、6~9cm、9~12cm、12~15cm、15~18cm、18~21cm。

7.4.6.2　春夏不同季节栽培的生菜根长密度的变化

春夏两个季节栽培的生菜在基质滴灌和微喷灌条件下的根长密度情况分别如图 7.18 和图 7.19 所示。由于两个季节栽培的设施内温度不同，从而造成对生菜根长密度的差异。可以看出，在整个生育期内，春季和夏季栽培生菜的根长密度不断增加，尤其是定植后第 21~第 35 天为生菜根长密度增长的主要时期。春夏季各试验处理不同取样期的生菜总根长密度差异较大，春季生菜总根长密度最少为夏季的 1.5 倍，最高达 13.3 倍。

生菜根长密度的变化春季明显快于夏季，其原因主要是春季温室内温度适中，室内平均气温大多在 15~25℃之间，适合生菜生长，向根系输送的生物量多，促进了生菜根系的生长分布；而夏季温室内平均温度达 30℃以上，超过了生菜生长的适宜温度范围，生菜出现徒长和提早拔节现象，从而抑制了生菜根系的生长。

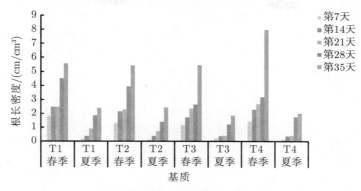

图 7.18　滴灌情况下生菜总根长密度动态变化

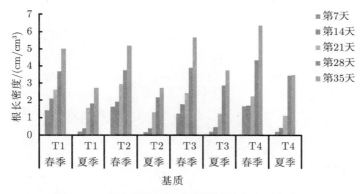

图 7.19　微喷灌情况下生菜总根长密度动态变化

7.4.6.3　灌溉方式对生菜根长密度影响

不同灌溉方式对生菜总根长密度及其在各基质层的分布均有较大影响。整体看，微喷灌条件下，各处理在不同取样期生菜根长密度均比滴灌大 (图 7.18 和图 7.19，T1 春季除外)，最大为滴灌的 3 倍。

表 7.20 和表 7.21 描述了滴灌和微喷灌条件下，不同取样期生菜根长密度在基质剖面的生长和分布情况。从表中可以看出，不同灌溉方式下，各取样期生菜根长密度主要集中在 0~6cm 基质层，占总根长密度的 70% 以上。生菜根长密度在基质剖面的垂直分布均整体式表现为随土壤深度的增加呈指数式下降。在 6cm 以下基质层中，滴灌生菜根长密度分布比例较微喷灌大，较微喷灌有下移现象，在夏季尤为明显。

不同的灌溉方式对生菜根长密度影响显著，究其原因，一方面，与滴灌情况下形成的基质湿润体相对较小，并且由于基质保水性差，水分快速流过根区有关；另一方面，夏季基质表层温度较高，水分散失较快，微喷灌将液滴喷在生菜叶面上，不但降低叶面温度，防止叶面高温损伤，而且减少叶面水分蒸发，较滴灌而言，生菜处于较好的生长环境，并且微喷灌将水洒向基质表层，降低基质表层温度，比滴灌更能快速提高基质表层水分含量，保护根系免受夏季高温影响。因此高温季节生菜基质栽培时以微喷灌为宜，若需要采用滴灌方式时，则要通过"少浇勤浇"并适当增加滴头的措施来促进水分的利用和根系的生长。

表 7.20　滴灌根长密度分布

基质	基质层/cm	栽培季节	根长密度/(cm/cm³)				
			第 7 天	第 14 天	第 21 天	第 28 天	第 35 天
T1	0～3	春季	0.28	1.60	0.80	3.26	3.59
		夏季	0.16	0.24	0.51	0.60	0.97
	3～6	春季	1.53	0.72	1.46	0.82	0.51
		夏季	0.01	0.09	0.34	1.04	0.58
	6～9	春季	—	0.13	0.02	0.42	0.33
		夏季	—	0.04	0.04	0.22	0.62
	9～12	春季	—	—	0.20	0.01	0.34
		夏季	—	—	—	—	0.23
T2	0～3	春季	1.17	1.20	0.86	2.21	1.79
		夏季	0.25	0.24	0.38	0.44	0.73
	3～6	春季	0.12	0.84	1.21	0.95	0.78
		夏季	0.04	0.11	0.22	0.57	1.01
	6～9	春季	—	0.13	0.20	0.47	0.84
		夏季	—	0.01	0.11	0.16	0.37
	9～12	春季	—	—	0.03	0.20	0.43
		夏季	—	—	—	0.25	0.34
T3	0～3	春季	0.56	0.77	1.92	1.82	2.23
		夏季	0.16	0.26	0.28	0.62	0.88
	3～6	春季	0.58	0.82	0.42	0.51	1.35
		夏季	0.02	0.10	0.12	0.42	0.51
	6～9	春季	—	0.13	0.01	0.30	1.23
		夏季	—	0.01	0.07	0.20	0.29
	9～12	春季	—	—	—	0.01	0.25
		夏季	—	—	—	—	0.20
T4	0～3	春季	1.15	1.47	1.37	2.78	4.96
		夏季	0.13	0.10	0.15	1.19	0.34
	3～6	春季	0.30	0.86	0.81	0.37	1.64
		夏季	0.01	0.23	0.20	0.46	1.18
	6～9	春季	—	0.36	0.07	0.04	0.46
		夏季	—	0.02	0.05	0.10	0.33
	9～12	春季	—	—	—	—	0.52
		夏季	—	—	—	—	0.17

表 7.21 微喷灌根长密度分布

基质	基质层/cm	栽培季节	根长密度/(cm/cm³)				
			第 7 天	第 14 天	第 21 天	第 28 天	第 35 天
T1	0~3	春季	0.88	1.72	2.00	2.38	2.62
		夏季	0.18	0.36	0.80	0.75	1.68
	3~6	春季	0.54	0.24	0.54	1.19	0.88
		夏季	0.01	0.03	0.63	0.71	0.54
	6~9	春季	—	0.17	0.11	0.10	0.76
		夏季	—	0.01	0.14	0.24	0.42
	9~12	春季	—	—	—	—	0.20
		夏季	—	—	—	0.11	0.09
T2	0~3	春季	1.52	0.82	1.45	2.90	3.84
		夏季	0.13	0.25	0.58	0.57	1.22
	3~6	春季	0.11	1.09	1.29	0.53	1.29
		夏季	0.01	0.12	0.47	0.91	0.91
	6~9	春季	—	0.02	0.11	0.14	0.04
		夏季	—	0.01	0.16	0.50	0.25
	9~12	春季	—	—	0.10	0.19	0.02
		夏季	—	—	0.08	0.19	0.20
T3	0~3	春季	0.84	0.98	0.85	2.83	2.47
		夏季	0.19	0.25	0.62	0.85	0.75
	3~6	春季	0.40	0.81	1.55	0.93	1.62
		夏季	0.01	0.21	0.51	1.26	1.63
	6~9	春季	—	—	0.04	0.05	0.84
		夏季	—	—	0.10	0.50	0.89
	9~12	春季	—	—	—	0.10	0.35
		夏季	—	—	—	0.28	0.47
T4	0~3	春季	1.26	1.00	1.80	3.00	4.42
		夏季	0.18	0.27	0.56	1.37	0.99
	3~6	春季	0.42	0.69	0.46	1.13	0.91
		夏季	0.01	0.13	0.35	1.67	1.64
	6~9	春季	—	—	0.01	0.21	0.51
		夏季	—	0.01	0.22	0.38	0.41
	9~12	春季	—	—	—	—	0.27
		夏季	—	—	—	0.06	0.47

7.4.6.4 栽培基质配比对生菜根长密度分布影响

栽培基质种类同样影响生菜的根长密度。微喷灌条件下,复配基质 T3 和 T4 在春夏季不同取样期的生菜根长密度较大,最大时为同期的 1.9 倍,基质 T2 次之,基质 T1 的根长密度最小,即随着醋糟比例的降低,生菜根长密度呈增加的趋势。滴灌条件下,复配基质 T4 在春季不同取样期的生菜根长密度较大,最大时达

$7.98 \mathrm{cm/cm^3}$，为同期基质 T2 的 1.47 倍，基质 T1、T2 和 T3 的根长密度差异较小，各基质栽培生菜根长密度的差异主要出现在定植后第 21～第 35 天；基质 T1 和 T2 在夏季不同取样期的生菜根长密度较大，最大时为 $2.45 \mathrm{cm/cm^3}$，基质 T4 次之，而基质 T3 的根长密度最小，仅为最大值的 75%。

从不同基质深度的根系分布来看，不同基质栽培生菜的根长密度总体上随基质深度增加呈逐渐减小趋势，且主要集中在 0～6cm 基质层内，大约占总根长密度 70% 以上。在 6cm 以下基质层中，微喷灌条件下，基质 T1 和 T3 在春季不同取样期的生菜根长密度分布比例较大，约为复配基质 T2 和 T4 的 1.7 倍；复配基质 T3 和 T4 在夏季不同取样期的生菜根长密度分布比例较大，而基质 T1 和 T2 的根长密度分布比例几乎一致。滴灌条件下，复配基质 T2 和 T3 在春季不同取样期的生菜根长密度分布比例较大，约为基质 T1 和 T4 的 2 倍；基质 T1 在夏季不同取样期的生菜根长密度分布比例最大，复配基质 T2、T3 和 T4 的根长密度分布比例几乎一致，约为 T1 的 72%。

综上可知，栽培基质对生菜根长密度及其分布具有一定影响。整体看，栽培基质通过复配能有效改善其物理特性如容重、持水孔隙度、通气孔隙度和水分扩散能力，有利于根系的生长，但在生产过程中受到灌溉方式和栽培季节的较大影响。

下　篇

有机基质的快速检测
方法及仪器研制

有机基质栽培已成为设施农业生产最具发展潜力的一种无土栽培方式。在基质栽培过程中，含水量、pH、电导率和氮素养分等重要的理化性状会随时发生动态变化，需要进行实时检测和调控。国内外在土壤介质的理化性状快速检测方法上已有大量的研究，并且开发了很多的仪器设备。有机基质主要由有机物料构成，具有有机质含量高 (甚至可达到 80% 以上)、质地轻 (容重 0.1~0.7g/cm³) 等特点，与土壤组成有很大差别，因此针对土壤的有效检测方法不一定适用于基质的检测。以含水量检测为例，目前土壤水分含量的快速检测方法主要以时域反射仪 (TDR) 和频域反射仪 (FDR) 法为代表，具有测量快速、连续、准确地特点。其基本原理都是通过测量土壤表观介电常数来得到土壤容积含水量，而其基本假定是：在标准状态下，土壤矿物质、空气和水的介电特性为常数，土壤的介电常数主要依赖于土壤容积含水量。因此，市场上所售 TDR 和 FDR 仪器的使用对象仅局限于常见的矿质土的范围，如果要用到质地疏松、结构稳定较差的有机基质，测定过程中较难以保持仪器探头与基质的良好接触，测定时必定会存在较大误差。但是，国内外对有机基质理化性状检测的技术研究较少，大部分理化性状仍旧采用传统的实验分析法或采用相应土壤参数检测仪进行检测，针对基质参数快速可现场检测的关键技术缺乏系统的研究，这将成为未来真正实现基质栽培精准灌溉、按需供给的智能化精准农业发展瓶颈。因此，针对有机基质的特性，研究合适的测定方法并研制相应的仪器设备是很有必要的。

通过分析现有土壤含水量、电导率和 pH 检测方法，设计适合常见栽培基质用的含水量传感器、电导率传感器和锑电极 pH 传感器，并将它们与单片机技术、无线通信技术等相结合，开发出便携式检测仪和无线检测仪[92−95]。同时也对可见–红外光谱技术在有机基质含水量、氮素含量等性状测定中的应用进行了探索。

第8章　基质含水量检测及传感器研制

基于土壤介电特性发展起来的土壤含水量测定方法相对比较成熟，可以为研制适合有机栽培基质含水量原位快速检测传感器提供一定的借鉴。苏联学者 Chemya 最先对土壤的介电特性做出系统研究，他在 1964 年出版了引起世界关注的学术名著《湿土介电特性研究方法》[96]。在此基础上，土壤的介电特性迅速被应用于测量土壤含水量，具体实现方法千差万别。根据测量原理可分为电容法、时域反射法（TDR）、频域分解法（FDR）和驻波率法（SWR）。

电容法是一种通过测量以土壤颗粒、水分和空气组成的土壤为电容器介质的电容检测技术。由于水的介电常数远大于土壤颗粒和空气的介电常数，土壤水分含量改变，土壤介电常数发生变化，从而引起电容器电容变化。

时域反射法是 20 世纪 60 年代末期出现的一种根据物质介电特性测定土壤含水量的方法。时域反射法的测量原理是，当高频电磁脉冲传播遇到不同的介质时，由于阻抗不匹配发生电磁波反射现象，根据反射回的时间确定物质介电常数[97]。

频域分解法是 1992 年荷兰 Wageningen 农业大学学者 Hilhorst 通过大量的研究提出来的，他认为，在某一理想测试频率下将土壤的介电常数分解成实部和虚部，通过分解出的虚部可得到土壤的电导率，由分解出的实部可换算出土壤含水量，这种利用矢量电压测量技术来测量土壤含水量的方法，即为频域分解方法[98]。

驻波率法的测量原理为，高频信号沿传输线传播到土壤检测探针，在探针和传输线相接处一部分信号沿传输线反射回来，另一部分继续沿土壤探针传播。这样入射波与反射波叠加形成驻波，使传输线上各点电压幅值变化。土壤探针的阻抗由土壤的介电特性决定，土壤的介电特性主要由土壤含水量决定，因此，通过测量传输线上电压变化来测量土壤含水量。

根据这些原理开发的传感器已经在科研和生产上得到了应用。本研究在总结土壤水分介电传感器和有机基质物理性状特点的基础上，设计了谐振频率在甚高频区、带有频伏转换（F/V）电路的电容式含水量传感器。

8.1　基质水分状态

基质中的水分或者被吸附在基质颗粒表面，或者出现在空隙中，并且和外界的水一样，也以固态、液态、气态三种形式存在。由于基质的颗粒大小、形态和孔隙率等不一样以及水分含量的多少不同，基质水分便表现出不同的性质。

8.1.1　基质水分形态分类

基质水分从形态上大致分为化学结合水、吸湿水和自由水三类。

(1) 化学结合水。要在 600～700℃温度下才能脱离基质颗粒。

(2) 吸湿水。是基质表面分子力所吸附的单分子层，必须在 105～110℃的温度下，转变为气态，才能脱离基质颗粒表面分子力的吸附而跑掉。

(3) 自由水。可以在基质颗粒的空隙中移动。自由水，又可进行如下划分：

① 膜状水。吸湿水的外层所吸附的一层极薄水膜的水分称为膜状水。它呈液态状，受基质颗粒表面分子力的束缚，仅能做极缓慢的移动。

② 毛管悬着水。由毛管力所保持在基质层中的水分称为毛管悬着水。它与地下水和基质层与基质层之间的悬着水无压力上的联系，但能足够快速移动，以供植物生长吸收。

③ 毛管支持水。地下水随毛管上升而被毛管力所保持在基质中的水分称为毛管支持水。支持水之间以及与地下水有压力上的联系。

④ 重力水。受重力作用而下渗的基质水被称为重力水。重力水只能短暂时间存在于基质中，随着时间的延长，它将会逐渐下降流失。

已有研究表明束缚水 (吸湿水和部分膜状水) 的介电常数小于自由水，它的存在会影响到介质的介电性质。尤其在低含水量阶段，束缚水所占比例较大，作用尤为明显。

8.1.2　基质含水量表示方法

一般所说的基质含水量，实际上是指用烘干法在 105～110℃温度下从基质中驱逐出的水。基质水分含量即基质含水量称为基质湿度，它是指基质中所含有水分的数量。基质含水量可以用不同的方式表示，最常用的表示方法有以下几种。

(1) 以占基质质量百分数表示的含水量 (W)，即基质中实际所含的水重 ($W_水$) 占干基质 ($W_基$) 的百分数：

$$W\,(\%) = \frac{W_水}{W_基} \times 100\% \tag{8-1}$$

(2) 以占基质体积百分数表示的体积含水量 (θ)，有的也叫容积含水量，是指基质中水的体积 ($V_水$) 占基质体积 ($V_基$) 的百分数：

$$\theta\,(\%) = \frac{V_水}{V_基} \times 100\% \tag{8-2}$$

(3) 以水层厚度表示的含水量 (a)：

$$a(\mathrm{mm}) = H \cdot \theta \tag{8-3}$$

式中，H 为基质厚度 (mm)；θ 为基质容积含水量 (%)。

另外，还有以基质中水的体积占基质空隙体积的百分数表示等。

基质含水量应用的目的不同，选择的表示方法也不一样。如，质量含水量表示方法简单易行，有足够的精度，是使用最广泛、最主要和最基本的方法，也是其他基质含水量表示方法或其与之对比的基础。体积含水量最常用于一些基质水分理论和基质结构关系的研究。本文中主要以体积含水量来表示。质量含水量和水层厚度含水量，常用于基质水分计算、水量平衡以及用作指导灌溉的水分指标等。

8.2 基质含水量介电测量理论基础

基质含水量的介电测量方法需考虑电磁场与基质的相互作用，并对基质介电特性进行研究。现代物理学认为"所有非金属，甚至一定情况的金属，都属于电介质"。因此，基质也不例外。基质属于非均匀介质，和一般介质材料一样，在电场中不仅有极化现象产生，而且还会产生极化损耗。这些极化及其产生的损耗不仅和基质本身成分有关，同时还受到电场频率、环境等外部因素的影响。

8.2.1 介质极化

在电场的作用下，电介质中带正、负电荷的微粒将分别沿电场或逆电场方向移动，这种移动在电介质中引起感应电矩。另外，如果电介质有偶极矩不为零的极性分子，它们在外场作用下会按电场方向排列形成电矩。我们把上述在外电场作用下电介质中带电微粒的移动或极性分子的取向称为电介质的极化。

在同样的外电场作用下，各种电介质形成感应电矩的程度不一，也就是产生极化的程度不一。这种程度主要由介质中的带电微粒和极性分子的多少及其活动的能力决定。介电质极化能力以介电常数表征。如果外电场的强度为 E，电介质单位体积内产生的定偶极矩为 P，那么，介电常数 ε 由下式定义：

$$\varepsilon = E/P \tag{8-4}$$

8.2.2 极化类型

电介质的极化类型主要分为三类，即位移极化、松弛极化和结构式极化。

1) 位移极化

位移极化包括电子式位移极化、原子式位移极化和离子式位移极化。电子式位移极化是指束缚在原子或离子中的电子在电场作用下发生弹性位移所引起的极化，其建立的时间为 $10^{-14} \sim 10^{-16}$s，存在于一切物质和各种电场中，一般不引起损耗。原子式和离子式位移极化是指被束缚的原子和离子在电场中的弹性位移引起的极化，建立时间为 10^{-12}s，也可能在任何高频下产生，并有较小的极化损耗。

2) 松弛极化

松弛极化包括电偶式极化和离子式极化。电偶式极化是指具有极性的分子在外加电场中顺场取向所产生的极化, 建立时间约 10^{-11}s, 其突出的特点是介电常数和损耗与环境温度及外场频率有关, 损耗较大; 离子式极化是指无机离子晶体中, 正负离子所构成的电偶极矩在电场中取向所产生的极化, 其特点与电偶式极化相似, 损耗较小。

3) 结构式极化

在电场中, 介质特性不连续的面上将积聚电荷, 电场方向改变时, 电荷重新分布, 这在效果上类似于电偶式极化, 但由于这些不连续面构成的电偶极矩涉及的结构尺寸大, 往往建立的时间长, 损耗大。

通过对介质极化类型的分析可知, 不同的极化形式, 其极化所需要的时间是各不相同的。在交变电场中, 介质极化所产生的偶极矩随电场方向的变化而改变方向, 构成偶极矩的带电微粒或极性分子则需随之移动位置或转动方向。这种移动和转动都将与周围的物质产生作用——需克服与周围物质间的摩擦力而做功, 发热。这部分介质发热所损耗的电能称为介电损耗。因此, 在交流电场作用下, 除了漏导电流产生的损耗外, 还有介电损耗。所以, 可将介质在交变电场中的行为等效为一只电容 C 和一只电阻 R 并联, 其中电阻 R 包括介电损耗等效电阻。

8.2.3　复合材料介电性能

1) 瓦格纳理论

两种介质 (组分材料)A 和 B 共混时, 假设含量较小的 B 介质以半径极小而且均等的小球, 均匀弥散于含量较大的 A 介质中。因 B 介质含量较小, 小球的间距较大, 可以忽略球间的相互作用。用静电理论可以推导出复合材料介电常数与组分材料相应参数间的数学关系为

$$\varepsilon = \varepsilon_A \left[1 + \frac{3V_B(\varepsilon_B - \varepsilon_A)}{2\varepsilon_A + \varepsilon_B - V_B(\varepsilon_B - \varepsilon_A)} \right] \tag{8-5}$$

式中, ε_A 和 ε_B 分别是 A 介质和 B 介质的介电常数; V_B 是 B 介质的体积。

通过较为复杂的计算, 也可以得出复合材料介电损耗与组分材料相应参数间的关系。

2) 季赫田纳科经验公式

对于两种介质 A 和 B 混合而成的复合材料, 季赫田纳科提出了计算复合材料介电常数的经验公式:

$$\varepsilon^k = V_A \varepsilon_A^k + V_B \varepsilon_B^k \tag{8-6}$$

式中, k 是由两种介质的分布状态决定的参数; V_A 和 V_B 分别是 A 介质和 B 介质的体积; ε_A^k 和 ε_B^k 分别是 A 介质和 B 介质的在 k 分布参数下的介电常数。

8.3 基质含水量传感器设计

基于上述介电理论，根据基质的固体颗粒、水、空气三种成分的相对介电常数差异性 (固体颗粒为 4~12，水约为 81，空气为 1)，设计电容式基质水分传感器。在印刷电路板技术基础上设计传感器探头，采用 ANASYS 对探头进行仿真分析，优选结构参数，设计了谐振频率在甚高频区，带有频伏转换电路的电容式含水量测量传感器。

8.3.1 传感器探头结构设计与参数仿真优选

8.3.1.1 探头结构设计

传统的圆筒、平行板型不适宜现场插入基质实现快速测量，而探针式结构形成的电容值很小，灵敏度有限，检测电路设计困难且易受干扰。故本文采用同面极板结构探头，传感器探头由单面或双面覆铜的印刷电路板 (PCB) 制作而成，其具有加工方便，成本低等优点，基本结构如图 8.1 所示。它由驱动极板、感应极板、基片等组成；另外，相应的电容检测处理电路的 PCB 与探头为一体结构，整体结构紧凑。驱动/感应极板上涂覆绝缘层，可有效避免极板之间的漏电电流。基片和绝缘层的材料一般为环氧树脂，相对介电常数为 4.7 左右。探头尺寸参数为极板长 L、极板间距 a、极板宽度 b 和基片厚度 c，基片厚度由 PCB 加工决定，一般为 1.6mm。探头末端设计成三角形，便于插入栽培基质。

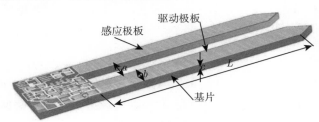

感应极板　驱动极板

基片

图 8.1　同面探头基本结构

8.3.1.2 探头电容分析

图 8.2 是同面电容传感器的物理模型。理想情况下认为极板 L 足够长，极板无限薄，忽略边缘效应，其电场线分布示意图如图 8.2 所示。采用单元积分法计算同面散射场的电容，即电容敏感元件之微小面积增量 ($\Delta F = L\Delta x$) 形成的电容值，按图 8.2 所示的电场线，用近似半圆弧形线代替 (也可用近似椭圆形线代替)，根据电容计算式 (8-7)，近似可得式 (8-8)，总电容则为式 (8-9)。

$$C = \varepsilon_0 \varepsilon_r A/d \tag{8-7}$$

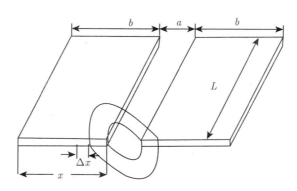

图 8.2　同面电容传感器探头物理模型

式中，ε_0 为真空介电常数；ε_r 为介质的相对介电常数；A 为极板面积；d 为极板间距。

$$\Delta C \approx 2\frac{\varepsilon_0\varepsilon_r\Delta F}{\pi(x+a/2)} = 4\frac{L\varepsilon_0\varepsilon_r}{\pi(2x+a)}\Delta x \tag{8-8}$$

$$C \approx \int_{\frac{a}{2}}^{\frac{a}{2}+b} \frac{4L\varepsilon_0\varepsilon_r}{\pi(2x+a)}\mathrm{d}x = 2\varepsilon_r\varepsilon_0\frac{L}{\pi}\ln\left(1+\frac{b}{a}\right) \tag{8-9}$$

由式 (8-9) 可知，在 L 一定的情况下，探头电容大小和灵敏度主要决定于极板间距 a 和极板宽度 b 的比值 a/b，比值越小，探头灵敏度越高。

用圆弧曲线或椭圆弧曲线代替电极间的电力线来计算散射场电容器电容值，显然会有较大的误差。对于图 8.2 所示的电容器，直接解析计算其电场分布和电容很困难，须采用数值计算方法。

8.3.1.3　探头尺寸有限元仿真分析

借助有限元分析软件 ANSYS 采用有限元法对探头电容、电场进行二维计算 (假设极板 L 无限长，极板厚度无限薄)，分析同面探头的灵敏度和探测深度与两极板间距 a 和极板宽度 b 之比 (a/b) 的关系，以此优选参数 a、b。仿真双面覆铜探头，具体仿真步骤如下：

(1) 过滤图形界面。启动 ANSYS 应用程序，打开过滤图形界面窗口，进入静电场计算分析环境。

(2) 定义单元类型。选择二维实体单元 PLANE121 作为栽培基质区和基片区计算单元，其形状为具有 8 个节点的四边形，自由度为电势；选择二维特殊单元 INFIN110 作为空气区计算单元，其形状为具有 8 个节点的四边形，自由度为电势。

(3) 定义材料属性。仿真过程中用到 3 种电介质材料分别为基片、空气和栽培基质。根据材料物性数据分别定义材料 1 基片的相对介电常数为 4.7，材料 2 空气的相对介电常数为 1，材料 3 栽培基质的相对介电常数根据仿真需要设定。

(4) 建模。根据仿真设计参数建立传感器探头的物理模型。

(5) 划分网格。通过 ANSYS 单元网格剖分,空气区采用 INFIN110 单元进行映射剖分方式;基质和基片区采用 PLANE121 单元进行三角形自由网格剖分方式。划分后的探头 ANSYS 仿真二维模型示意图如图 8.3 所示。

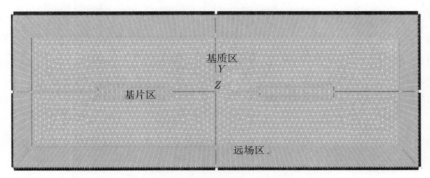

图 8.3 探头 ANSYS 仿真二维模型示意图

(6) 施加边界条件和激励载荷。驱动电极加载 5V 电压,感应电极加载 0V 电压,并给远场边界施加远场标志。

(7) 求解。由 ANSYS 软件自动完成。

(8) 解后处理。直接计算结果主要是计算域内的电势分布和电场强度矢量分布,并可以用图形显示出来。电容值可通过选择方程求解器 JCG 执行 CMATRIX 宏命令求解。

1) 探头灵敏度与 a/b 仿真分析

由式 (8-9) 可知,平面极板探头电容器电容的大小同极板间距、极板宽度之比 a/b 有关,还受探头附近基质相对介电常数的影响。在设计电容式基质含水量传感器探头时,希望在不同基质含水量情况下,电容的差值越大越好,也即探头灵敏度越高。仿真时,固定极板宽度 $b = 8\text{mm}$,改变极板间距 a,计算出基质区相对介电常数改变一个单位时电容的变化量 ΔC,仿真计算结果如表 8.1 所示。

表 8.1 探头灵敏度与 a/b 的关系

a/b	b/mm	a/mm	$\Delta C/\text{pF}$	a/b	b/mm	a/mm	$\Delta C/\text{pF}$
0.3	8.0	2.4	244.2	0.9	8.0	7.2	164.4
0.4	8.0	3.2	219.4	1.0	8.0	8.0	158.6
0.5	8.0	4.0	202.3	1.1	8.0	8.8	153.5
0.6	8.0	4.8	189.5	1.2	8.0	9.6	149.0
0.7	8.0	5.6	179.5	1.3	8.0	10.4	146.3
0.8	8.0	6.4	171.3	1.4	8.0	11.2	142.7

由表 8.1 可见，随着 a/b 值从小到大的变化，由基质相对介电常数改变一个单位而引起单位长度探头电容变化量逐渐减小，也即基质含水量变化引起电容器电容值变化减小，因而传感器探头的灵敏度随 a/b 增大而减小。另外，采用最小二乘法回归分析可知，a/b 与探头灵敏度之间存在很好的乘幂关系，$\Delta C = 159.28 \times (a/b)^{-0.3477}$，相关系数 $R^2 = 0.999$。

2) 探头敏感范围与 a/b 仿真分析

根据电容器存储能量式 (8-10)，电场总能量式 (8-11) 和电介质中电场能量密度式 (8-12) 可知，当探头的驱动、感应极板间电势差 U 一定时，探头电容 C 空间分布大小与非均匀电场中的电场能量成正比，与电场平方分布成正比。因此，可通过分析电场分布来确定探头敏感深度 H 与 a/b 的关系。

$$W = \frac{1}{2}CU^2 \tag{8-10}$$

式中，W 为电场总能量。

$$W = \frac{1}{2}\int_V D \cdot E \mathrm{d}V \tag{8-11}$$

式中，D 为电位移量；E 为电场强度；V 为电场所在区域的体积。

$$W_e = \frac{1}{2}\varepsilon \cdot E^2 \tag{8-12}$$

式中，W_e 电场区域中各点的电场能量；ε 是介电常数。

为分析探头的敏感范围，同样固定极板宽度 $b = 8\mathrm{mm}$，改变极板间距 a，通过计算电场的空间分布可以确定探头的敏感范围。图 8.4 为基质区相对介电常数设为 10 时，4 种 a/b 值时仿真出电场大小等值线分布图。

由图 8.4 可见，当 a/b 值较小时，电场能量集中于两极板中间，探测范围较小，随着 a/b 值变大，电场能量分布分散开来，探测范围逐渐变大。另外，a/b 值不同时，分布电场的最大值也不相同。

为定量分析敏感范围随 a/b 值变化情况，根据电场分布形状，提取驱动极板末端 (电场值最大处) 沿 Y 轴正方向上的电场 E，规定沿 Y 轴电场值衰减为最大值的 $1/100$ 时，其对探头电容值影响甚小，此对应点的 Y 值作为探头敏感深度 H 的参考值。

表 8.2 为根据仿真结果得出的敏感深度 H。由表 8.2 可知，随着 a/b 值增大，敏感距离 H 增大。

另外，采用最小二乘法回归分析可知，a/b 与探头敏感深度 H 之间也存在较好的乘幂关系，$H = 22.251 \times (a/b)^{0.5651}$，相关系数 $R^2 = 0.998$。

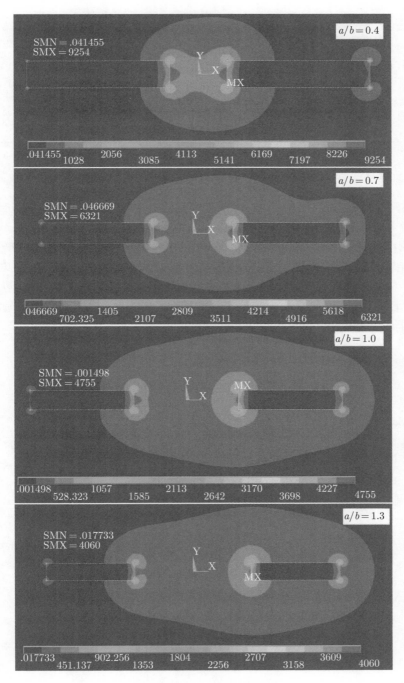

图 8.4　电场大小等值线分布图

表 8.2　敏感深度 H 与 a/b 的关系

a/b	b/mm	a/mm	H/mm	a/b	b/mm	a/mm	H/mm
0.3	8.0	2.4	11.5	0.9	8.0	7.2	21.1
0.4	8.0	3.2	13.3	1.0	8.0	8.0	22.5
0.5	8.0	4.0	14.9	1.1	8.0	8.8	23.7
0.6	8.0	4.8	16.4	1.2	8.0	9.6	24.6
0.7	8.0	5.6	17.9	1.3	8.0	10.4	25.8
0.8	8.0	6.4	19.3	1.4	8.0	11.2	27.2

8.3.2　基质含水量传感器电路设计

本书采用谐振法测电容, 即将探头电容量转换为频率量。硬件电路包括电源、谐振、分频和频伏转换 (F/V) 电路四部分。具体电路原理图如图 8.5 所示, 电源电路 U1 为电路其他单元提供稳定的、无纹波的电压源; 谐振电路 U2 用来产生频率由外接电容控制的信号, 也就是探头以基质为介质形成的等效电容 C_x 可以改变信号频率; 分频电路 U3、U4 将谐振电路输出的高频信号分频到 F/V 转换芯片能处理的频率范围内, U3 还带有电平转换功能; F/V 转换电路 U5 使频率信号以等效的直流电压信号输出, 便于试验时数据测量和后续二次仪表的开发。

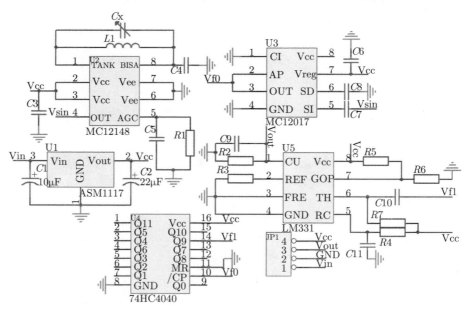

图 8.5　含水量传感器电路原理图

电源电路采用 AMS1117-5.0 稳压器, 其内部集成过热保护和限流电路, 是电池供电和便携式计算机的最佳选择。谐振电路 U2 采用集成压控振荡器 (VCO)

MC12148,其输出信号为 MECL 电平,频率大小由外接并联 LC 谐振电路决定,典型的最高频率可达 225MHz,频谱纯度高,在 5.0V 直流电源电压下,最大电流消耗 19mA。分频电路 U3 型号为 MC12017,它是具有 63/64 预制分频功能的双模前置分频器,最大工作频率 225MHz,输出电平可以与 CMOS、TTL 电平兼容。分频电路 U4 型号为 74HC4040,为常用 12 位高速 CMOS 异步计数器。F/V 转换电路 U5 型号为 LM331,它是美国 NS 公司生产的性价比很高的 V/F 和 F/V 转换器,采用了新的温度补偿能隙基准电路,在整个工作温度范围内和低到 4.0V 电源电压下都有极高的转换精度。当用作 F/V 时并按图 8.5 中电路所示连接,LM331 的第 1 脚流出的平均电流 I_{avg} 为式 (8-13) 所示。流出的电流被 100kΩ 电阻 $R2$ 和 1μF 的电容 $C9$ 所滤波,其纹波峰值为 10mV,不过相应较慢,时间常数为 0.1s,经过 0.7s 的稳定时间达到 0.1% 的精确度。图 8.6 为基质含水量传感器实物图。

$$I_{\mathrm{avg}} = i \times (1.1 \times R7 \times C11) \times f \tag{8-13}$$

图 8.6　基质含水量传感器实物

8.4　基质含水量传感器标定

所谓传感器的标定,是指通过试验建立传感器输出与输入之间的关系并确定不同使用条件下的误差这样一个过程。

8.4.1　标定模型

根据季赫田纳科经验公式式 (8-6) 可知,基质中各种成分 (固体颗粒、水、空气) 的相对介电常数以及它们各自的体积分数可用来描述基质等效的混合相对介电常数 ε_{b}

$$\varepsilon_{\mathrm{b}}^{\beta} = \varepsilon_{\mathrm{a}}^{\beta} f_{\mathrm{a}} + \varepsilon_{\mathrm{s}}^{\beta} f_{\mathrm{s}} + \varepsilon_{\mathrm{w}}^{\beta} \theta \tag{8-14}$$

式中,ε_{a}、ε_{s}、ε_{w} 分别是空气、基质颗粒、水的相对介电常数;f_{a}、f_{s}、θ 分别是空气、基质颗粒、水的体积分数;β 是一经验值,其大小与混合介质几何结构、成分、电场作用方向相关 [99]。f_{a}、f_{s}、θ 之间关系为

$$f_{\mathrm{a}} + f_{\mathrm{s}} + \theta = 1 \tag{8-15}$$

$$f_{\mathrm{a}} + \theta = \varphi \tag{8-16}$$

φ 是基质空隙率。根据式 (8-14~8-16) 可得

$$\varepsilon_{\mathrm{b}}^{\beta} = \theta \left(\varepsilon_{\mathrm{w}}^{\beta} - \varepsilon_{\mathrm{a}}^{\beta} \right) + \varepsilon_{\mathrm{s}}^{\beta} (1 - \varphi) + \varepsilon_{\mathrm{a}}^{\beta} \varphi \tag{8-17}$$

当基质的含水量不同时，其混合相对介电常数发生变化，从而探针的等效电容也随之变化。探针等效电容 C_{x} 的容量与探针周围的介质有关，是基质相对介电常数 ε_{b} 和几何因子 ξ 的函数，其中几何因子 ξ 与探头结构尺寸和渗透到介质中的电磁场的形状分布相关。探针等效电容 C_{x} 可表示为

$$C_{\mathrm{x}} = \xi \cdot \varepsilon_{\mathrm{b}} \cdot \varepsilon_0 \tag{8-18}$$

本设计中采用谐振法测量电容，并将谐振频率 f 转换为电压信号 U 输出，在电感 L 一定时，MC12148 输出信号的谐振频率 f 大小可表示为

$$f = \frac{1}{2\pi\sqrt{L(C + C_{\mathrm{x}})}} \tag{8-19}$$

式中，C 为设计电路中与 C_{x} 并联的固有电容。

频伏转换关系为

$$U = k \cdot f \tag{8-20}$$

式中，k 为转换系数，由式 (8-18)~式 (8-20) 可得

$$\varepsilon_{\mathrm{b}} = \frac{k^2}{4\xi\pi^2 L\varepsilon_0} \cdot \frac{1}{U^2} - \frac{C}{\xi \cdot \varepsilon_0} \tag{8-21}$$

令 $a = \dfrac{k^2}{4\xi\pi^2 L\varepsilon_0}, b = \dfrac{C}{\xi \cdot \varepsilon_0}$，假设传感器在空气、纯水中测得电压分别为 U_0、U_1，则有

$$\varepsilon_{\mathrm{a}} = a \cdot \frac{1}{U_0^2} - b \tag{8-22}$$

$$\varepsilon_{\mathrm{w}} = a \cdot \frac{1}{U_1^2} - b \tag{8-23}$$

由式 (8-22)~式 (8-23) 可以确定 a、b，另外，传感器在烘干基质 (含水量为 0) 中测得的输出电压为 U_2，则有

$$\varepsilon_{\mathrm{s}}^{\beta} (1 - \varphi) + \varepsilon_{\mathrm{a}}^{\beta} \varphi = \left(a \cdot \frac{1}{U_2^2} - b \right)^{\beta} \tag{8-24}$$

并根据式 (8-17)、式 (8-21)、式 (8-24) 可得基质水分检测标定模型

$$\theta = \frac{\left(a\frac{1}{U^2} - b\right)^{\beta} - \left(a \cdot \frac{1}{U_2^2} - b\right)^{\beta}}{\varepsilon_{\rm w}^{\beta} - \varepsilon_{\rm a}^{\beta}} \tag{8-25}$$

显然，对不同的基质有不同的参数 β。称式 (8-25) 为基于 β 参数的经验标定模型 (β 模型)。在用 β 模型标定不同基质时，参数 $\varepsilon_{\rm w}$、$\varepsilon_{\rm a}$ 为常数，而对某一个含水量传感器，a、b 也固定不变，故只需确定参数 U_2 和 β。其中，U_2 为干基质中传感器输出电压，β 可通过标定任意一点已知 θ 与其输出电压 U 计算得到。因此，可以通过两点标定建立输出电压 U 与土壤体积含水量 θ 的标度变换模型，称为 β 两点标定法。为检验 β 模型的适用性和两点标定法的实用性，以常用栽培基质泥炭、珍珠岩和醋糟为试验对象，进行标定试验。

8.4.2 标定试验

8.4.2.1 实验材料和方法

试验材料：采用醋糟、草炭、珍珠岩三种基质；其中，醋糟由江苏恒顺集团提供，在江苏大学实验温室通过添加专用的发酵菌株，经堆制发酵而成，草炭为市购东北产草炭；珍珠岩为浙江产，粒径 2.5~7mm。

实验方法：将风干基质剔除杂质后，放于 105℃干燥箱中干燥 3h，冷却到室温备用。取内径为 13cm、深为 25cm 的塑料桶，确定要装填基质体积，并在桶内相应高度处做上标记。根据事先确定的土样体积含水量、容重计算所需水和干基质的质量，按计算的结果取干基质和水混合。密封于塑料袋中静置 24h 后，充分搅拌均匀，用分层压实法将其装入塑料桶中并将其压实至所做标记处。测量时，室温控制在 (25±3)℃，将基质水分传感器完全插入土样中，每个土样测量 3 次，取 3 次输出电压平均值为测量值。容重影响试验只需在上述试验测量结束后，将土样再压至事先规定容重所需体积标记处，重新计算土壤含水量并再次测量输出信号电压即可。

试验中珍珠岩容重为 0.16g/cm³，泥炭容重 3 水平为 0.30g/cm³、0.33g/cm³、0.36g/cm³，醋糟容重 4 水平为 0.130g/cm³、0.136g/cm³、0.144g/cm³、0.152g/cm³。由于泥炭、珍珠岩和醋糟饱和含水量差异较大，且配制试样的难易程度不同，经过取舍，这 3 种材料分别配制了 12、9、9 水平含水量的试样进行测试。试样按含水量从小到大编号，含水量为 0，编号为 1。另外，传感器在空气、纯水中输出电压分别为 $U_0 = 1.354$V、$U_1 = 0.405$V。在此，定义传感器输出电压归一化参数 $\eta = (U_0 - U)/(U_0 - U_1)$。

8.4.2.2 实验数据

泥炭、醋糟基质在不同容重下输出电压信号与含水量试验数据如表 8.3、表 8.4 所示，珍珠岩含水量与输出电压信号数据如表 8.5 所示。

表 8.3　泥炭实验数据

$\rho b=0.3\text{g/cm}^3$		$\rho b =0.33\text{g/cm}^3$		$\rho b =0.36\text{g/cm}^3$	
θ	U/V	θ	U/V	θ	U/V
0.000	1.188	0.000	1.182	0.000	1.178
0.044	1.112	0.048	1.098	0.052	1.074
0.087	1.015	0.096	0.994	0.105	0.971
0.131	0.931	0.144	0.910	0.157	0.875
0.175	0.864	0.192	0.812	0.209	0.794
0.218	0.803	0.240	0.745	0.262	0.722
0.262	0.757	0.288	0.712	0.314	0.688
0.305	0.723	0.336	0.685	0.367	0.637
0.349	0.675	0.384	0.638	0.419	0.601
0.393	0.637	0.432	0.604	0.471	0.565
0.436	0.611	0.480	0.575	0.524	0.538
0.480	0.585	0.528	0.550	0.576	0.519

表 8.4　醋糟实验数据

$\rho b =0.130\text{g/cm}^3$		$\rho b =0.136\text{g/cm}^3$		$\rho b =0.144\text{g/cm}^3$		$\rho b =0.152\text{g/cm}^3$	
θ	U/V	θ	U/V	θ	U/V	θ	U/V
0.000	1.284	0.000	1.282	0.000	1.279	0.000	1.277
0.029	1.230	0.031	1.223	0.032	1.201	0.034	1.188
0.059	1.163	0.061	1.181	0.064	1.131	0.068	1.107
0.088	1.112	0.092	1.075	0.097	1.070	0.103	1.034
0.117	1.064	0.122	1.031	0.129	1.020	0.137	0.986
0.146	1.013	0.153	0.972	0.161	0.953	0.171	0.922
0.176	0.962	0.184	0.938	0.193	0.893	0.205	0.861
0.205	0.901	0.214	0.865	0.225	0.837	0.240	0.816
0.234	0.847	0.245	0.833	0.258	0.801	0.274	0.775

表 8.5　珍珠岩实验数据

θ	0.000	0.340	0.068	0.101	0.135	0.169	0.203	0.236	0.270
U/V	1.231	1.149	1.104	1.076	1.056	1.023	0.985	0.95	0.889

8.4.2.3　试验数据处理分析

1) 标定试验数据分析

目前土壤水分传感器标定常用多项式模型，包括线性、二次、三次多项式。而对 FDR 型土壤水分传感器，有关学者还采用归一化频率指数与含水量的线性或乘幂模型[100]。因此，本书对标定试验数据分别采用线性、二次多项式、乘幂、β 参数模型进行回归分析，并回归分析电压归一化参数 η 与含水量 θ 的线性、乘幂模型。用相关系数 R^2 和均方根误差 (RMSE) 来评价 5 种模型优劣。表 8.6 是基于试验数据，在 MATLAB 软件中，采用最小二乘回归法计算出 5 种模型的评价指标值。其中 β 参数模型中使用到的参数 ε_a 取 1、ε_w 取 78.36。

表 8.6　6 种模型评价指标值

模型	泥炭		珍珠岩		醋糟	
	R^2	RMSE	R^2	RMSE	R^2	RMSE
线性	0.9596	0.0349	0.9745	0.0158	0.9893	0.0093
二次多项式	0.9927	0.0157	0.9776	0.0160	0.9932	0.0080
乘幂	0.9610	0.0343	0.8749	0.0349	0.9329	0.0232
β 参数	0.9950	0.0117	0.9554	0.0195	0.9911	0.0079
η 线性	0.9596	0.0349	0.9745	0.0158	0.9893	0.0093
η 乘幂	0.9930	0.0154	0.9565	0.0206	0.9908	0.0086

注：乘幂模型，$\theta = A \cdot U^B$；η 乘幂模型，$\theta = A \cdot \eta^B$；A、B 为待定参数。

由表 8.6 评价指标值可知：β 参数模型明显优于线性、乘幂模型和 η 线性模型；β 参数模型与二次多项式、η 乘幂模型的评价指标都比较接近，效果相当，最小相关系数 $R^2 = 0.9554$。另外，各种模型用于珍珠岩时效果较差，其可能原因是珍珠岩吸水膨胀，测量过程空隙率变大 (尽管试验时，珍珠岩基质容重通过压实保持容重不变，但测量时，含水量越高其表层颗粒反弹越快，导致其表层空隙率变大)。

根据本书提出的两点标定方法，我们将大编号的任意一点试验数据代入式 (8-25)，求解确定标定模型参数 β，根据标定模型计算出除自身外其余各点标定值与真值的误差，记误差的最大绝对值为 M|Δ|。

表 8.7 是两点标定法计算的 β 和 M|Δ| 数据。由表 8.7 可知：用两点标定法确定的 β 标定模型，用于泥炭和醋糟测量效果较好，它们的最大误差小于 0.025；而用于珍珠岩误差较大 (最大误差在 0.035 到 0.044 之间)，不太适宜。

表 8.7　两点标定法 β 和 M|Δ| 数据

参数	泥炭					珍珠岩				醋糟			
	8	9	10	11	12	6	7	8	9	6	7	8	9
β	0.734	0.789	0.808	0.823	0.833	0.269	0.250	0.224	0.292	0.637	0.601	0.670	0.648
M|Δ|	0.024	0.017	0.020	0.023	0.025	0.038	0.041	0.044	0.035	0.016	0.021	0.019	0.017

注：泥炭、醋糟分析，使用容重为 0.333g/cm^3、0.136g/cm^3 的数据。

2) 容重影响试验分析

不同容重下，泥炭、醋糟测得数据绘图如图 8.7 所示。将不同容重下的所有数据采用最小二乘法拟合 β 参数，其中参数 U_2 取不同容重含水量为 0 时输出电压的平均值，画出拟合曲线并将拟合曲线上下平移 0.025 个单位。从图 8.7 中可以看出所有数据点都落在平移拟合曲线内，表明泥炭、醋糟容重对水分测量的影响小于 0.025。

综合以上研究结果，所设计的基质水分传感器及其两点标定 β 模型法在农业生产上具有广阔的实际应用价值。

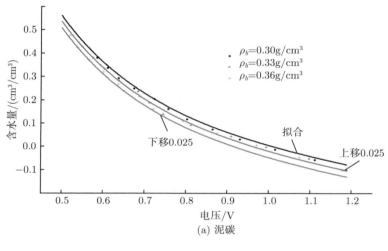

(a) 泥碳

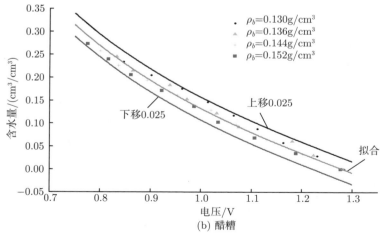

(b) 醋糟

图 8.7　不同容重下输出电压与含水量的关系

第 9 章　电导率检测及其传感器设计

土壤电导率包含了反映土壤品质和物理性质的丰富信息, 如: 土壤中盐分、温度、阳离子交换量 (CEC)、有机质[97] 等。目前, 土壤电导率检测方法有 TDR 法、四端法和电磁感应法。1975 年 Giese 和 Tiemann[101] 通过实验发现, 将 TDR 探头浸入具有不同电导率的溶液中, 电磁脉冲的形状会发生改变, 由此可估计出溶液电导率, 并给出了计算公式。1984 年 Dalton 等[102] 通过研究 TDR 测量信号在土壤中传播的衰减规律, 阐述了 TDR 土壤电导率测量方法。国内, 杨卫中[103] 介绍了基于相位检测的时域反射 (P-TDR) 技术的工作原理, 并试验表明信号的反射系数随电导率增加单调减小, 建立了土壤含水量和反射系数为变量的土壤盐分预测模型。四端法, 即测试系统包括两个电流端和两个电压端。其中, 两个电流端提供测量所需的激励信号, 通过测量两个电压端的电位差换算出介电材料的电导率。孙宇瑞[104] 理论上深入探讨了四端法的测量原理, 建立了对应的数学模型, 并对 Wenner 分布、Schlumberger 分布和 Polar dipole 分布 3 种测量组态计算公式的正确性通过实验进行验证。李民赞等[105,106] 公开了一种土壤电导率实时检测仪, 并建立了不同含水量条件下的盐分与电导率关系。李民赞分别设计基于蓝牙、PDA[107] 和 Zigbee[108] 具有无线通信功能的便携式土壤电导率测试仪。电磁感应法的基本原理是信号发射端子产生随时间而变化的动态原生磁场, 该原生磁场在大地中诱导产生非常微弱的电涡流, 进而诱导产生次生磁场, 信号接收端子同时接收原生磁场和次生磁场的信息, 通过测量原生磁场和次生磁场的相对关系来测量表观电导率。电磁感应法具有非接触、速度快等优点[109]。目前, 加拿大乔尼克斯 (Geonics) 公司制造生产的大地电导率探测仪 EM38 被广泛用于土壤电导率研究。

在总结土壤电导率检测方法的基础上, 结合有机基质的特点, 设计了基于电流–电压 "四端法" 原理, 采用点源法推导出 Wenner 组态分布下的基质电导率测量模型, 以 RC 振荡电路产生的电压信号为恒流源激励的基质电导率传感器。

9.1　电导率测量原理

电导率 (conductance) 是指在介质中该量与电场强度之积等于传导电流密度, 也可以称为导电率。对于各向同性介质, 电导率是标量; 对于各向异性介质, 电导率是张量。生态学中, 电导率是以数字表示的溶液传导电流的能力。

电导率是用来描述物质中电荷流动难易程度的参数。在公式中，电导率用希腊字母 κ 来表示。电导率的标准单位是西门子/米 (S/m)，为电阻率的倒数。

9.1.1　四端法电路结构

电导率测量采用电流–电压 "四端法"。所谓电流–电压 "四端法"，是指测试系统包括 2 个电流端和 2 个电压端。作为测量激励信号的恒定电流 I 经过 2 个电流端流入基质，通过检测 2 个电压端的电势差，就可换算出介电材料的电导率。测量系统的示意图如图 9.1 所示。

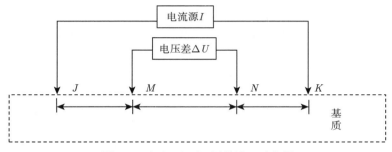

图 9.1　电流–电压 "四端法" 示意图

图中，电流源是一恒流源 I，为测试系统提供激励，J 和 K 为电流端，M 和 N 为电压端。由导体电导率的定义可知，如果测量对象的长度和横截面积确定，则导体的电导率很容易求得；然而，无土栽培中的基质恰恰是一个长度与横截面积都不确定的复杂测量对象，使研究问题复杂化。

9.1.2　电导率计算模型

采用点源法的分析思想来推导四端法电导率的理论计算模型。分别考虑电流端 J 与 M 单独作用时，它们对基质任意处电位分布的影响。当基质被看作是均匀且各向一致介电材料时，电流密度与电位梯度的分布是有规律的。若将电流端 J 看成球心，电流应沿半球体的各个方向成辐射状均匀扩散，J 点附近电位–电流分布如图 9.2 所示。

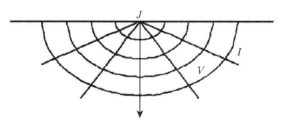

图 9.2　单端 J 点附近电位–电流分布

欧姆定律的微分形式为

$$J = \sigma \cdot E \qquad (9\text{-}1)$$

式中，σ 为基质的电导率。又因为基质中电场 E 是电位 φ 分布的梯度。

$$E = \nabla \cdot \varphi \qquad (9\text{-}2)$$

式中，负号表示该点场强方向和电势梯度方向相反。

如果被测量的区域范围内没有任何其他电流释放源与吸收源，那么应视为一个保守场。即以 J 为圆心，任意半径 r 为半圆球的球面两侧流入与流出的电流应相等。从场论的角度看电流密度的散度应满足

$$\nabla \cdot J = 0 \qquad (9\text{-}3)$$

由式 (9-1)~式 (9-3) 可推知，电位 φ 的偏微分方程式为

$$\nabla^2 \varphi = 0 \qquad (9\text{-}4)$$

从图 9.2 分析半球上的电流与电位分布都是与半球的轴心对称。所以，将式 (9-4) 改写成极坐标形式

$$\frac{1}{r^2}\frac{\partial}{\partial r}\left(r^2\frac{\partial \varphi}{\partial r}\right) + \frac{1}{r^2 \sin\theta}\frac{\partial}{\partial \theta}\left(\sin^2\theta\frac{\partial \varphi}{\partial \theta}\right) + \frac{1}{r^2 \sin^2\theta}\frac{\partial^2 \varphi}{\partial \varphi^2} = 0 \qquad (9\text{-}5)$$

由于电位分布在半球面上的对称性，该方程的后两项实际为零。因此式 (9-5) 简化为

$$\frac{\partial}{\partial r}\left(r^2\frac{\partial \varphi}{\partial r}\right) = 0 \qquad (9\text{-}6)$$

尽管大多数情况下偏微分方程因为边界条件的复杂性很难判定是否存在解析解，然而这里边界条件是一个半径无穷大的半球面，使得该方程确实存在解析解。由式 (9-6) 可得

$$\frac{\partial \varphi}{\partial r} = C/r^2 \qquad (9\text{-}7)$$

式中，C 应为任意待定常数。式 (9-7) 的解析解为

$$\varphi = -\frac{C}{r} + D \qquad (9\text{-}8)$$

式中，D 为一个积分常数。由 r 趋于无穷大时 $V = 0$，可推知常数 $D = 0$。

另一方面，电流 I 为

$$I = \int_s J \mathrm{d}s = \int_s \sigma E \mathrm{d}s = \int_s E \frac{C}{r^2} \mathrm{d}s = -2\pi C\sigma \qquad (9\text{-}9)$$

由式 (9-8)～式 (9-9) 可得单电源电导率计算式

$$\sigma = \frac{1}{2\pi r}\frac{I}{\varphi} \tag{9-10}$$

由式 (9-10) 可推知，电流端 J 对电压端 M 的贡献 V_{JM} 应为

$$V_{JM} = \frac{1}{2\pi\sigma}\frac{I}{d_{JM}} \tag{9-11}$$

同理，电流端 K 对电压端 M 的贡献 V_{KM} 应为

$$V_{KM} = -\frac{1}{2\pi\sigma}\frac{I}{d_{KM}} \tag{9-12}$$

式中，负号表示电流 I 的流向相反，所以 M 点电位为

$$V_M = \frac{1}{2\pi\sigma}\frac{I}{d_{JM}} - \frac{1}{2\pi\sigma}\frac{I}{d_{KM}} \tag{9-13}$$

同理，N 点电位为

$$V_N = \frac{1}{2\pi\sigma}\frac{I}{d_{JN}} - \frac{1}{2\pi\sigma}\frac{I}{d_{KN}} \tag{9-14}$$

由式 (9-13)～式 (9-14) 可得电导率计算公式

$$\sigma = \frac{\left[\dfrac{1}{d_{JM}} - \dfrac{1}{d_{JN}}\right] - \left[\dfrac{1}{d_{KM}} - \dfrac{1}{d_{KN}}\right]}{2\pi}\frac{I}{\Delta U} \tag{9-15}$$

式中，ΔU 为在 M 和 N 端测得的电压降；d_{JM}，d_{JN}，d_{KM} 和 d_{KN} 分别为对应端点之间的距离。当 J、M、N、K 四点之间的间距相等且为 a 时，称为 Wenner 组态分布，此时，式 (9-15) 可以改为

$$\sigma = \frac{1}{2\pi a}\frac{I}{\Delta U} \tag{9-16}$$

其物理意义解释为：当基质被看作是分布均匀且各向同性的电导材料时，电流 I 与电压差 ΔU 之比定为基质的电导，式 (9-16) 可理解为长度 $1/(\pi a)$ 上的电导即为基质的电导率。

9.1.3　四端法改进电路结构

在电流–电压 "四端法" 土壤电导率测量原理中，输入激励信号 (恒流源) 设计尤为关键，要设计出高稳定性的恒流源信号电路难度大、成本高。为此，本文采用电压信号激励源，在电路回路中串接精密电阻 R，测其两端电压差 U_R，进而获取

激励电流 I，来有效解决了上述问题，提高测量精度。其测量原理演变为图 9.3。电导率理论计算式 (9-16) 变为

$$\sigma = \frac{1}{2\pi a}\frac{U_R}{\Delta U \cdot R} \tag{9-17}$$

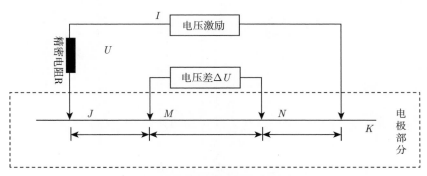

图 9.3　演变的四端法示意图

9.2　电导率传感器电路设计

　　根据电流–电压 "四端法"，传感器中共有四根探针，探针采用导电性良好的不锈钢材料。探针总长度为 400mm，其中探针探测部分长度为 350mm，探针间距为 120mm，探针直径 1.5mm。本设计将 4 根探针固定于硬件电路的印刷电路板上一端，使探头与处理电路为一体结构，具有结构紧凑，制作方便等优点。硬件电路由电源电路、激励信号源电路、信号处理电路三部分组成。制作的实物如图 9.4 所示。

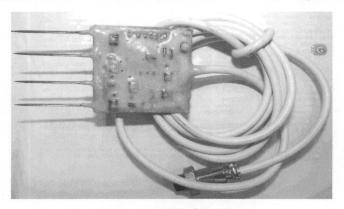

图 9.4　电导率传感器实物图

9.2.1　激励源设计

研究表明当信号源激励频率为 100~1500Hz 时, 土壤电导率测量结果不受信号频率变化的影响, 因此本设计采用 300Hz 左右的激励信号。设计中采用 RC 振荡电路来产生正弦激励信号。其电路原理如图 9.5 所示。

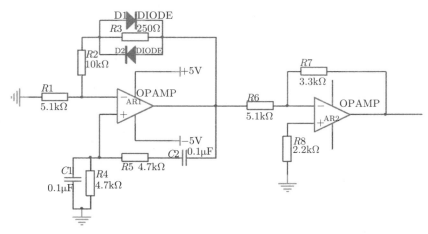

图 9.5　信号源电路

RC 振荡电路中由 RC 串并网络构成选频网络, 同时兼作正反馈电路以产生振荡, 两个电阻和电容的数值各自相等。负反馈电路中有两个二极管 D1、D2, 它们的作用是稳定输出信号的幅度。其产生的信号采用 Tektronix DPO4032 示波器观测, 波形如图 9.6 所示。由图 9.6 可见, 此信号纹波小, 频率纯度高, 频率在 300Hz 左右, 峰值 3.14V。RC 振荡电路后跟反向比例运算电路, 用来调控信号激励幅值并兼具有阻抗匹配功能。

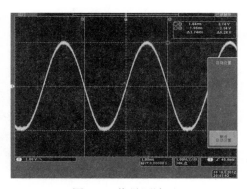

图 9.6　信号源波形

9.2.2 信号处理电路

改进后的四端法需将精密电阻 R 两端 U_R 和中间两探针上的电势差信号 ΔU 提取出来,转换为便于二次仪表处理的直流信号。信号处理电路具体包括信号的提取、交直流转换 (AC-DC) 和放大三部分电路。

9.2.2.1 信号提取

信号提取采用 AD620 实现。具体电路原理如图 9.7 所示。AD620 是一款单芯片仪表放大器,采用经典的三运放改进设计,通过调整片内电阻的绝对值,用户只需一个电阻便可实现对增益编程 ($G = 1000$ 时精度可达 0.15%)。由于后续交直流转换器对输入信号幅值的要求,在信号提取时,不进行信号放大处理。故芯片 1、8 端之间不接增益调节电阻。其输出信号Vout1=V01-V02。

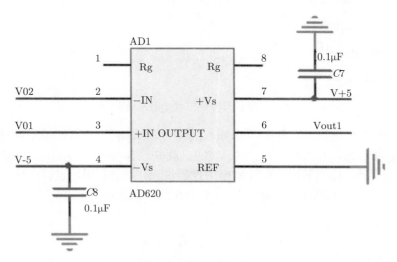

图 9.7 信号提取电路

9.2.2.2 交直流转换和放大

精密电阻 R 和中间两探针上的信号 ΔU 经 AD620 提取出来的信号为交流信号还需进行交直流转换与放大处理。交直流转换采用 AD736 实现,放大电路采用 OPA2277 运放芯片。具体电路设计原理如图 9.8 所示。

AD736 是一款低功耗、精密、单芯片真有效值 AC/DC 转换器。它采用正弦波输入时最大误差为 ($\pm 0.3\text{mV} \pm$ 读数的 0.3%)。此外,它能以高精度测量广泛的输入波形,包括可变占空比脉冲和三端双向可控硅 (相位) 控制的正弦波。AD736 内置输出缓冲放大器,提供了极大的设计灵活性。其电源电流仅 $200\mu\text{A}$,并针对便携式万用表和其他电池供电应用进行了优化。AD736 引脚 1 低阻抗输入端有两种工作方式。方式一，将引脚 1 与引脚 8 短接，这种工作方式输出电压为交流真有效值与直流分量之和。方式二，将引脚 1 通过隔直电容与 8 连接。这种工作方式输出电压为真有效值，它不包含直流分量。本文将引脚 1 低阻抗输入端通过隔直电容 $C14$ 接至引脚 8 使其输出为交流信号的真有效值；C_f 端与输出端接 $10\mu F$ 的滤波电容；C_{av} 端接平均电容，它是 AD736 的关键外围元件，用于平均值运算，其大小将直接影响到有效值的测量精度，这里选择 $33\mu F$。

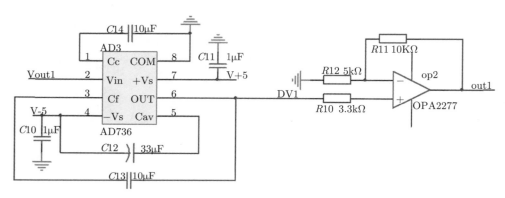

图 9.8   交直流转换和放大电路原理图

OPA2277 是一款微功耗轨到轨输入/输出二通道运算放大器。它具有超低的偏移电压 ($10\mu V$)，低的温漂 ($\pm 0.1\mu V/℃$)，高共模抑制比 ($140dB$)，低静态电流 ($800\mu A$) 等优点，特别适用于电池供电的仪器仪表。本节利用它设计同向比例放大电路，使经 AD-DC 转换后的输出信号放大到适和模数转换化的范围。

9.3   电导率传感器标定

设计探头明显小于一般土壤电导率探头，具有对基质扰动小的特点，但该结构不满足式 (9-16) 要求的探针与基质之间为点接触，即探针间距远大于探针长度的基本条件，为此本文提出通过标定确定探头结构常数的方法。与基质电导率相比，**溶液电导率与溶液浓度有良好的线性关系**。标准溶液样品制备过程简单，且电导率空间分布均匀，与探头接触好，故电导率标定试验在不同浓度 NaCl 溶液中进行。在 $0\sim 5mS/cm$ 电导率范围内配置 8 个浓度不等的 NaCl 溶液样品，试验过程室内与溶液温度保持在 $(25\pm 3)℃$，以美国手持式电导率仪 DDS-307A 的测量值作为溶液标准电导率 σ。实验测得的数据如表 9.1 所示。图 9.9 是输出信号 $U_R/\Delta U$ 和电导率 σ 关系图，从中可以看出，$U_R/\Delta U$ 与标准溶液电导率 σ 具有良好的线性关系，相关系数 $R^2=0.9924$。

表 9.1   电导率标定测量实验数据

$\sigma/(\mathrm{mS/cm})$	U_R/U	$\Delta U/\mathrm{U}$	$U_R/\Delta U$
0.330	0.522	1.337	0.390
0.790	0.937	1.068	0.877
1.298	1.252	0.82	1.527
1.721	1.415	0.730	1.938
2.220	1.560	0.635	2.457
2.790	1.714	0.507	3.381
3.370	1.819	0.433	4.201
4.350	1.950	0.339	5.752

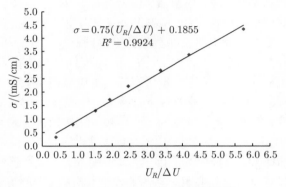

图 9.9 $U_R/\Delta U$ 与电导率关系图

第10章 锑电极式 pH 传感器设计

pH 即酸碱度, 对土壤肥力有较大的影响, 对土壤中各种微生物活动、有机质分解、营养元素释放与转化、阳离子代换吸收等都有密切关系[110]。由于测定 pH 的传统实验分析法需将采集土样带回实验室处理, 过程复杂, 操作费时、费力, 难以实现对大田 pH 空间变异的准确测量。为适应现代精准农业要求, 国外已经研制出集土壤采样机械装置、pH 传感器、信号处理及 GPS 定位技术与一体的车载式农田 pH 性状变异空间成像系统。Adamchuk[111] 研究了直接将机械装置采集的土样与平板式 pH 复合玻璃电极接触测量的结果同标准实验分析法测量值 (pH 真实值) 之间的相关性。之后, 他们采用锑 pH 电极代替成本高, 易破碎的玻璃电极[112]。Michael Schrrmann[113] 进一步研究锑 pH 电极在实验室控制静止状态、控制行走–静止状态及大田连续作业条件下, 锑 pH 电极直接接触土样检测与 pH 真实值之间的相关性。此外, 离子场效应 pH 电极、红外光谱法测量 pH 等都有不少研究。

本章在前人的锑 pH 电极研究基础上, 基于锑 pH 电极敏感机理和全氟磺酸树脂 (Nafion) 修饰膜选择性透过特性, 制备了一种双层膜修饰的金属锑 pH 电极, 设计出以双层膜修饰锑 pH 敏感电极为工作电极的 pH 传感器, 并开发出以凌阳单片机 SPCE061A 为信号处理单元的便携式 pH 检测仪。

10.1 双层膜锑 pH 电极机理及制备

10.1.1 锑 pH 电极敏感机理

锑电极输出电位对 H^+ 响应建立在金属氧化物参与的氧化还原反应机理上。锑在空气中不和氧起反应, 可以长期保留其银白色的光泽, 但锑在水溶液中时, 表面可与水起微量的化学反应, 迅速使表面生成一层薄薄的 Sb_2O_3 层。金属锑与氧化物之间的电位差, 取决于 Sb_2O_3 的浓度, 而 Sb_2O_3 的浓度与溶液中的氢离子浓度有关。因此, 可以通过测量锑与 Sb_2O_3 之间的电位差来测量溶液的 pH。在水溶液中存在如下化学平衡:

$$Sb_2O_3 + 3H_2O \rightleftharpoons Sb(OH)_3 \rightleftharpoons 2Sb^{3+} + 6OH^- \tag{10-1}$$

根据离子积的定义可以得

$$a_{Sb^{3+}} = \left(K_{Sb}/K_W^3\right) \cdot a_{H^+}^3 \tag{10-2}$$

式中，$a_{Sb^{3+}}$ 为 Sb^{3+} 离子活度 (mol/L)；K_{Sp} 为 $Sb(OH)_3$ 的离子积；K_W 为水的离子积；a_{H^+} 为 H^+ 离子活度 (mol/L)。

电极表面存在如下平衡：

$$Sb \rightleftharpoons Sb^{3+} + 3e^- \tag{10-3}$$

当把 Sb 电极浸入任意 pH 溶液中，式 (10-3) 根据能斯特公式可得

$$E_{Sb} = E_0 + \frac{2.303RT}{3F} \log a_{Sb^{3+}} \tag{10-4}$$

式中，E_0 是标准电势 (V)；R 是理想气体常数 (J/(K·mol))；T 是温度 (K)；F 是法拉第常数 (C/mol)。

将式 (10-2) 代入式 (10-4) 中可得

$$E_{Sb} = E_0 + \frac{2.303RT}{3F} \log \frac{K_{Sb}}{K_W^3} + \frac{2.303RT}{F} \log a_{H^+} \tag{10-5}$$

令 $E^\theta = E_0 + \frac{2.303RT}{3F} \log \frac{K_{Sb}}{K_W^3}$，并根据 pH 定义：pH= $-\log a_{H^+}$，可将式 (10-5) 式进行简化得到：

$$E_{Sb} = E^\theta - \frac{2.303RT}{F} pH \tag{10-6}$$

从而实现对溶液 pH 的测量。

10.1.2　Nafion 膜修饰电极特性

Nafion 膜修饰电极是化学修饰电极中受到广泛关注的一种，属于离子型聚合物修饰电极。它是将 Nafion 涂于电极表面制成的具有很强离子交换能力的修饰电极。Nafion 修饰电极表面膜使电极与溶液分开，某些离子可以透过膜到达电极表面进行反应，而有些离子就被隔在膜外，从而使测定的选择性得到提高。Nafion 修饰电极表面膜是离子交换型的聚合物膜，离子的透过主要基于所带电性，Nafion 离子化后带负电，所以靠电荷排斥将阴性干扰离子隔离在膜外。

10.1.3　新型锑 pH 电极设计制备

针对现有锑 pH 电极不足，基于锑 pH 电极敏感机理和 Nafion 膜的选择性透过特性，设计一种新型锑 pH 电极：以锑 pH 电极为基体，首先在其表面氧化形成一层 Sb_2O_3 膜，克服自然条件下形成 Sb_2O_3 膜差异性，然后再用 Nafion 修饰形成第 2 层膜，既保持锑电极 pH 响应快、测量精度高的优点，又提高电极的抗干扰能力，适应恶劣坏境下 pH 的测量。

本节提出的双层膜锑 pH 电极具体制备步骤如下：

(1) 将高纯锑粉置于坩埚中，加热至 650℃使其熔化；

(2) 将两端裸露铜丝导线插入玻璃毛细玻璃管中，使其一端位于距毛细玻璃管底部出口 3mm 处；

(3) 在毛细管吸注器的帮助下将一定量熔融的锑金属吸入毛细玻璃管内；

(4) 在室温中自然冷却之后，用氢氟酸溶解毛细玻璃管，使其露出 2~4mm 锑电极；

(5) 将露出的锑电极分别用稀盐酸、丙酮、去离子水在超声振荡的环境中清洗金属表面杂质，并在真空干燥箱中 (50±5)℃烘干；

(6) 将锑电极垂直插入 Na_2O_2 熔体中，在其表面形成白色氧化膜，取出冷却至室温，在去离子水中超声振荡清洗数分钟，烘干备用；

(7) 用以包覆了三氧化锑薄膜层的金属锑电极蘸取浓度按重量计为 5%~10% 的全氟磺酸树脂溶液，取出后倒置，保持镀膜厚度均匀，在 70~80℃真空烘箱中烘干后重复 2~3 次。

制作出来的新型锑 pH 电极实物如图 10.1 所示。

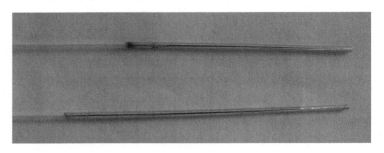

图 10.1　新型锑 pH 电极实物图

10.2　双层膜锑 pH 电极性能测定试验

采用双层膜锑 pH 电极为工作电极，Ag/AgCl 电极为参比电极，以 CHI660C 电化学工作站为测试平台，在伯瑞坦–罗宾森缓冲溶液 (B-R Buffer) 中采用开路电势测试法对双层修饰锑 pH 电极进行性能测试。

10.2.1　电极 E-pH 的线性度和回差

配置 pH1~12 系列伯瑞坦–罗宾森缓冲溶液，在室温下分别测得正反行程 (正行程 pH 由小到大，反行程 pH 由大到小)，电极在各缓冲液中的稳定开路电势 E，pH-E 关系如图 10.2 所示。

从响应电势 E 来看，回差不明显。采用最小二乘法进行线性拟合处理，电极正行程拟合方程为：$E = -0.0539\mathrm{pH} - 0.0073$，相关系数 $R^2 = 0.997$，负行程拟合方程为：$E = -0.0537\text{pH} - 0.0083$，相关系数 $R^2 = 0.997$。两者几乎有一致的灵敏度和截距，表明电极响应具有良好的线性度和可逆性。

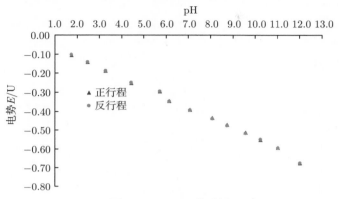

图 10.2 pH-E 关系图

10.2.2 电极响应时间和稳定性

电极响应时间的测定，将工作电极和参比电极同时浸入缓冲溶液中，记录电势 E 随时间变化。本文认为电极电势 E 波动不超过 1mV 即为响应时间。图 10.3 为 3 类锑电极 (未修饰锑电极、氧化修饰锑电极和双层膜修饰锑电极) 同 Ag/AgCl 参比电极同时浸入 pH 为 4.00，温度为 25℃标准伯瑞坦–罗宾森缓冲溶液，电势 E 随时间的变化。图 10.3 中可以看出，未经任何修饰的锑电极响应时间最长，40s 左右；而经氧化修饰和双模修饰的锑电极稳定时间都较短，分别为 10s、15s 左右。可见，氧化修饰过的锑电极能明显缩短响应时间，其原因在于已有 Sb_2O_3 存在，可快速建立化学平衡，输出稳定电势。

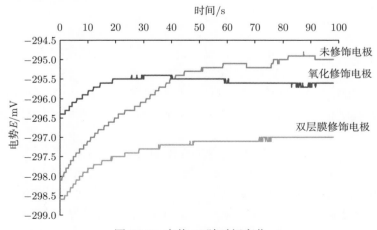

图 10.3 电势 E 随时间变化

电极的稳定性一般是指在一段时间内连续测量时，电极电势的波动范围。室温下将盛有 pH 为 4.00、6.86、9.18 的伯瑞坦–罗宾森缓冲溶液的玻璃瓶置于磁力搅拌器上，将锑 pH 电极插入玻璃瓶溶液中连续观测 1h(后半小时开启磁力搅拌器)，观察其电势漂移情况，结果见表 10.1。由表 10.1 可知，连续测定 1h，电极电位 $\Delta E < 1\text{mV}$，表明其具有良好的稳定性，且溶液振荡对输出电势几乎没影响，说明修饰后的锑电极不受溶解氧的影响，可用于搅拌溶液中测量。

表 10.1　双层膜锑 pH 电极的稳定性

缓冲溶液 (pH)	$E=$ 0mV	$E=$ 2mV	$E=$ 5mV	$E=$ 10mV	$E=$ 20mV	$E=$ 30mV	$E=$ 32mV	$E=$ 35mV	$E=$ 40mV	$E=$ 50mV	$E=$ 60mV
4.00	−248.9	−250.6	−250.7	−250.7	−250.7	−250.9	−250.4	−250.8	−250.4	−249.6	−250.1
6.86	−393.0	−394.8	−394.9	−395.0	−394.6	−394.7	−394.1	−394.8	−394.6	−395.0	−394.7
9.18	−517.2	−517.0	−517.2	−517.3	−517.9	−517.4	−517.4	−517.8	−517.5	−517.5	−517.8

注：30min 后开启磁力搅拌器。

10.2.3　电极离子选择性

用固定干扰离子法分别就几种阴阳离子、氧化剂和还原剂对双层膜锑电极的响应性能的影响进行研究，测得的选择性系数 K_{ij} 列于表 10.2。

表 10.2　双层膜锑 pH 电极的选择性

离子	浓度/(mol/L)	K_{ij}	离子	浓度/(mol/L)	K_{ij}
Na^+	1.0	2.6×10^{-12}	NO_3^-	1.0	2.10×10^{-10}
K^+	1.0	2.8×10^{-12}	SO_4^{2-}	1.0	2.5×10^{-11}
Ca^{2+}	1.0	3.0×10^{-10}	$[Fe(CN)_6]^{3-}$	0.1	4.2×10^{-6}
Cl^-	1.0	1.6×10^{-12}	$[Fe(CN)_6]^{4-}$	0.1	5.1×10^{-6}
Br^-	1.0	1.2×10^{-10}	$C_6H_5O_7^{3-}$	0.1	3.5×10^{-6}

注：K_{ij} 为选择性系数。

表 10.2 中 K_{ij} 数据表明，双层膜锑电极对基质中常见的阴阳离子 (Na^+、K^+、Ca^{2+}、Cl^-、NO_3^-、SO_4^{2-}) 有很好的选择性，且氧化–还原离子 ($[Fe(CN)_6]^{3-}$、$[Fe(CN)_6]^{4-}$) 和柠檬酸根离子 ($C_6H_5O_7^{3-}$) 也有很好的选择性，其原因为全氟磺酸树脂膜离子化后带负电，可以将阴性干扰离子隔在膜外，避免与锑电极接触。

10.3　pH 传感器电路设计

pH 传感器电路设计主要为提取工作电极与参比电极之间的电势差并放大。由于锑电极、Ag/AgCl 电极与待测溶液所组成的测量池可等效为一个化学原电池，是一个具有高输出阻抗的信号源。测量仪器的内阻不够大，则会引起大的测量误差。

测量池中的内阻不是一个固定的阻值，随温度等变化呈现不稳定的高内阻源性质。阻抗源的变化会使放大器的电压增益产生不稳定现象，同时如果放大器输入阻抗不是足够高，得到的电压信号很难在短时间内得到稳定，对测量结果带来误差。不论采用何种形式的放大器，都应尽可能满足如下要求：高的输入电阻、小的输入电流、低的零点漂移、稳定的增益、良好的线性度、抗干扰能力和低噪声等。

本设计中采用伯尔–布朗研究公司生产的 INA116。INA116 是具有超低输入偏流的 FET 输入单片仪表放大器。Difet 输入和特殊的保护技术使得输入阻抗极高 ($10^{15}\Omega$)，输入偏流仅有 3fA。另外，它具有极低的漂移电压 (<2mV) 以及较高 (>84dB) 的共模抑制比，并且连接一个外部电阻，可设定从 1~1000 任意增益值放大倍数，适用于高精度的离子浓度测量仪器。INA116 电路原理设计如图 10.4 所示，其中 Vre、Vsb 分别与 Ag/AgCl 电极、锑 pH 电极引线相连，信号偏置引脚 9 接地，增益放大 4 倍左右，使输出电压 U_{pH} 在 0~3.3V 内。图 10.4 中的负电压源 (−Vcc) 可使用 DC-DC 转换器 ADM8829。

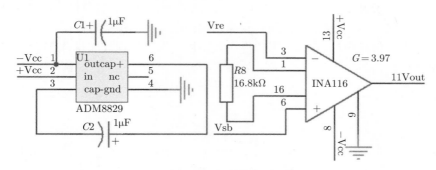

图 10.4　pH 信号调理电路原理图

第 11 章　基质多参数便携式检测仪设计

本章采用上述研制的三种传感器，结合凌阳 SPCE061A 单片机应用技术，以及 LCD 液晶显示器、键盘等器件，搭建基质多参数便携式检测仪的硬件系统；在 µ'nSPIDE2.0 单片机开发环境中开发其配套系统软件，完成检测仪样机软硬件设计、调试及应用试验[94]。

11.1　硬　件　设　计

11.1.1　硬件总体方案

基质多参数便携式检测仪由控制单元、传感器、键盘、显示模块等部分组成。图 11.1 为基质多参数便携式检测仪硬件结构框图。其工作基本原理是：传感器输出相应的电压信号经模数 (A/D) 转换送入微控制器进行标度变化，通过显示器显示测量数值。

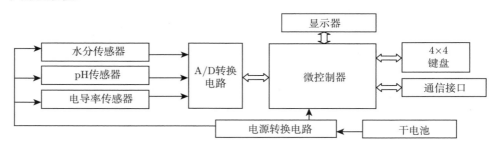

图 11.1　基质多参数便携式检测仪硬件系统框图

11.1.2　器件选择与连接

基质多参数便携式检测仪的传感器采用前面自主设计的传感器，以下主要对微控制器、显示器等硬件的选择及各硬件端口连接做简单介绍。

1) 微控制器

本便携式检测仪的微控制器选择凌阳 SPCE061A 单片机。SPCE061A 是凌阳科技公司研发生产的性价比很高的一款 16 位单片机，它采用高性能的凌阳科技自主知识产权的 µ'nSP 内核，具有丰富的硬件资源，如：A/D、D/A 转换等；并集成了 ICE(在线仿真电路) 接口，可以直接利用该接口对芯片进行下载 (烧写)、仿真、调试等操作。图 11.2 是 SPCE061A 的结构概览。

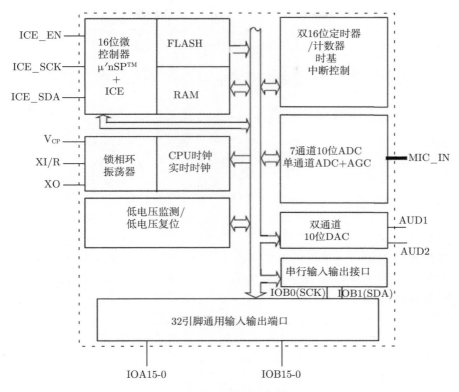

图 11.2 SPCE061A 内部结构原理及外部组成

　　另外，SPCE061A 单片机具有易学易用的效率较高的指令系统和集成开发环境——μ'nSP IDE。μ'nSP IDE 支持标准 C 语言，可以实现 C 语言与凌阳汇编语言的互相调用。更重要的是凌阳公司还提供了液晶显示 SPLC501、4×4 键盘模块，它们可与带有 SPCE061A 单片机的凌阳 61 板快速搭建一个简易的测试仪。综上所述：采用凌阳单片机作为控制单元，SPLC501 液晶显示器和 4×4 键盘等基本模块组成测试仪。

　　2) 显示器和键盘

　　智能化仪表应具有良好的人机交互界面，设计中采用凌阳公司的 SPLC501 液晶显示模组，其为 128×64 点阵，面板采用 STN(super twisted nematic) 超扭曲向列技术制成并且由 128 Segment 和 64 Common 组成，液晶显示模组 (LCM) 非常容易通过接口被访问。为了使用户能够方便快速地使用 SPLC501 液晶显示模组，凌阳大学计划提供了基于 SPCE061A 单片机的 SPLC501 液晶显示模组的驱动程序，包括文本显示、几何图形绘制和位图显示等功能函数。SPLC501 液晶显示模块如图 11.3 所示。

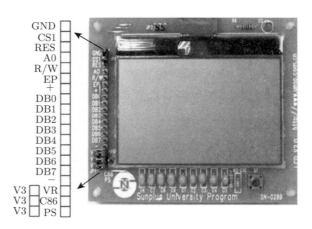

图 11.3　SPLC051 液晶显示模块

根据设计需求，测试仪采用标准的 4×4 键盘，4×4 键盘有 4 根列信号线 (C1~C4) 和 4 根行信号线 (L1~L4)。操作人员通过键盘输入可实现期望功能，键盘面板分布如图 11.4 所示。

1	2	3	4
5	6	7	8
9	0	Save	●
▲	▼	Enter	Back

图 11.4　4×4 键盘面板

3) 通信模块

使用 SPCE061A 的异步串行通信 (UART) 接口来实现与 PC 通信，方便测量数据导出做进一步处理。PC 机的 RS232 端口与一般单片机上的 UART 接口从数据收发的时序上看，是一样的协议，不同的是两者用以表达逻辑 "1" 和 "0" 的规定是不一样的，即电平是不兼容的。RS232 端口用正负电压来表示逻辑状态，与 TTL(单片机的 UART 接口电平) 以高低电平表示逻辑状态的规定是不同的。因此，为了能够同计算机接口或终端的 TTL 器件连接，必须进行电平和逻辑关系的变换。可利用 MAX232 电平转换模块，实物如图 11.5 所示。MAX232 是应用较为广泛的电平转换器件，可以实现 TTL 到 EIA 双向电平转换。

图 11.5　MAX232 电平转换模块

4) 端口连接

传感器、显示器、键盘和通信模块与主控单元 SPCE061A 的硬件连接如图 11.6
所示。

传感器接口：基质水分传感器输出水分信号 U 连接 IOA0；电导率传感器输出
的两路 EC 信号 U_R 连接 IOA1，ΔU 连接 IOA2；pH 传感器输出 pH 信号 E 连接
IOA3。

LCD 接口：显示器 SPLC501 的 $\overline{\text{CS}}$ 与 IOB3 连接，A0 与 IOB4 连接，R/$\overline{\text{W}}$
与 IOB5 连接，EP 与 IOB6 连接，IOA8~IOA15 分别与 DB0~DB7 连接。另
外，VR、C86 和 PS 跳线都与 V3 短接，把 SPLC501 液晶显示模组的时序选择
为 6800 时序。

键盘接口：4×4 键盘中行扫描线 D1~D4 分别接 IOB12~IOB15，列扫描线
L1~L4 分别接 IOA4~IOA7。

MAX232 模块：TXD 连接 IOB7，RXD 连接 IOB10。

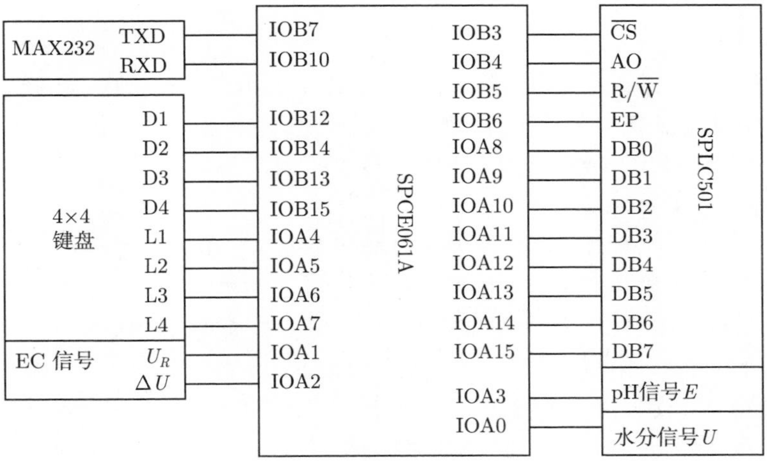

MAX232	TXD	IOB7	IOB3	$\overline{\text{CS}}$	
	RXD	IOB10	IOB4	AO	
			IOB5	R/$\overline{\text{W}}$	
	D1	IOB12	IOB6	EP	
	D2	IOB14	IOA8	DB0	
	D3	IOB13	IOA9	DB1	
4×4	D4	IOB15	IOA10	DB2	SPLC501
键盘	L1	IOA4	IOA11	DB3	
	L2	IOA5	IOA12	DB4	
	L3	IOA6	IOA13	DB5	
	L4	IOA7	IOA14	DB6	
EC 信号	U_R	IOA1	IOA15	DB7	
	ΔU	IOA2	IOA3	pH信号 E	
			IOA0	水分信号 U	

中央为 SPCE061A

图 11.6　硬件端口连接图

11.2　软　件　设　计

便携式检测仪软件在 μ′nSPTM 集成开发环境中进行编写、调试,主要具备以下功能:① 参数测量,② 数据存储/删除,③ 标定,④ 数据导出。

程序采用模块化设计及事件驱动的编程思想。根据检测仪的功能设计,软件包括 4 个功能子程序、5 个基本程序模块 (4×4 键盘扫描键值、A/D 采样、与上位机通讯、SPLC501 液晶显示驱动、Flash 擦写)。4 个功能子程序见主程序流程图 11.7,各个功能子程序是在主程序的控制下,按预定的方式,在各种触发条件具备时响应并完成功能。

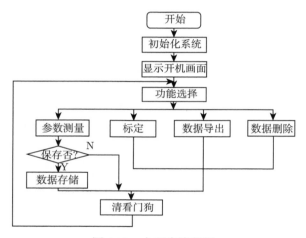

图 11.7　主程序流程图

1) 主程序

主程序首先对单片机的一些寄存器、I/O 接口等进行初始化,然后从存储器中读取设定的参数;接着等待按键,如有按键就进入相应的功能子程序,无按键就继续等待按键。具体的主程序流程图如图 11.7 所示。

2) 键盘扫描键值程序

在中断中扫描键盘。即键盘程序包括两个部分:中断扫描程序和获取键值程序。键盘扫描采用 128Hz 时基中断,每 1/128ms 扫描一次键盘。本文采用软件消除抖动,故作如下定义:① 按键时间小于 30ms,认为没有键按下;② 按键时间大于 30ms 小于 0.5s 且按键已释放,认为有键按下;③ 按键时间大于 30ms 小于 0.5s 但键仍未释放,认为没有键按下;④ 按键时间大于 0.5s,认为有键按下,并清除当前所计时间,重新开始计时。这样如果按键时间超过 1s 将会认为同一个按键多次触发。

键盘扫描程序如图 11.8(a) 所示，先判断是否有键按下，如果没有键按下，则认为是键抬起状态，把键抬起标志置 1 后返回；如果有键按下，按行扫描，先扫描第一行，如果键码为 0；再扫描第二行，如果键码为 0，再扫描第三行，依次扫描到第四行，如果键码为 0，则认为是键抬起状态，置按键抬起标志；如果键码不为 0，比较键码和上次扫描到的键码是否相同，如果不同，保存新的键值，扫描计数器置 1；如果相同，扫描计数器加一，返回。

扫描得到的键码不一定是最终的键值，因为要进行消抖处理。图 11.8(b) 是消抖和取键值程序流程图，取扫描计数器值；根据前面的定义，如果按键时间小于 30ms，即判断扫描计数器值是否小于 4(1/128×4s=31.25ms)，如果小于 4，键值为 0；如果大于 4，根据前面定义，判断按键时间是否大于 0.5s，即判断扫描计数器值是否大于 64(1/128×64s=0.5s)，如果小于 64，判断键是否抬起，没有抬起则键值为 0；抬起时保存键值，把计数器全部清零；返回键值。

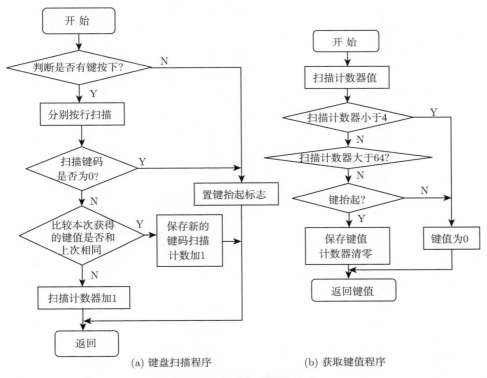

(a) 键盘扫描程序   (b) 获取键值程序

图 11.8 键盘扫描键值程序

3) A/D 采样程序

SPCE061A 自带 8 路可复用 10 位 ADC 通道，它们共用一个转换器。检测仪在使用中可根据测量参数的不同自动选择需要 A/D 转换的通道，设计中采用 2Hz 中断，启动 A/D 转换，即每个 0.5s 采集一次传感器信号。另外，为了保证转换数据的准确性，每次采样 8 次后求平均值，这样可以避免 A/D 转换过程中突出的大值和小值。A/D 采样程序流程图如图 11.9 所示。

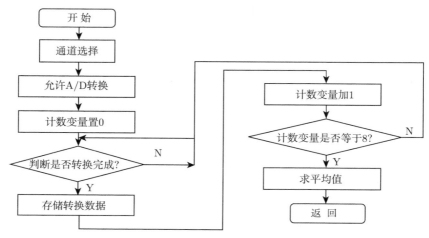

图 11.9　A/D 采样程序流程图

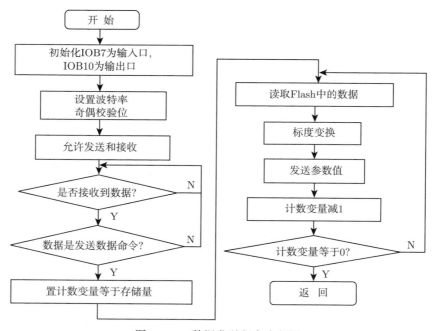

图 11.10　数据发送程序流程图

4) 通信程序

通信程序为数据导出功能服务，是在接收到上位机要求导出数据命令后，将存储在 Flash 中的数字量读出并转换为测量参数值，向上位机发送测量参数值。其数据发送程序流程如图 11.10 所示。首先，分别将引脚 RxD(IOB7)、TxD(IOB10) 设置为输入状态和输出状态。然后，通过设置 P_UART_BaudScalarLow(7024H)、P_UART_BaudScalarHigh(7025H) 单元指定所需波特率。同时，设置 P_UART_Commande1(7021H) 和 P_UART_Commande2(7022H) 单元设置奇偶校验位并激活 UART 功能。当接收到上位机发来的发送命令，读取 Flash 中的数字量并转换为测量参数值，向上位机发送测量参数值，直到所有数据发送完成。

5) 闪存擦写过程

SPCE061A 是一个用闪存代替掩膜 ROM 的多次编程芯片，具有 32K 字闪存容量，这 32K 的闪存被划分为 128 个页，第一页的地址范围：[0x8000~0x80ff]，最后一页的地址范围：[0xff00~0xffff]。当把一个程序段写入闪存后，由于程序的代码占用空间可能比较小，因此可以在程序代码段后面的空间存储一些测量数据。本测试仪的参数和测量数据就存储在此闪存中。闪存的页擦写过程如图 11.11 所示。需要注意的是，在进行闪存编程操作前，必须对闪存进行擦除操作，另外图中所提到延时等待是由硬件完成，不需要软件延时。

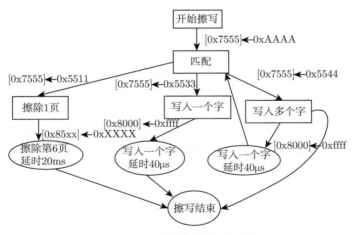

图 11.11 内部闪存擦写过程

6) SPLC501 显示驱动

为了使用户能够方便快速地使用 SPLC501 液晶显示模组，凌阳大学计划提供了基于 SPCE061A 单片机的 SPLC501 液晶显示模组的驱动程序，包括文本显示、几何图形绘制和位图显示等功能函数。SPLC501 液晶显示模组的驱动程序架构如图 11.12 所示，由五个文件组成，底层驱动程序文件：SPLC501Driver_IO.inc、

SPLC501Driver_IO.asm；用户 API 功能接口函数文件：SPLC501User.h、SPLC501
User.c、DataOSforLCD.asm。其中在 SPLC501User.c 定义了丰富易用的 API 函数，
在 SPLC501User.h 文件里对这些函数进行了申明。SPLC501 液晶显示模组英文字
符显示相关的 API 函数如下：

```
void LCD501_Init(unsigned int InitialData)     //初始化液晶显示
void LCD501_ClrScreen(unsigned int Mode)       //点亮屏幕或清屏
void LCD501_SetPaintMode(unsigned ModeCode)    //设置图形显示模式
void LCD501_FontSet(unsinged int Font)     //选择显示字符的字体大小
void LCD501_Char(int x,int y, unsigned int a) //显示字符
void LCD501_PutString(int x,int y, unsigned int a) //显示字符串
```

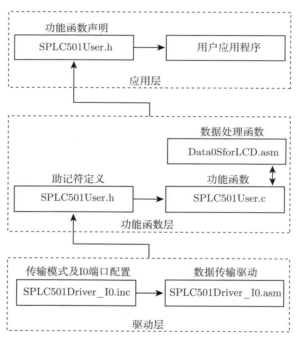

图 11.12　SPLC501 液晶显示模组驱动程序架构

11.3　检测仪软硬件调试

软硬件设计完成后，将编译好的程序下载到 SPCE061A 中，就可以对测试仪
进行软硬件联合调试，图 11.13 是检测仪实物图。下面结合显示界面对检测仪调试
过程做简单说明。

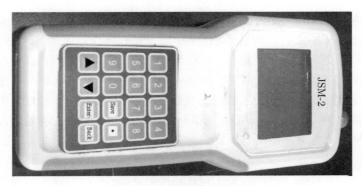

图 11.13 检测仪实物图

启动仪器首先显示开机画面，界面如图 11.14(a) 所示，之后进入功能选择界面，如图 11.14(b) 所示。通过键盘上的▲、▼选择功能键，可以控制 11.14(b) 中的光标，按下 Enter 键执行相应的功能。

(a) 开机界面

(b) 功能选择界面

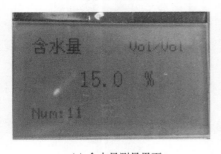

(c) 含水量测量界面

(d) pH 标准液选择界面

图 11.14 检测仪显示界面

进入测量功能时，检测仪会智能分辨接入传感器类型，并实时显示测量参数值。以测量含水量为例，测量显示界面如图 11.14(c) 所示，图中编号 (Num) 为已存储的含水量数据。在测试过中，每按一下键盘的 Save 键就会存储当前测量数据，编号加 1。

标定功能可对基质含水量传感器、电导率传感器和 pH 传感器标定。它们都采用两点标定法，其中标定含水量传感器时，检测仪程序中内嵌计算 β 参数子程序，故须在干基质、湿基质中各测量一次，以建立标定模型；电导率传感器标定可在任意两点已知电导率溶液中进行，程序中会自动建立电导率与电导率传感器输出两路电压信号之比 $(U_R/\Delta U)$ 的线性标度变换模型；pH 传感器标定程序中自带三种标准 pH 缓冲溶液，如图 11.14(d) 所示，标定时只需在任意两种标准缓冲溶液中进行，程序中同样会建立 pH 传感器输出信号与 pH 的线性标度变换模型。

11.4 检测仪器性能试验及分析

为检验所搭建检测仪的可靠性及分析仪器总体测量性能，以江苏大学温室土槽中黄瓜栽培基质 (体积比配方为醋糟:泥炭:蛭石为 2:1:1) 为对象进行检测仪应用性能试验。

11.4.1 试验方法

根据基质含水量两点标定法，首先，在土槽剖面底部基质湿度较大的地方插含水量传感器探头，记录含水量标定第一点数据；用环刀在插入点附近采集基质土样，并将基质土样置于105℃干燥箱中干燥 24h；将水分传感器探头置于烘干基质土样中，且将土样压至土槽中达到一定的基质容重，记录水分标定第二点，完成 β 参数计算，实现含水量标定。

之后，在土槽另一剖面处，由上而下，依次插入含水量探头，记录测量的含水量 θ；同时，用环刀在插入点处取样，并将样本搅拌均匀后分成 3 份。其中，一份用于烘干，获取基质水分含量标准值 θ_r，另一份，根据土壤 pH 测量标准 NY/T 1377-2007，采用玻璃酸度计 (型号为 PHS-3C) 测量，作为基质 pH 标准值 pH_r；最后一份根据检测仪测量含水量，按土水体积比 1:2.5 计算出所需加水量，基质和水混合放在磁力搅拌器上振荡，30s 后，插入双层膜锑 pH 电极，60s 后读取检测仪测量结果，作为检测仪 pH 测量值，记为 pH。

另外，在两个土槽剖面不同深度处先后插入自制电导率探头和土壤专用型笔式电导仪 HI98331 钻入式探头，记录电导率测量值，其中 HI98331 记录数据作为电导率参考值，记为 EC_r；检测仪测量值记为 EC。

11.4.2 试验数据和分析

试验测量数据结果如表 11.1~ 表 11.3 所示。

由表 11.1 中可知，检测仪经标定后，其测量的含水量值与烘干法标准含水量值的最大误差为 -0.012，相对误差小于 6.72%；

表 11.1 含水量测量数据

序号	1	2	3	4	5	6	7	8	9
θ	0.127	0.156	0.198	0.231	0.274	0.302	0.341	0.386	0.453
θ_r	0.119	0.159	0.210	0.228	0.266	0.312	0.330	0.393	0.464
Err	0.008	−0.003	−0.012	0.003	0.008	−0.010	0.011	−0.007	−0.011
Rerr/%	6.72	−1.89	−5.71	1.32	3.01	−3.21	3.33	−1.78	−2.37

注: Err 为误差, Rerr 为相对误差, 下同。

由表 11.2 中可知, 检测仪测量电导率与 HI98331 土壤电导仪测量值相比, 最大误差为 0.1mS/cm, 最大相对误差为 −9.43%;

表 11.2 电导率测量数据 (单位: mS/cm)

序号	1	2	3	4	5	6	7	8	9	10
EC	0.86	1.34	1.83	2.43	3.45	0.96	1.23	1.79	2.64	3.62
EC_r	0.79	1.24	1.89	2.51	3.41	1.04	1.19	1.84	2.62	3.53
Err	0.07	0.10	−0.06	−0.08	0.04	−0.08	0.04	−0.05	0.02	0.09
Rerr/%	8.86	8.06	−3.17	−3.19	1.17	−7.69	3.36	−2.72	0.76	2.55

由表 11.3 中可知, 检测仪在测量土水体积比为 1:2.5 的浑浊液时, 其与标准值最大绝对误差小于 0.076, 相对绝对误差小于 1.48%。

表 11.3 pH 测量数据

序号	1	2	3	4	5	6	7	8	9
pH	6.90	6.75	6.69	6.66	6.45	6.40	6.27	6.31	6.09
pH_r	6.892	6.683	6.781	6.652	6.547	6.458	6.324	6.309	6.014
Err	0.008	0.067	−0.091	0.008	−0.097	−0.058	−0.054	0.001	0.076
Rerr/%	0.12	1.00	−1.34	0.12	−1.48	−0.90	−0.85	0.02	1.26

总之, 检测仪运行稳定可靠, 各功能都能正常运行; 测量误差较小, 测量精度能满足农业栽培基质实时测量精度要求, 在栽培基质生产中具有广阔的应用前景。

第12章 基质多参数无线检测仪设计

随着无线传感器技术、信息处理技术及无线通信技术的发展,智能农业逐渐取代传统农业,成为现代农业发展的必然趋势。在基质栽培中,基质电导率、含水量及温度等参数的准确实时检测对植物生长具有至关重要的作用[114,115]。现有对这些参数检测的仪器功能单一、价格昂贵且不便于携带,不能很好地满足现代农业标准化、规模化、产业化发展要求[116]。随着物联网等新兴技术快速发展,Android设备迅速普及,其在智能家居等行业的研究进展,给了农业工作者足够的启示。开发一款基于 Android 智能手机的基质多参数无线检测仪器将具有广阔的应用前景[117]。

当前关于无线技术在土壤基质检测方面的研究多以 ZigBee 无线技术展开[118],采用该技术虽然可以实现土壤基质参数的无线发送,但研究者需单独开发用于接收数据的手持仪器,不但增加硬件成本,而且在实际使用过程中仪器由于体积较大,不便于携带。

课题组在前期研究的基础上,针对现有仪器成本高、不便携带,以及使用中插入土壤基质穿透能力差等不足[119],通过对基质电导率、含水量及温度等检测传感器复合化,对传感器结构、电路和 PCB 板进一步优化,基于 WiFi 通信技术设计无线复合传感器节点。基于 Android 平台设计手机版基质多参数无线检测仪,提高无线传感器节点的使用效率和可靠性,实现温室栽培基质含水量、电导率及温度等多参数测量,为无土栽培环境参数的检测提供更加便捷、合理、全面的解决方案,促进我国设施农业技术的普及推广[120]。在基于 Android 开发检测仪时,其底层和中间层的开发主要基于 C 和 C++ 语言,上层开发主要基于 Java 语言实现。

12.1 检测仪无线方案对比分析

针对目前常用无线通信技术的通信距离、功耗、成本等方面特点,结合设计目标要求,综合分析比较,选定合适的无线通信技术,设计基质多参数无线检测仪。

近年来,数字家庭、无线通信、无线控制、无线定位、无线组网和移动连接等词语逐渐走入我们的生活,无线通信技术在家电、医疗、金融等方面取得了巨大的成功,也给我们较大的启示[121,122]。通过对无线技术研究,将无线技术与传统农业相结合,实现农业生产智能化必将是现代农业发展的新方向[123]。常见短距离无线通信技术性能如表 12.1 所示。

表 12.1　各种通信方式性能比较

通信方式	传输距离	功耗	传输速率	使用成本
ZigBee 技术	短	较低	慢	最低
WiFi 技术	较远	低	快	较低
蓝牙	较短	低	较快	低
GPRS	最远	一般	慢	高

综合对比分析表 12.1 中几种无线通信技术,看出 WiFi 技术[124,125] 通信距离相对较远,功耗低,组网方便,成本低。而基质栽培环境相对空旷,要求距离相对远,同时低成本及低功耗等是系统的重要指标,因此 WiFi 技术最能符合本课题基质多参数无线检测仪的设计要求。采用 WiFi 无线通信技术,与复合传感器相结合设计无线传感器节点。

12.2　无线检测仪总体方案

无线传感器节点的设计基于 WiFi 技术,因此手持仪器端必须包含能够接收 WiFi 数据的单元。市场上普及率较高的 Android 智能手机,不但方便携带,且基于此开发检测仪不会增加额外的硬件成本,因此接收端选择基于 Android 平台的智能手机具有较大的可行性。

其主要开发工具是 Eclipse,其所需的 JDK 和 ADT 可无偿使用,所以开发成本相对较低。本设计采用中兴公司的 ZTE N798+ 手机进行开发调试,该机型安装的 Android 系统的版本为 4.0.4。总体方案如图 12.1 所示。

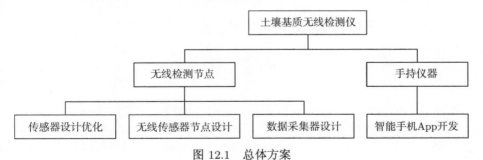

图 12.1　总体方案

基质多参数无线检测仪设计分为无线检测节点和手持仪器两大部分,无线检测节点端主要包括基质多参数检测传感器复合设计及优化、无线传感器节点设计及数据采集器设计。手持仪器端基于 Java 语言利用 Eclipse 平台进行手机 App 开发,接收数据采集器发送的数据。

在 Ad Hoc 模式下,无线检测仪整体系统包括自主设计的无线复合传感器,数据采集器和手机终端三部分，其中无线复合传感器和数据采集器之间基于 ZigBee 技术进行通信，数据采集器和手机终端通过 WiFi 技术进行通信。无线复合传感器包括由电源转换电路、含水量、电导率和温度检测电路集成在一起的复合传感器、CC2430 无线发送模块。传感器检测参数数据，经过信号检测电路将各参数值转换为直流电压，CC2430 无线模块 1 进行 A/D 采集，转换成的数字量通过无线发送到数据采集器 CC2430 无线模块 2 中，CC2430 无线模块 2 对数据进行分析处理，并通过串口与 WiFi 模块连接。手机终端通过 WiFi 与数据采集器建立连接，接收采集到的数据，并通过自主开发的 App 对数据进行接收、删除等操作，本设计的整体结构具体方案如图 12.2 所示。

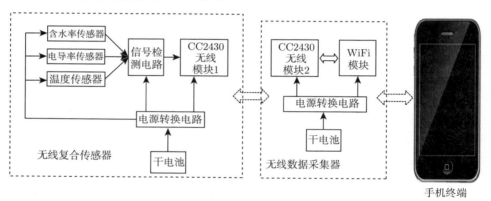

图 12.2　系统整体结构

12.3　基质多参数无线复合传感器

基质传感器的设计除了考虑测量原理的可行性、电路的可靠性及 PCB 的稳定性外，还必须考虑基质的硬度、松紧等情况，使设计出的传感器具有较强的穿刺能力，便于将传感器无阻碍的插入测量基质中，适应基质测量环境要求。

在传统设计中，广泛采用圆筒或平行板型电容测量探头，虽然在测量原理上可以满足要求，但在使用过程中插入阻力较大，而为测量电导率采用四端法设计的探针式结构灵敏度有限，又大大增加了检测电路的设计难度。

本设计结合目前传感器设计中存在的穿刺困难、测量单一、测量稳定性不足等问题，在两块 PCB 印制板的表面覆一层铜，并经过绝缘覆盖处理，组成同面散射式电容含水量传感器，沿极板的四条边伸出四根金属探针，形成检测电导率的四端法传感器，将热敏电阻放置在 PCB 板上，经绝缘处理后能测量环境温度值的方法，将检测电路与传感器集成在同一块 PCB 板上，探头末端设计成三角形，便于插入栽培基质，传感器整体结构紧凑。利用 CAD 软件绘制的复合传感器整体结构示意图如图 12.3 所示。

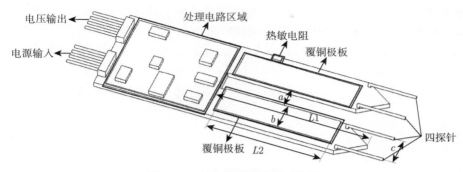

图 12.3　复合传感器结构示意图

图中，两印制板间距 a，板长 $L1$，末端为三角形设计，增加了穿刺能力，方便传感器插入基质中。覆铜极板宽 b，长 $L2$，组成同面散射式电容含水量传感器，此设计可保证插入土壤基质时与土壤基质充分接触。四探针等间距为 c，组成四探针电导率传感器。热敏电阻放置在印制板边缘，经绝缘处理及电路处理后，组成温度测量传感器。处理电路区域用于部署传感器处理电路。

12.4　无线检测节点硬件设计

12.4.1　基质复合传感器电路设计

基质复合传感器电路主要包含三个部分：含水量检测电路、电导率检测电路及温度检测电路。考虑到传感器的供电问题，在芯片选型时多选用 +5V 的芯片，各检测电路芯片的供电由 9V 干电池通过转换芯片 AMS1117 转换为 +5V 电压提供。对于部分需要双极性电源供电的芯片，则采用 ICL7660 电压转换芯片提供 −5V 的电压输出供电。

含水量检测是基于电容法实现的，其测量原理已在第 1 章作过说明。

含水量检测电路主要有高频正弦信号发生电路、电容/电压转换电路、全桥整流电路和低通滤波电路，其中高频正弦信号发生电路、电容/电压转换电路是含水量检测电路设计中较为重要的部分。高频正弦信号产生的正弦信号与 OPA637 相接，当电容/电压转换电路中电容因含水量发生改变时，高频正弦信号发生电路产生的正弦波的幅值会发生变化，因此，通过测量高频正弦波的幅值变化便可得出电容/电压转换电路中的电容变化，间接得出含水量的值。

为了减小对电导率检测的干扰，通常在高频信号下实现对基质含水量的检测。常见的正弦信号发生电路有 LC 振荡电路、RC 振荡电路、文氏振荡电路及一些专

门的正弦信号发生芯片，如 MAX038，考虑到由 MAX038 构成的函数发生器电路
具有输出频率连续可调、调整范围大、精度高、可靠性高、体积小、功耗低、输出
波形失真小等优点，本设计决定用 MAX038 来产生 500kHz，V_{P-P} 为 2V 的高频正
弦激励信号 V_{01}，高频正弦信号发生电路如图 12.4 所示。

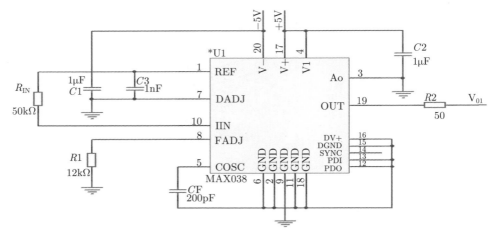

图 12.4　高频正弦信号发生电路

　　含水量检测的另一个核心单元是电容/电压转换单元，电容/电压电路是含水
量检测电路的核心部分，用于将检测电容的变化转化为成比例的电压信号。电容电
压转换的方法很多，本设计采用的是 OPA637，该器件是一款高精密度、高速、低
漂移、高增益放大器。电容/电压转换电路如图 12.5 所示。

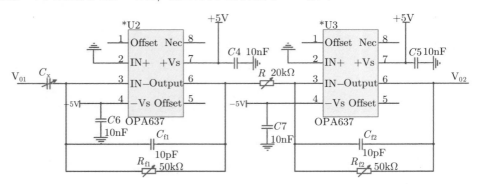

图 12.5　电容/电压转换电路

　　调节滑动变阻器 R_{f1} 和 R_{f2} 直至输出信号与激励信号同相，此时有：$V_{02} = K_1$
$C_x V_{01}$，其中 C_x 为极板等效电容，K_1 为电路所确定的比例常数，其值可通过调节
电阻 R 改变，V_{01} 为高频正弦激励信号，V_{02} 为电容/电压转换电路的输出信号。

极板电容 C_x 决定着输出信号 V_{02} 的幅值,故只需将 V_{02} 的幅值参数提取出来即可实现对极板等效电容的检测。其中等效电容与输出信号 V_{02} 的幅值的线性关系是电路设计的关键,一般要求相关系数 R 达到 0.99。

电导率的检测是基于四端法实现的。由 2.1 节电导率四端法测量原理可知,J、M、N 和 K 为插入培养基质中的检测探针,电导率的检测需要采集精密电阻 R 两端的电压 U_R 和 ΔU_{MN} 的值。基于电流–电压四端法测量原理的电导率检测电路有低频正弦信号发生电路、双路差动放大电路、有效值电路和放大电路。电导率的激励源为 300Hz 正弦波,因此放大器选用 TI 公司的低功耗、高输入阻抗运算放大器 TL082,其内部为两个放大器相连,前端放大器与 RC 桥式电路相连产生正弦信号,后端放大器对电压幅值进行处理以适应后期其他器件电路,并能起到阻抗匹配的作用。低频正弦信号发生电路如图 12.6 所示。

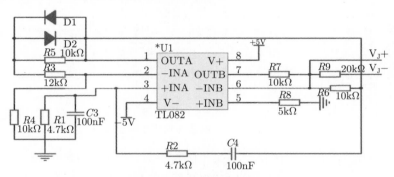

图 12.6 低频正弦信号发生电路

考虑到基质中的探针 M 和探针 N 感应到的电势差较微弱以及增强电路的抗共模干扰的能力,设计了双路差动放大电路分别对上述两路电压实现差动放大,选用 INA2132 构成的双路差动放大电路如图 12.7 所示。

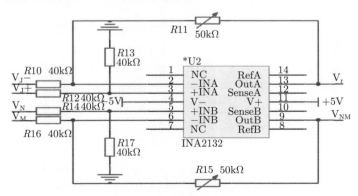

图 12.7 双路差动放大电路

图中 V_N 和 V_M 分别表示探针 N 和探针 M 的电压，V_r 和 V_{NM} 分别为精密电阻两端电压和中间两根探针之间电压经差动放大后的输出电压。采集后的两路电势差均为交流信号，各自通过一个有效值转换器 (交直流转换) 转换为直流电压以方便单片机的采集。本设计采用的有效值转换器是 AD736，AD736 是一款低功耗、高精密、单芯片真 RMS-to-DC 的转换器，采用正弦波输入时最大误差为 0.3mV 附近，内置输出缓冲放大器，提供了极大的设计灵活性。电源电流仅为 200μA，并针对便携式仪器及其他电池供电应用进行了优化。其输入电压的范围为 200mV，输出为直流电压，经过适当的放大后可给单片机采集。有效值转换和放大电路如图 12.8 所示。

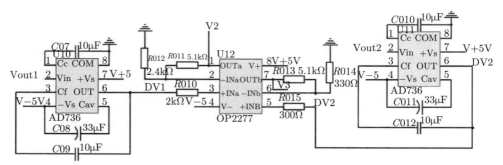

图 12.8　有效值转换和放大电路

温度值的检测采用 PTR-10 型热敏电阻来测量，其特性是温度降低，电阻值升高，电阻值与温度值之间存在一定的函数关系，因此，通过测量电阻值便可以得到温度值。电阻值的测量采用比例法。将被测电阻接入比例放大电路的反馈回路，在输入回路接入一个已知阻值的精密电阻，电路的输入端输入恒定的直流电压。如图 12.9 所示，放大器 OP07 的引脚 3 为电压输入端，电压值 $U_{in}=U+5\times R113/(R114+R113)$，引脚 6 为电压输出，输出电压 $U_T=(1+r/R111)\times U_{in}$。

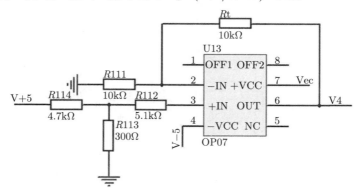

图 12.9　温度值测量电路

12.4.2　复合传感器 PCB 板设计

在基质传感器电路图的基础上，应遵循一定的布局、布线规则，进行复合传感器 PCB 板设计，减小反射及串扰问题。

首先，PCB 板的形状设计参考传感器的结构图来完成，不能太大，必须保证有效地减小因反射及串扰而带来的问题。通常来说，PCB 尺寸过大的设计，必然增加两元器件之间的走线距离，阻抗也会随之增加，尺寸设计得过小，则会影响 PCB 的散热性能，缩短整个系统的使用寿命，且相邻的导线也会受干扰。PCB 中各元器件的布局如下：

(1) 参考电路原理图中各元器件及其工作顺序，划分含水量、电导率及温度测量单元的位置，同单元的元器件尽所能的放在一起，并使信号沿相同方向传输。

(2) 布局时，首先放置含水量检测单元中的 MAX038、OPA637 及含水量检测单元中的 INA2132，它们是各自检测单元中的核心器件，然后以它们为中心进行其他元器件的布置，各元器件排列整齐、结构紧凑、走线缩短。

(3) 对于如电路中出现的高频芯片 MAX038，其外围电路元器件走线应尽量缩短，以减小它们的分布参数和相互间的电磁干扰。

(4) 在设计印制板时，要按照项目需求在合适的地方留出定位孔的位置。

根据拟采用的仪器盒尺寸，进行复合式传感器 PCB 图完整设计。同时考虑到基质栽培环境中温度、湿度较高的特点，长期暴露在此环境下的传感器会受到噪声的影响，在设计时从三个方面进行优化减少传导噪声的影响：

第一，在输出的 +5V 电压与地平面之间使用电容，在电源供电处和有源器件供电引脚处使用去耦电容。

第二，在走线之间增加对地保护走线，避免走线之间的直接耦合。

第三，铺设地平面，尽量保证完整的地平面，经过设计并优化后的 PCB，如图 12.10 所示。

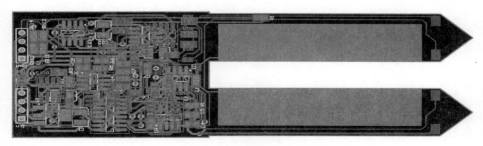

图 12.10　复合传感器 PCB 图

12.4.3　无线传感器节点及数据采集器设计

　　无线传感器节点包括无线节点和数据采集器两部分,无线节点包括上述复合传感器、CC2430 模块及自主设计的 PCB 多用途转接板,数据采集器包括 CC2430 模块、PCB 多用途转接板及 WiFi 模块,各模块之间的连接均无需导线,采用可快速插拔的接插件连接。

　　本设计采用去导线化设计,所有的电气连接都在 PCB 板上完成,不影响传感器的性能。同时,通过机械设计,在传感器上根据实际设置定位孔,将传感器与仪器盒用机械连接的方式集成在一起,增加无线传感器的穿刺能力,可延长其使用寿命,获得较好的用户体验。

　　根据实际研究,本设计中 PCB 上共分为 6 个区域,从左到右,从上到下依次为复位区域,用于使用过程中卡顿时的复位,电源接口为整个模块供电;信号接口用于与传感器 4 路电压信号的连接;CC2430 模块插槽在 PCB 板上与信号及电源接口通过电路板印制线相连,用于 CC2430 与信号的连接。最后两部分是 WiFi 模块插槽,用于 WiFi 与电源及 CC2430 串口相连。无线传感器辅助电路板模块布局示意图如图 12.11 所示。

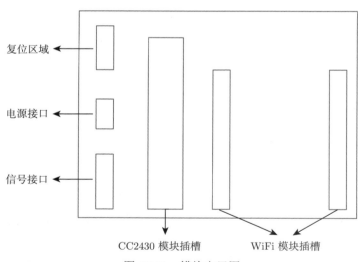

图 12.11　模块布局图

　　辅助电路板长 43mm,宽 40mm,厚度为 1.6mm。根据设计,只需将各单元模块插入相应的插槽或接口处,即可实现整个系统的功能,该设计方便快捷,功能模块易于替换,提高了整个产品的整体利用率,具有较高的应用价值。

　　根据以上元器件布局思路,多用途转接板 PCB 设计如图 12.12 所示。该 PCB 板具有两种功能。当不插入 WiFi 模块时,电路板与 CC2430 发送模块、复合传感器组成无线传感器节点。当插入 WiFi 模块时，可组成无线数据采集器，无线数据采集器包括 3 个子模块，即转接底板模块、WiFi 模块和 CC2430 无线接收模块，分别将 WiFi 模块和 CC2430 无线接收模块安装在自主设计的转接底板上，转接底板电路完成两模块之间的串口通信功能。CC2430 无线接收模块接收 CC2430 无线发送模块发送过来的数据，并将数据通过串口发送给 WiFi 模块，WiFi 模块将接收到的数据以无线的方式发送给手机终端。

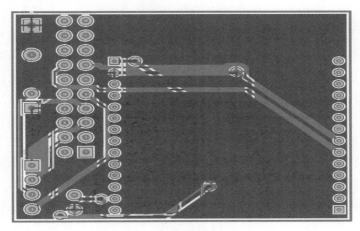

图 12.12　辅助电路板 PCB 图

　　数据采集器是由转接底板、WiFi 模块及 CC2430 模块组成，其中，CC2430 模块与 WiFi 模块分别插在转接底板的插槽中，两模块之间通过串口进行通信，CC2430 模块接收无线复合传感器发送过来的数据，并将数据通过串口发送给 WiFi 模块，WiFi 模块将串口接收到的数据以无线的方式发送给手机终端，WiFi 模块与 CC2430 单片机的连接框图如图 12.13 所示。

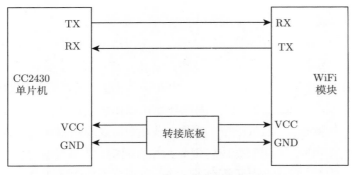

图 12.13　WiFi 模块与无线单片机连接图

12.5　无线检测节点软件设计

12.5.1　无线传感器节点及数据采集器软件设计

复合传感器输出端通过 I/O 与 CC2430 发送模块连接，CC2430 发送模块将传感器测得的电压值经过 A/D 转换成数字量，然后通过无线收发器将数据发送给无线接收模块。

在 CC2430 无线发送模块程序中首先进行 CPU 时钟、I/O 端口、定时器、中断、片内寄存器初始化以及对各控制变量、常量定义和赋值等；然后开始协议栈初始化，之后发送加入网络请求信号，等待无线接收模块的响应，并为自己分配网络地址。若加入网络成功，设置无线发送模块的 D2 发光二极管点亮，给予提示，如果加入网络失败则 D2 发光二极管不亮，延时一定时间后，继续发送加入网络请求信号，直到加入网络成功。

加入网络成功后，无线发送模块进入空闲状态，准备采集和发送数据。经过一定时间的延时，无线发送模块开始从复合传感器采集模拟信号，并送给 CC2430 进行 A/D 转换为数字量，完成一次采集。采集数据过程中，通过 P1.1 口输出高低电平选择传感器的工作状态，先输出高电平，采集含水量输出的电压值，并进行 A/D 转换；然后输出低电平，采集电导率和温度数据，并进行 A/D 转换，最后将采集到的数据进行打包发送，完成一次采集过程。此后，无线发送模块每隔一段时间进行一次采集，然后把数据打包再发送给第一无线模块主机，并开始接收应答。如果发送成功，模块回到空闲状态，延时进入下一次采集和发送；如果发送不成功，马上重新采集一次数据再发送给无线接收模块，直到发送成功。流程图如图 12.14 所示。

数据采集器通过 ZigBee CC2430 模块接收数据并通过串口 UART 与 WiFi 模块进行数据交换。在无线接收模块程序中，首先初始化 CC2430 接收模块，完成系统的参数给定、系统各变量的定义以及寄存器初始化工作，主要包括 CPU 时钟初始化、I/O 端口初始化、定时器初始化、中断初始化、片内寄存器初始化以及对各控制变量、常量定义和赋值等。然后程序开始初始化协议栈并打开中断，之后程序开始格式化一个新网络。之后程序开始进入应用层，处理函数 apsFSM() 监测空中的 ZigBee 信号，等待 RFD 节点或路由节点加入网络。如果有 RFD 节点或路由节点加入成功，则自动为其分配网络地址。然后监控状态，查看是否有无线信号，数据采集器流程图如图 12.15 所示。

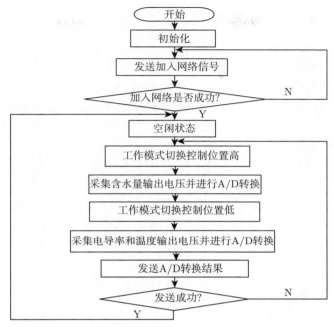

图 12.14   无线传感器节点发送端流程图

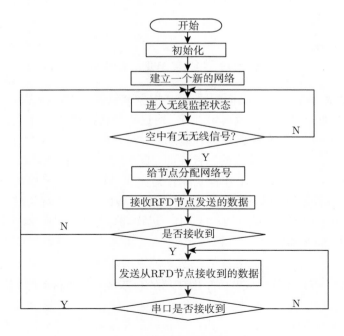

图 12.15   数据采集器接收端流程图

12.5.2　WiFi 模块选型及配置软件设计

目前市场上 WiFi 模块众多,价格较低,可供选择的余地很大,为了降低成本及调试的方便,采用 HLK-RM04 型 WiFi 模块。HLK-RM04 型 WiFi 模块是海凌科电子新推出的低成本高性能嵌入式串口–以太网–无线网模块,是基于通用串行接口的符合网络标准的嵌入式模块,内置 TCP/IP 协议栈,能够实现用户串口、以太网、无线网 (WiFi)3 个接口之间的转换。其采用插针式引脚,可插拔,调试方便。

该 WiFi 模块可工作在默认模式、串口转以太网模式、串口转 WiFi CLIENT 模式及串口转 WiFi AP 模式。本设计采用串口转 WiFi AP 模型。该模式下,WiFi 使能,工作在 AP 模式下。通过设置,COM 口的数据与 WiFi 的网路数据相互转换。该 WiFi 模块支持目前所有的加密方式,安全可靠。串口转 WiFi AP 模型如图 12.16 所示。

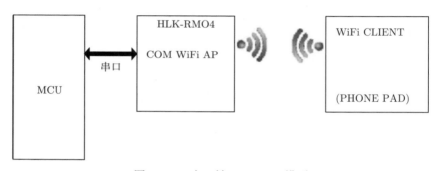

图 12.16　串口转 WiFi AP 模型

WiFi 模块配置有 WEB 页面配置、AT 指令集配置和 WiFi 配置工具配置 3 种方式。WEB 页面配置需在浏览器中进行,通过账号密码等验证才能配置,操作相对复杂费时;AT 指令配置则需通过代码编程,对非专业人员要求相对较高,本设计选用 WiFi 配置方式,人性化的配置界面,直观明了,操作简单。

本配置中,WiFi 模块的工作模式配置为无线 AP 模式,网络协议为 UDP 客户端模式,网络名称为 "基质检测",通过 WPA/WPA2-AES 对其进行加密,远端 IP 为 192.168.0.1,本地 IP 为 192.168.0.10,远程端口号为 9001,本地端口为 9004,波特率配置为 115200。

12.6　无线传感器节点及数据采集器制作与调试

按照传感器结构设计的模型,为适应传感器小型化、紧凑化的趋势,并考虑实际使用过程中的用户反馈,在 PCB 板设计时,所有器件与元器件均选用贴片式封装，焊接完成后的复合传感器实物如图 12.17 所示。

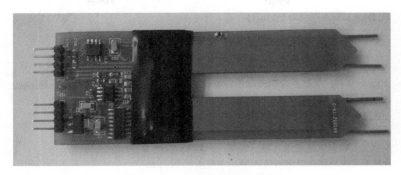

图 12.17　复合传感器实物图

所有元器件焊接后，对传感器进行调试。用万用表逐个检查器件引脚及其他元器件的焊接情况，确保没有短路、漏焊、虚焊等情况，在确认所有器件焊接正确的情况下，通电进行测试。电源由 9V 的电源适配器提供。

传感器调试成功后，将传感器与 CC2430 发送模块及多功能转接板组装在一起组成无线节点，经万用表通断测试，各单元连接正常。工作过程：将节点插入土壤基质中，传感器与土壤基质充分接触，进入工作状态，采集各参数信号，经过处理电路处理转换成电压信号，经 I/O 口与 CC2430 无线单片机连接，CC2430 无线单片机对采集的信号进行 A/D 转换等处理后将采集的信号发送出去。

将 CC2430 无线模块与 WiFi 模块及多功能转接板组装在一起组成无线数据采集器，经万用表通断测试，各单元连接正常。工作过程：CC2430 无线模块接收无线节点发送过来的数据，经过串口与 WiFi 模块通信，WiFi 模块再将串口传输过来的数据以无线的方式发送，当手机连接到此 WiFi 模块时，通过自主开发的手机 App 便可将参数显示在手机上，其实物图如图 12.18 所示。

(a) 无线传感器节点实物图　　　　　　　(b) 无线数据采集器实物图

图 12.18　无线检测节点实物图

12.7　基于 Android 手机 App 开发

12.7.1　手机 App 功能分析

本设计的手机 App 主要使用对象为进行温室栽培等相关农业领域的工作者，工作主要在温室大棚等大面积范围内展开，工作量相对较大，因此简单的界面，清楚的操作按键设计，可以有效减少操作步骤，提高工作者的工作效率。

基于上述考虑，将开发的 App 设计为两级界面：

(1) 进入手机 App 后，第一级界面为节点选择界面。进入此界面用户可以清楚地看到测量节点号，用户可根据栽培需求选择想要测量的区域。在设计时，预留了 4 个节点，每个节点实现方法基本相同，后期可以根据用户反馈需要增加多个节点。

(2) 第二级为用户操作界面及显示界面。包括发送数据、清空数据、接收数据和断开接收。其中接收数据操作是 App 开发的核心。根据设计目标，当点击接收数据时，App 能将接收到的数据显示在各参数对应的位置上，当不再需要接收数据时，点击断开接收，则 App 不再进行数据的接收，当显示的参数过多时，可以点击清空数据，将已接收的数据进行清空。在设计时，考虑到 App 功能升级，设计了发送数据控件，用于发送数据命令。

12.7.2　功能程序设计

本设计的中 WiFi 模块与手机之间的通信是通过 Socket 套接字实现，基于 UDP 协议。套接字 Socket 是指向基于网络的另一应用程序的通信链的引用。应用程序通常通过套接字向网络发出请求或者应答网络请求。Socket 所处的会话层负责控制和管理两台计算机之间的数据流交换。作为会话层的一部分，Socket 隐藏了数据流传输中的复杂性。而 Socket 相当于计算机进行数据交换时候的一个 "接口"。简而言之，Socket 在两个通信设备之间建立一个连接通道，通过此通道实现两者之间的数据交换。

土壤基质无线检测仪的智能手机端 App 应用程序两个界面之间的调度主要是通过监听函数 onclick() 来实现，监听是否有按键按下，选择测量节点，进入子界面再通过 send(string s) 函数及 receive() 函数判断是发送数据还是接收数据，receive() 函数对接收到的数据进行分离，显示在相应的区域。而运行程序前，首先要通过 iswificonnected() 函数判断是否接入 WiFi，如果 WiFi 已接入，则通过 start Timer() 使 WiFi 图标闪烁，给使用者提示，然后获取本机及主机 IP 地址，直接通过单片机程序对参数进行设置。当关闭接收数据后，若不再进行其他操作，则返回到主界面，选择测量其他节点；如果不再测量，则通过 onkeydown() 函数判断是否双击返回键，若双击返回键则退出 App，停止测量。主程序流程图如图 12.19 所示。

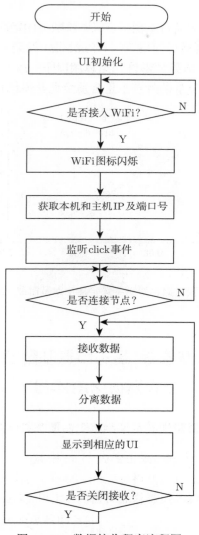

图 12.19 数据接收程序流程图

12.8 无线检测仪测试功能调试

将自主设计的多用途 PCB 转接板、WiFi 模块及 CC2430 接收模块依次插入插槽中，用电池盒提供电源。打开安装在手机上的人工调试助手，建立网络连接，当 WiFi 模块有数据发送时，调试助手会将数据显示出来。调试时，分别用 T、Q、W

表示温度、电导率及温度。

　　通过试验将检测仪测量数据与标准值进行对比，求出误差值，验证检测仪的性能及可靠性。将各硬件模块进行组装，放入仪器盒中。打开开关对各模块进行供电，在手机上安装好自主开发的基质多参数检测仪 App，打开并与该 WiFi 模块建立连接。基质无线检测仪整体实物图如图 12.20 所示。

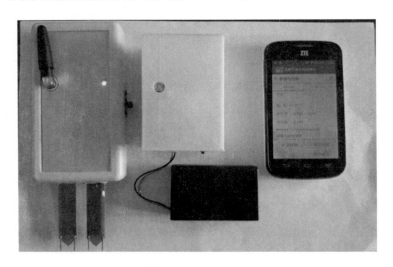

图 12.20　基质多参数无线检测仪实物图

　　仪器操作步骤：

　　第一步：打开数据采集器开关，等待 WiFi 模块及 CC2430 模块工作；

　　第二步：打开手机，连接 WiFi 模块信号 (账号：基质检测，密码：12345678)；

　　第三步：打开手机 App，选择节点号进入对应节点测量界面，并点击接收数据；

　　第四步：App 接收到数据，并根据需求做相应的操作；

　　第五步：使用完毕，按返回键退出手机 App，并关闭数据采集器及无线传感器节点开关。

　　将开发完成的 App 安装到中兴 ZTE N798+ 和小米 4，按照上述步骤进行检测仪操作，点击接收数据时，可以看到个测量参数显示在相应的位置，从图中可以看到参数以绿色字体显示在相应的位置，为方便查看，在显示区域下设计了显示接收数据历史的接收文本等信息，最上面的数据为最早接收的数据，数据从上往下依次记录。接收界面如图 12.21 所示。说明整套系统能够完成功能需求，达到设计的目标。

图 12.21 数据接收界面

12.9 无线检测仪性能试验

试验器材：500mL 烧杯；PVC 桶 8 个；NaCl 固体粉末；滤纸；天平；玻璃棒一根、溶液电导率检测仪 (上海雷磁公司 DDB-303A 型)、土壤电导率检测仪 (Hanna 公司 HI98331 型)、JM222 数字温度计等。

试验基质：草炭、椰糠等。

试验方法：为保证含水量测量的准确性，在基质加入水分之前，需对其进行干燥处理，然后将经过干燥处理后的基质均等的分成 8 份。用天平称取不同质量的 NaCl 固体粉末，加入不同体积的水中，并用玻璃棒搅拌均匀后静置 5 分钟。再将基质倒入 PVC 桶中，缓缓地加入配置好的 NaCl 溶液，并对基质进行充分搅拌，同时做好水的质量和干基质的质量的记录工作。基质搅拌均匀后将其压入 500mL 的烧杯中控制基质体积为 400mL 时进行测量，每份基质重复测量 3 次，在表格里记录平均值。将检测仪测得含水量的结果与通过烘干法计算得出的含水量标准值进行对比参考。将无线传感器节点插入基质样品，待显示稳定后，取出传感器，插入 HI98331 型土壤电导率检测仪测量标准值。同时为减少水分的蒸发，提高含水量测量的准确性，在配比不同含水量和电导率的基质时，所用的水温度相差较小。因此对于温度传感器单元的性能试验在不同温度的水中单独进行，并将测量值与

JM222 高精度数字温度计进行对比。

在上述试验基础上,在温室大棚实验室环境下进行了试用,试验误差较小,达到课题设计的目标及要求,实验室使用效果如图 12.22 所示。

图 12.22　检测仪实际使用效果

试验数据结果如表 12.2~表 12.4 所示。

表 12.2　含水量测量数据　　　　　　　　　　　　　　　(单位: %)

编号	1	2	3	4	5	6	7	8
参考值	3.7	8.4	10.1	15.5	21.2	25.8	34.1	46.0
平均值	3.8	8.6	9.5	15.8	19.4	24.9	34.5	45.2
误差值	0.1	0.2	0.6	0.3	1.8	0.9	0.4	0.8

表 12.3　电导率测量数据　　　　　　　　　　　　　　(单位: mS/cm)

编号	1	2	3	4	5	6	7	8
参考值	0.03	0.15	0.42	0.59	0.78	1.11	2.03	3.14
平均值	0.038	0.145	0.463	0.603	0.795	1.145	2.051	2.939
误差值	0.008	0.005	0.043	0.013	0.015	0.035	0.021	0.201

表 12.4　温度测量数据　　　　　　　　　　　　　　　(单位: ℃)

编号	1	2	3	4	5	6	7	8
参考值	8.7	15.4	19.8	24.6	27.5	32.3	38.2	45.1
平均值	8.91	15.23	20.14	23.58	27.19	33.45	38.01	46.43
误差值	0.21	0.17	0.34	1.02	0.31	1.15	0.19	1.33

　　根据表格中的测量数据，利用 Matlab 软件对数据进行拟合，各参数拟合直线图如图 12.23～图 12.25 所示。

　　根据表中数据及拟合结果分析可得：测量含水量的值与烘干法得到的含水量的值最大误差为 1.8%，相对误差小于 8.5%；电导率的值与 HI98331 土壤电导仪测量值相比，最大误差为 0.201mS/cm，相对误差小于 6.4%；温度值与 JM222 高精度数字温度计测得的结果相比最大误差为 1.33℃，相对误差小于 3.1%。

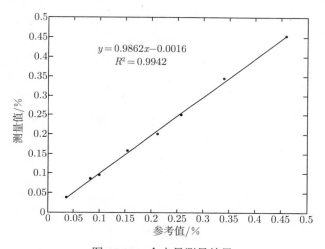

图 12.23　含水量测量结果

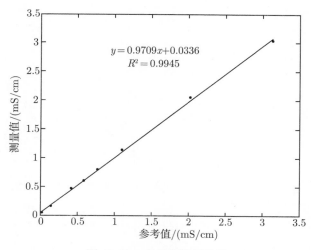

图 12.24　电导率测量结果

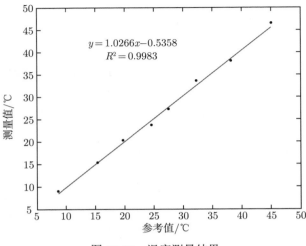

图 12.25　温度测量结果

第 13 章　基于可见–近红外光谱技术的基质水分与氮素快速检测方法

可见–近红外光谱技术 (VIS-NIRS) 具有快速、无损、易操作及稳定性好等特点，已广泛应用于工业、农业、医学等领域[126-129]。由于有机物料对光具有散射和漫反射作用，且含有大量对 NIRS 分析敏感的 C—H、N—H、O—H 等键，故适用于 NIRS 分析。

在对有机基质水分含量的可见–近红外光谱检测方法方面：Jae 等[130] 用 NIRS 分析方法测定了 135 个猪粪堆肥样品含水率，结果表明，堆肥含水率的 NIRS 测定值与常规分析值之间具有很好的相关关系，决定系数为 0.97，预测标准差为 0.11。黄光群等[131] 以我国 22 个省、市 120 个不同种类的畜禽粪便堆肥样品为研究对象，利用傅里叶变换近红外漫反射光谱技术和偏最小二乘回归法建立了我国畜禽粪便堆肥中水分的近红外定量分析校正模型，其校正决定系数为 0.9816，验证决定系数为 0.9832。吴玉萍等[132] 应用傅里叶变换近红外漫反射光谱仪，扫描了全国 200 多个基质样品，建立了近红外光谱与育苗基质水分含量间的数学模型，并对 12 个样品进行预测，预测值与实测值之间的平均偏差 −0.07。皇才进等[133] 采用近红外光谱仪在 1108~2492nm 光谱范围内对直接切短秸秆样品中水分含量进行检测，建立了预测模型。刘波平[134] 通过采用偏最小二乘与人工神经网络联用法建立了饲料样品水分含量的预测校正模型，预测标准偏差为 0.028。以上结果显示，尽管不同研究者得到水分含量校正模型的预测效果有些差别，但均表明近红外光谱法可以作为有机物料水分含量的快速有效测定方法。

在氮素等养分检测方面，黄光群等[131] 利用近红外漫反射光谱法测定猪粪、牛粪等畜禽粪便堆肥中挥发性固体、总有机碳、总氮含量，并取得了较好的效果。Smidt[135]，Grube 等[136] 的研究认为，尽管红外光谱受物料组成和不同物料比例的强烈影响，但仍可以代替常规化学分析法对有机废弃物料发酵腐熟程度进行评价的方法。吴玉萍等[132] 将近红外漫反射光谱技术用于烤烟漂浮育苗基质有机质的测定，结果进一步证实，该技术可作为该种育苗基质有机质的快速定量分析方法。Asai 等[137] 与 Nakatani 等[138] 还对全氮、铵态氮和硝态氮含量的敏感波长进行提取，分别得到了相应的预测模型。利用傅里叶变换近红外漫反射光谱技术建立的我国畜禽粪便堆肥中总氮含量的近红外定量分析校正模型，其决定系数达到 0.9874，验证集决定系数为 0.9735。Malley 等[139] 利用便携式 NIRS 分析仪对 179

个牛粪堆肥样品进行氮素含量的测定，扫描选用波长范围 360～1690nm，总氮含量的 NIRS 测定值与化学分析值决定系数、标准误差分别为 0.74 和 1.202。

除了通过建立全光谱波段模型来预测氮素含量外，也有研究者建立了基于氮素敏感波长提取的预测模型。Asai 等[137] 用 NIRS 分析仪对 76 个牛粪堆肥样品中总氮含量进行了测定，所选最优波长为 2180nm、2208nm、2139nm、2270nm、2348nm，堆肥中总氮含量的 NIRS 测定值与化学分析值决定系数为 0.934，标准误差为 0.117。可见，通过氮素敏感波长的提取建立模型可以快速测定牛粪便堆肥中的总氮含量。Nakatani 等[138] 用 NIRS 分析仪对牛粪、猪粪和鸡粪添加木屑和稻草的 62 个联合堆肥样品进行了氮素含量的测定，全氮所选波长 2164nm、1662nm、2248nm、1900nm，验证集决定系数在 0.8 以上；而对铵态氮和硝态氮所选波长为 2166nm、2288nm、2364nm 和 2185nm、2320nm，校正集决定系数明显低于全氮，分别为 0.771 和 0.890，验证集决定系数更低。因此他们认为采用 NIRS 技术很难对铵态氮和硝态氮含量进行高精度、稳定地定量分析。

尽管以上研究均表明，可见–近红外光谱法可以作为有机基质氮素含量检测的一种有效方法，但由于不同物料种类及其配比的近红外光谱信息存在较大差异，因此针对每一类特定的研究对象，均需要对其光谱特征进行研究和分析。并且目前用于建模的组成成分基本为测试波段范围的全光谱信息，而对基于水分和氮素反应敏感的特征波段信息的建模方法，也仍需要进一步的研究。

为探讨 VIS-NIRS 在醋糟有机基质检测中的适用性，本研究通过便携式可见–近红外光谱仪获取其光谱信息，对基于该光谱信息的醋糟有机基质水分和氮素含量定量分析方法进行实验研究。

13.1　基质水分和氮素含量 VIS-NIRS 检测的实验方法

13.1.1　基质含水量检测的实验方法

13.1.1.1　实验样品采集

实验材料包括纯醋糟基质 (采自于新鲜醋糟发酵堆制过程的不同阶段)，以及醋糟与其他有机物料 (菇渣和牛粪) 经不同配比后组成的混合基质 (采自于不同配比基质栽培效果试验的不同时期)，共计 72 个样品。样品采集后立即装入保鲜袋中，保存于 4℃冰箱。测定时混匀，一部分用于含水量测定，另一部分用于光谱采集。

13.1.1.2　仪器设备

采用美国 ASD(Analytical Spectral Device) 公司生产的 Field Spec 3 型便携式

光谱分析仪。该仪器光谱测量范围 350~2500nm；在 350~1000nm 光谱区采样间隔为 1.4nm，分辨率为 3nm；在 1000~2500nm 光谱区采样间隔为 2nm，分辨率为 10nm；采样频率 10Hz。

13.1.1.3　光谱反射率测量

测量在室内进行。将光谱探头及光源固定于三角架上，传感器探头位于工作台上方 7cm 左右处，垂直于被测物，实验设定视场为 25。测量前进行系统配置优化标准白板标定。

测定时，将样品装于 1.5cm 深度的圆形器皿中。光谱测量以 6 次扫描平均为一个采样点光谱 (光谱采样时取每 6 个数据平均作为一次光谱采样，以消除采样误差)，以其平均值作为该样品的原始光谱。在整个光谱采集过程中，保持相同的测定条件以及较为一致的装样厚度和紧密性等。

13.1.1.4　样本含水量测定

全波段模型的建立：采用烘干称重法测定样品的水分含量，并以烘干前、后样品重量差值 (g) 与烘干后样品质量 (g) 的比值进行表示。

特征光谱提取的模型建立：有机基质水分含量以百分比 (%) 表示。

通过异常样本检测，剔除异常值，最终确定总样品集 69 个 (其中预测集样品 20 个)。

13.1.1.5　数据处理方法

为了降低基线漂移、光散射、光程的变化、高频随机噪声等的影响，首先将所采集的样品光谱反射率 (R) 进行反射吸光度 (A) 的转换 $[A=\lg(1/R)]$，再对数据进行预处理。

光谱数据的预处理采用江苏大学自主开发的 NIRSA 软件系统 (计算机软件著作权登记号 2007SR06801)。该系统专门用于近红外光谱数据分析和建模，由数据编辑、数据预处理、样品分析、谱图比较、模型校正、样品预测等功能模块组成。经预处理后光谱数据的分析与建模则采用 SPSS 13.0 进行。

13.1.2　基质氮素含量 VIS-NIRS 检测的实验方法

13.1.2.1　样品采集

实验材料采自于新鲜醋糟发酵堆制过程的不同阶段，共计 106 个样品。样品采集后混匀，一部分立即装入保鲜袋中，保存于 4℃冰箱，用于光谱采集和硝态氮和铵态氮含量的测定；另一部分晾干、粉碎过 1mm 筛后用于光谱采集和全氮含量的测定。

13.1.2.2　仪器设备

同 13.1.2.1 节。

13.1.2.3　光谱反射率测量

测量在室内进行。将光谱探头及光源固定于三脚架上，传感器探头位于工作台上方 7cm 左右处，垂直于被测物，实验设定视场为 25℃。测量前进行系统配置优化，标准白板标定。

测定时，将样品装于 1.5cm 深度的圆形器皿中。光谱测量以 10 次扫描平均为一个采样点光谱 (光谱采样时取每 10 个数据平均作为一次光谱采样，以消除采样误差)，以其平均值作为该样品的原始光谱。在整个光谱采集过程中，保持相同的测定条件以及较为一致的装样厚度和紧密性等。

13.1.2.4　样品全氮和硝态氮含量的测定

全氮的测定采用凯氏消化–流动分析仪 (英国 SEAL Analytical 公司生产) 测定法；硝态氮和铵态氮的测定采用蒸馏水浸提 (浸提比为 1:5)、流动分析仪测定法。全氮、硝态氮和铵态氮含量都以干基进行表示。

13.1.2.5　数据处理方法

将所采集的样品光谱反射率 (R) 进行反射吸光度 (A) 的转换 [$A=\lg(1/R)$]，再对数据进行预处理。

光谱数据的预处理、全光谱波段的建模与预测均采用江苏大学自主开发的 NIRSA 软件系统进行。特征光谱波段的提取、光谱数据与建模的分析则结合 SigmaPlot 13.0 进行。

13.2　基质水分含量的 VIS-NIRS 快速检测方法

13.2.1　基质水分含量的测定结果及其光谱特征

通过异常样本检测，剔除异常值，最终确定 49 个醋糟基质样本建立偏最小二乘法 (PLS) 校正模型，20 个作为预测集来验证模型的稳健性，其水分含量的统计结果见表 13.1。总样品集 69 个，水分含量的变化在 0.316~3.277 间，其平均值、标准差和变异系数分别为 1.255%，0.896% 和 67.8%。

表 13.1　样品水分含量的统计结果

项目	样本数	最小值	最大值	平均值	标准差	变异系数/%
校正集	49	0.316	3.249	1.205	0.816	67.7
预测集	20	0.418	3.277	1.424	0.986	69.3
总样品集	69	0.316	3.277	1.255	0.896	67.8

醋糟基质样品的近红外光谱如图 13.1 所示，R 为样本光谱的反射值。可见，尽管样品由纯醋糟和醋糟与其他有机物料组成的混合物所构成，但其光谱曲线的变化趋势基本一致。在 350~780nm 的可见光区域，基质样品均有较高的吸光度，并且呈下降的变化趋势，下降至 1000~1300nm 区间光谱曲线变得较为平滑；在 1300~2250nm 区间，存在 2 个较为明显的水分吸收峰，分别位于在 1430~1480nm、1900~1950nm，且不同样品的吸收峰位置也大致相同。这与以往报道的水分子的特征吸收峰在 1450nm(O—H 伸缩振动的一级倍频) 和 1940nm(组合频) 左右基本一致[3,13,14]。在 2250~2500nm，所有基质样品又开始出现呈上升趋势的末端吸收。

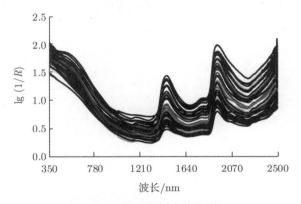

图 13.1 校正集样本的光谱图

13.2.2 基于全光谱波段的醋糟基质水分含量检测方法

13.2.2.1 光谱预处理方法的选择及其适宜主成分数的确定

含氢基团的倍频和组合频吸收峰主要分布在 NIR 光谱区 (700~2500nm)，该区吸收强度弱，灵敏度相对较低，吸收带较宽且重叠严重[140]，这直接干扰近红外光谱与样品内组分含量间的关系，并直接影响建立模型的可靠性和稳定性。因此，需要对光谱进行适当的处理或变换，以减弱甚至于消除各种非目标因素对光谱的影响，尽可能地去除无关信息变量，提高分辨率和灵敏度。在光谱的预处理方法中，平滑 (如滑动平均滤波，MAF)、一阶微分 (first derivative，FD)、二阶导数 (second derivative，SD)，归一化 (normalization，NM) 等均是最常见的方法，可以对近红外原始光谱进行有效的校正[140-142]。对比分析这四种光谱预处理方法的不同组合 (滑动平均滤波 MAF，先平滑后一阶微分 MAF+FD，先平滑后二阶微分 MAF+SD，先平滑后归一化 MAF+NM，先平滑后归一化和一阶微分 MAF+NM+FD) 对光谱校正的效果，以优选最佳的预处理方法。

偏最小二乘法 (PLS) 现已成为化学计量学中受推崇的多变量校正方法之

— [143,144]。在建立 PLS 模型的过程中，合理确定参加建立模型的主成分数是充分利用光谱信息和滤除噪音的有效方法之一，直接影响着所建校正模型的精度。试验中设置置信度为 95%，以交互验证预测残差平方和 (prediction residual error sum of square，PRESS) 最小来选择最佳的光谱预处理方法，并确定校正模型的主成分因子数[136]。图 13.2 为分别采用不同预处理方法建立的 PLS 模型中交互验证预测残差平方和 PRESS 与主成分因子数间的关系图。可以看出，随主成分的增加，不同光谱预处理下的预测残差平方和均呈递减趋势，但当预测残差平方和值达到最低点后又开始呈现微小的上升或波动。一般认为 PRESS 值最低点对应的主成分数即为适宜的主成分数。不同光谱预处理方法对应的适宜主成分数存在差异，MAF+FD、MAF+SD 和 MAF+NM+FD 分别为 5、8 和 12，MAF 和 MAF+NM 则均为 7。

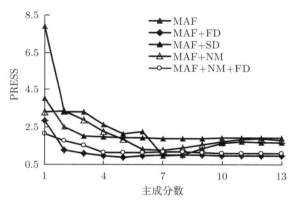

图 13.2　交互验证 PRESS 随主因子数的变化

13.2.2.2　校正模型的建立与预测

由采用不同预处理方法所建立的 PLS 模型的结果 (表 13.2) 可见，MAF+FD 预处理方法得到的预测模型的校正决定系数 (R_c^2) 和预测决定系数 (R_p^2) 均为最高，分别为 0.9930 和 0.9901，其校正均方根误差 RMSEC 和预测均方根误差 RMSEP 则为最小，分别为 0.0676 和 0.0715。这也进一步说明，采用滑动平均滤波和一阶微分相结合的预处理方法可以有效提高原始光谱所建立校正模型的预测精度 (表 13.2)。图 13.3 为 MAF+FD 预处理下水分含量预测值与实测值的关系，从图中也可以看出，两者具有较好的相关性。预测值一般均低于实测值，其平均绝对误差和相对误差分别为 −0.031 和 −1.341。

因此，对于醋糟有机基质类样品，平滑和一阶微分相结合可以作为降低其光谱干扰信息的有效预处理方法。采用 PLS 法建立醋糟基质水分含量的可见–近红外光谱定量分析模型，其水分含量预测值和常规烘干称重法所测得的结果之间具有较好的相关性, 相关系数达到 0.9950, 其预测均方根误差为 0.0715。这说明可见–近红外光谱技术可以作为醋糟有机基质水分含量的一种可靠、快速检测方法。

表 13.2 不同预处理方法建立模型的比较

预处理方法	主成分数	校正集 R_c^2	RMSEC[1]	预测集 R_p^2	RMSEP[2]
原始光谱	7	0.9868	0.0922	0.9551	0.1076
MAF[3]	7	0.9859	0.0956	0.9412	0.0924
MAF+FD	5	0.9930	0.0676	0.9901	0.0715
MAF+SD	8	1.0000	0.0073	0.9811	0.0861
MAF+NM	7	0.9799	0.1140	0.9536	0.0766
MAF+NM+FD	12	1.0000	0.0032	0.9600	0.0772

注: 1) 校正均方根误差; 2) 预测均方根误差; 3) 为 5 点 MAF 平滑; R_c^2 为校正决定系数; R_p^2 为预测决定系数, 下同。

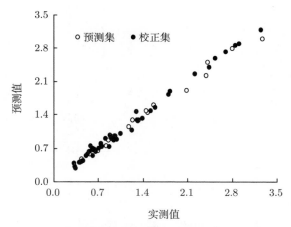

图 13.3 有机基质水分含量实测值与预测值关系

13.2.3 基于特征光谱波段的醋糟基质水分含量检测方法

13.2.3.1 特征光谱波段的提取

从不同波段处有机基质光谱数据与含水量间相关关系的决定系数分布来看 (图 13.4), 在 1270~1910nm 的范围, 两者的相关程度较高, 最高决定系数值可达到 0.95 左右。根据决定系数的分布变化, 选取 1115~1180nm、1270~1450nm、1460~1672nm、1710~1788nm、1820~1895nm、2038~2170nm 和 2290~2360nm 7 个波段区间作为对含水量反应较为敏感的特征光谱提取范围。采用线性逐步回归法分别对以上波段范围内光谱数据与含水量的关系进行分析, 初步得到各波段区间的特征光谱, 再以这些特征光谱为对象, 采用逐步回归法进行进一步的筛选, 最终得到

1844nm、1889nm、1544nm 和 1735nm 4 个特征光谱波段。

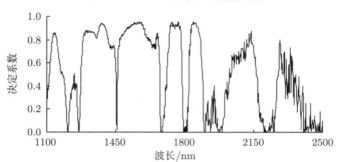

图 13.4　不同波段下光谱数据与有机基质含水量间的相关性

13.2.3.2　线性回归模型的建立

以 1844nm、1889nm、1544nm 和 1735nm 特征波段的光谱数据为自变量，采用逐步回归法分别建立了有机基质含水量的单波段、双波段和三波段校正模型 (表 13.3)。从回归模型的相关性检验来看，以上各模型相关系数 (0.976~0.995) 均达到了极显著水平。其中，单波段校正模型 1 的相关系数 (0.976) 较低，而双波段和三波段校正模型 3、4 和 5 的相关系数较高，均达到 0.990 以上。

表 13.3　有机基质含水量的校正模型以及参数

校正模型	特征波段组合 /nm	方程 $y = b + a_1 x_1 + a_2 x_2 + a_3 x_3$							
		b	a_1	x_1	a_2	x_2	a_3	x_3	R_c
1	1844	-0.044	939.26	x_{1844}					0.9760^{**}
2	1844，1889	0.551	1134.96	x_{1844}	-54.49	x_{1889}			0.9850^{**}
3	1844，1889，1544	0.347	-8.78	x_{1844}	-91.84	x_{1889}	-1266.05	x_{1544}	0.9932^{**}
4	1889，1544	0.349	-91.63	x_{1889}	-1256.69	x_{1544}			0.9932^{**}
5	1889，1544，1735	0.406	-82.21	x_{1889}	-995.3	x_{1544}	559.27	x_{1735}	0.9947^{**}

注：y 为有机基质含水量 (%)；x 为不同光谱波段 (nm) 对应的反射吸光度经预处理后的数值；R_c 为校正模型的相关系数；$**$ 表示达到 $a=0.001$ 显著水平，下同。

13.2.3.3　模型检验

为了进一步检验以上 5 个校正模型的显著性以及遴选出最优模型，对模型进行了 F 检验，并对模型各参数进行了 t 检验 (表 13.4)。从模型的 F 检验来看，各模型均可达到 $a=0.001$ 的极显著水平；但在各参数的 t 检验中，除模型 1 的常数项和模型 3 中 x_{1844} 所对应的系数项未达到 $a=0.05$ 的显著水平以外，其他大部分参数均达到 $a=0.001$ 的极显著水平。

为了对比模型的预测效果，将预测集样本的光谱数据代入模型中计算出预测值，与实测值进行对比 (图 13.5)，并做相关分析。模型的预测精度可通过预测相关系数 (R_p) 和预测均方根误差 (RMSEP) 两个参数来检验。R_p 值越高，同时 RMSEP 值越低则预测效果较好。从表 13.4 可以看出，在 5 个校正模型中，模型 1 的预测相关系数仅为 0.94 左右，而其他 4 个模型均达到了 0.96 以上；预测精度也以模型 1 最低 (RMSEP 大于 15%)，而模型 5 最高 (RMSEP 为 9.81%)，模型 2、3 和 4 的预测精度则基本相当。

表 13.4　模型各参数显著性以及模型预测精度检验

校正模型	模型 F 检验	模型参数的 t 检验显著性 (Sig.)				实测值与预测值相关性	
		b	a_1	a_2	a_3	R_p	RMSEP
1	0.000	0.418	0.000			0.9365**	0.1563
2	0.000	0.000	0.000	0.000		0.9659**	0.1129
3	0.000	0.001	0.961	0.000	0.000	0.9610**	0.1182
4	0.000	0.000	0.000	0.000		0.9615**	0.1177
5	0.000	0.000	0.000	0.000	0.003	0.9674**	0.0981

注：R_p 为模型预测值与实测值间拟合回归方程的预测相关系数；RMSEP 为预测均方根误差。

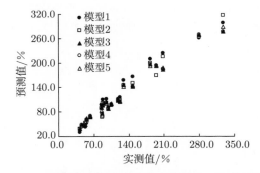

图 13.5　预测集样品水分含量实测值与预测值关系

总结以上的对比结果，三波段校正模型 5 具有相对最好的预测效果，而单波段模型 1 的预测效果较差，不仅预测相关决定系数 (R_p^2) 低于 0.9，且预测均方根误差高于 15%。尽管如此，从实用的角度来看，单波段模型则是更为理想的模型。那么，如何通过采用一些技术手段提高光谱模型的预测精度，从而建立简单、实用的校正模型则是进一步需要研究的内容。

13.3　基质全氮含量的 VIS-NIRS 快速检测方法

13.3.1　基质全氮含量的测定结果及其光谱特征

试验总样本数为 106 个，其中 66 个作为校正集建立校正模型，其余 40 个作为预测集来验证模型的稳健性, 其全氮含量的统计结果见表 13.5。总样品集全氮含量的变化在 28.5~35.6g/kg 间, 其平均值、标准差和变异系数分别为 1.255%, 0.896% 和 67.8%。

表 13.5　样品氮素含量的统计结果

项目	样本数	最小值	最大值	平均值	标准差	变异系数/%
总样本	106	23.0	35.6	28.5	2.9	10.1
校正集	66	23.0	35.6	28.4	3.0	10.5
验证集	40	23.7	34.9	28.6	2.8	9.6

醋糟是食醋工厂淋醋后的下脚料, 主要为谷糠和稻壳。其全氮组分主要包括蛋白质 (N—H) 和其他少量的有机含氮化合物 (胺类, 重氮化合物和偶氮化合物等) 以及铵态氮和硝态氮等无机氮。在近红外区域, 与氮素有关的主要为 N—H 官能团。从醋糟基质粉碎干样的原始光谱图 (图 13.6) 可以看出, 在 350~1000nm, 吸光度较高, 且随波长的增加基本呈平滑的下降趋势。在 1160~1265nm、1400~1540nm、1690~1800nm、1890~1990nm、2040~2150nm 和 2250~2350nm 区间则表现为一定强度的吸收峰, 其中 1400~1540nm 和 1890~ 1990nm 主要为样品中少量水分子中 O—H 键与胺类和酰胺类等 N—H 键的一级倍频和组合频吸收, 其他 4 个区间则主要为 N—H 键的二级倍频和组合频吸收[140]。

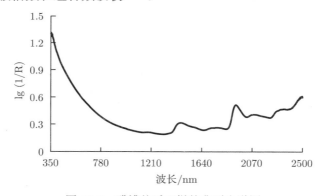

图 13.6　醋糟基质干样的典型光谱图

13.3.2　基于全光谱波段的醋糟基质全氮含量检测方法

由采用不同预处理方法所建立的 PLS 模型的结果 (表 13.6) 可见, 不同预处理方法得到校正相关系数均较高 (0.9884~0.9975), 这与黄光群等[131] 与 Malley 等[139] 的对有机堆肥样品的研究结果基本一致。在不同预处理方法中, 以 FD、正规 +FD 和归一化 +FD 的校正均方根误差最小; 而预测相关系数则以未经其他预处理的原始光谱和 MAF+FD 处理较高, 其预测均方根误差最小, 分别为 0.6564 和

0.7073。

表 13.6 不同预处理方法建立模型的比较

预处理方法	主成分数	校正集 R_c	RMSEC	预测集 R_p	RMESP
原始光谱	10	0.9884	0.4385	0.9745	0.6564
FD	6	0.9973	0.2139	0.9596	0.8632
MAF+FD	6	0.9939	0.3184	0.9717	0.7073
SGF+FD	6	0.9967	0.2361	0.9626	0.8278
正规 +FD	6	0.9975	0.2049	0.9598	0.8736
归一化 +FD	6	0.9973	0.2112	0.9577	0.8937
正规 +SGF	13	0.9910	0.3862	0.9567	0.8369
正规	13	0.9920	0.3653	0.9518	0.8753

注: SGF 为 Savitzky-Golay(萨维特斯基–戈莱) 法。正规即正规化处理，常用的正规化处理为区间正规化处理。其处理方法是以原始数据集中的各元素减去所在列的最小值，再除以该列的极差。

　　总体来看，采用不同预处理方法并未有效地提高原始光谱所建立校正模型的预测精度 (表 13.6)。对于醋糟样品，仅经过光谱反射率 (R) 转换为反射吸光度 (A) 的数据即可满足建立全光谱校正模型并对预测集进行有效预测的要求。

13.3.3 基于特征光谱波段的醋糟基质全氮含量检测方法

　　全光谱包含信息过于庞杂，难以在实际生产中得到应用。为了得到简便的校正模型，采用有进有出的逐步回归法 (SWR) 进行特征波段的提取，初次提取设置引入变量数不小于 15，检验值 F1⩾3 引入，F⩽3 剔除。经对比，以提取的特征波段对应的原始反射吸光度经先归一化后 FD 处理后的数值为自变量所建立的模型对预测集样本的预测效果较好。该模型所提取的初步特征波段数为 15 个 (表 13.7)，其中小于 1000nm 的有 2 个 (分别为 373、746)，1000~1500nm 间的有 2 个 (1089、1231)，1500~2000nm 间的有 7 个，2000nm 以上的有一个。

　　为了进一步降低模型的复杂度，删除不重要的解释变量，采用逐步回归法 (设置 $0.01 \leqslant p \leqslant 0.05$)，同时进行共线性诊断，对已提取的 15 个波段数据进行二次波段提取，按引入自变量 (引入的先后顺序见表 13.7) 的不同，可得到 15 个校正模型。其中，以引入单变量的模型的相关系数最低 (0.922)，校正均方根误差最高 (约 1.1)，引入 15 个自变量的模型相关系数最高 (0.995)，校正均方根误差仅约为 0.3。

表 13.7 初步提取特征波长

变量	x_8	x_2	x_{10}	x_{13}	x_{15}	x_{11}	x_5	x_9	x_4	x_1	x_{12}	x_{14}	x_6	x_3	x_7
波长/nm	1699	746	1864	2154	2370	1931	1581	1708	1231	373	2087	2258	1615	1089	1662

注: 按自变量引入的先后顺序排列。

　　从图 13.7 可以看出，随引入自变量数目的增加，校正均方根误差呈接近线性的下降趋势, 而其预测均方根误差却变化较为缓慢, 自变量数 1∼4 个时, 其预测均方根误差从 1.3 降至 1.0 左右, 随后自变量数目达到 4 个以上时, 预测均方根误差没有明显的变化, 基本维持在 1.0 左右。这说明, 增加自变量数目尽管可显著提高模型的校正相关系数和有效降低其校正均方根误差, 但对其预测精度的影响不大。因此, 综合模型对校正集和预测集样本的预测效果, 认为包含有 4 个自变量的四元模型为理论上的最佳模型。该模型所包含的特征波段分别为 1699nm、746nm、1864nm 和 2154nm, 其校正相关系数和校正均方根误差分别为 0.9659 和 0.75; 预测相关系数 (图 13.8) 为 0.9334, 预测值与实测值的平均绝对误差为 0.44, 相对误差为 11.8%。

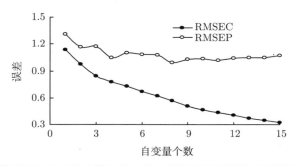

图 13.7　模型引入自变量个数与校正均方根误差和预测均方根误差间的关系

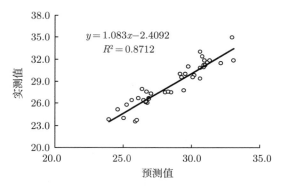

图 13.8　四元模型全氮含量实测值与预测值的关系

　　但从实用角度来看, 单波段模型 1(对应波段为 1699nm) 则是更为理想的模型。尽管其模型的校正相关系数在 15 个模型中最低, 仅为 0.92, 且校正均方根误差为 1.1g/kg。但对于试验所取醋糟基质样品, 全氮含量在 23.0∼35.6g/kg 之间, 误差仅占其含量的 3.0%∼4.8%。由此可见, 单波段模型基本可以满足生产上对该基质类型的测定要求。该模型的表达式为

$$y = 32.7255 - 397300.3x_{1699} \qquad (13-1)$$

式中，y 为醋糟基质全氮含量 (g/kg)；x_{1699} 为 1699nm 对应的反射吸光度经归一化和 FD 处理后的数值。

为了进一步证实该模型的预测效果，对预测集样品实测值与预测值进行比较，发现预测值较实测值整体偏低 (图 13.9)，其实测值与预测值间的相关系数和均方根误差分别为 0.8963 和 1.31，平均绝对误差和相对误差分别为 0.8g/kg 和 3.0%。可见，采用单波段模型对醋糟基质全氮含量进行预测是可行的。

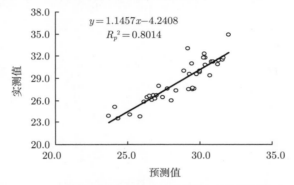

图 13.9　醋糟基质全氮含量实测值与预测值的关系

13.4　醋糟基质硝态氮/铵态氮含量的 VIS-NIRS 检测方法

13.4.1　醋糟基质硝态氮和铵态氮的测定结果及其光谱特征

试验总样本数为 106 个，其中 66 个为校正集，40 个为预测集。样品硝态氮和铵态氮含量的变化范围分别在 4.3~80.7mg/kg 和 0.1~6.0g/kg 之间 (表 13.8)。硝态氮含量主要分布在 10.0mg/kg 以上，约占样品总数的 92%；铵态氮含量则主要分布在 3.0g/kg 以上，约占样品总数的 87%。

表 13.8　样品铵态氮和硝态氮含量的统计结果

指标	项目	样本数	最小值	最大值	平均值	标准差	变异系数/%
	总样本	106	4.3	80.7	29.2	19.5	66.6
$NO_3^--N/(mg/kg)$	校正集	66	4.3	80.7	30.2	20.5	67.8
	预测集	40	8.7	79.8	27.5	17.7	64.4
	总样本	106	0.1	6.0	4.5	1.2	26.7
$NH_4^+-N/(g/kg)$	校正集	66	0.1	6.0	4.4	1.2	28.2
	预测集	40	1.3	5.8	4.6	1.1	24.3

纯醋糟鲜样的典型光谱 (图 13.10) 与图 13.1 较为接近。在 350~780nm 的可见光区域，基质样品均有较高的吸光度，并且呈下降的变化趋势，下降至 1000~1300nm 区间光谱曲线变得较为平滑；在 1300~2250nm 区间，存在 2 个较强的吸收峰 (分别位于在 1430~1480nm、1900~1950nm) 和 2 个较弱的吸收谷 (分别位于在 1100~1270nm、17400~1840nm)，前者主要为 O—H 倍频和组合频吸收，还包括部分 N—H 键的一级倍频和组合频吸收，后者则主要为 N—H 键的二级倍频和组合频吸收[52]。在 2250~2500nm，又开始出现呈上升趋势的末端吸收。

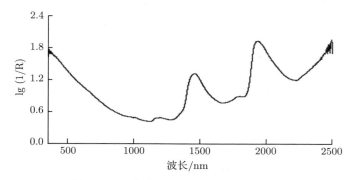

图 13.10   醋糟基质鲜样的典型光谱图

有机氮在矿化过程中会发生铵化作用，形成产物主要为氨水和铵盐。试验采用水作为浸提剂，所测定的铵态氮含量包括上述成分，相应基团为 N—H。硝态氮为硝酸盐 (NO_3^-)，对应的基团为 N—O。对氨水近红外光谱的分析认为[52]，其 N—H 基团的吸收峰位于 1534nm、2000nm 和 2210nm。而对牛粪、猪粪和鸡粪添加木屑和稻草堆肥混合样品中铵态氮和硝态氮的 NIRS 分析表明[50]，铵态氮对应的波长为 2166nm、2288nm、2364nm，硝态氮为 2185nm 和 2320nm。

13.4.2   基于全光谱波段的醋糟基质硝态氮与铵态氮含量检测方法

采用不同预处理方法建立的醋糟基质硝态氮含量全光谱校正模型的预测效果显示 (表 13.9)，其预测相关系数变化在 0.62~0.85 之间。虽然采用一定的预处理方法可以提高模型的预测精度，但其最低预测均方根误差仍达到了 10.0，为硝态氮含量平均值的 36% 左右。可见，全光谱的预测效果尚未达到生产上硝态氮含量准确检测的要求，如何进一步提高预测精度还需要进一步的研究。

对于铵态氮，全光谱校正模型的预测效果明显优于硝态氮 (表 13.10)。各种处理方法中，以正规、正规 +SGF 和未做任何预处理的原始得到的模型的预测效果较好，预测相关系数和预测均方根误差数分别平均为 0.9149 和 0.45。在基质样品中，约为 90% 的样品铵态氮含量在 3.0g/kg 以上，60% 为 4.0g/kg 以上，所有样品平均为 4.5g/kg。可见，全光谱模型可以基本实现对基质铵态氮含量的准确检测的要求。但对于如何提高低铵态氮含量样品的预测精度，也需要进一步的深入研究。

表 13.9 不同预处理方法建立硝态氮含量预测模型的比较

预处理方法	主成分数	校正相关系数	校正均方根误差	预测相关系数	预测均方根误差
原始	1	0.5605	16.3	0.6196	14.7
FD	15	0.8878	9.1	0.8507	10.0
MAF+FD	9	0.8673	9.9	0.8504	10.2
SGF+FD	15	0.8882	9.1	0.8488	10.0
正规 +FD	15	0.8781	9.4	0.8262	10.7
归一化 +FD	15	0.8817	9.3	0.8283	10.7
正规 +SGF	2	0.7142	13.8	0.7967	11.7
正规	2	0.7143	13.8	0.7968	11.7

表 13.10 不同预处理方法建立铵态氮含量预测模型的比较

预处理方法	主成分数	校正相关系数	校正均方根误差	预测相关系数	预测均方根误差
原始	7	0.9675	0.31	0.9149	0.45
FD	3	0.9720	0.29	0.8915	0.51
MAF+FD	3	0.9611	0.34	0.8950	0.50
SGF+FD	3	0.9707	0.30	0.8919	0.51
正规 +FD	3	0.9700	0.30	0.8892	0.51
归一化 +FD	3	0.9682	0.31	0.8931	0.51
正规 +SGF	6	0.9570	0.36	0.9156	0.45
正规	6	0.9577	0.35	0.9152	0.45

13.4.3 基于特征光谱波段的醋糟基质硝态氮/铵态氮含量检测方法

采用有进有出的逐步回归法进行特征波段的初步提取，设置引入变量数 ≤15，检验值 F1 ≥ 3 引入，F ≤ 3 剔除。对于硝态氮，以原始光谱数据提取的特征波段为自变量所建立的模型对预测集样本的预测效果较好 (表 13.11)。该模型所提取的初步特征波段数为 4 个，分别为 355nm、363nm、499nm、671nm。对于铵态氮，以反射吸光度经 SGF 处理后的数值为自变量所建立的模型对预测集样本的预测效果较好 (表 13.11)。该模型所初步提取的特征波段数为 15 个，其中主要集中在 2400nm 以上的波段有 10 个，占特征波段数总数的 2/3。经特征波段初步提取的硝态氮和铵态氮预测模型参数见表 13.11。

表 13.11 初步特征波段提取硝态氮和铵态氮预测模型参数

指标	预处理方法	参与波长数	校正集 R_c	RMSEC	预测集 R_p	RMESP
NO_3^--N	原始	4	0.8187	11.3	0.8194	10.8
NH_4^+-N	SGF	15	0.9882	0.19	0.8364	0.6

采用 SPSS 逐步回归法 (设置 $0.01 \leqslant p \leqslant 0.05$)，分别对硝态氮和铵态氮已提取的 4 个和 15 个波段进行二次波段提取，分别可得到 2 个和 4 个校正模型。表 13.12 和表 13.13 分别为二次特征波段提取硝态氮和铵态氮含量的模型参数。

表 13.12　二次特征波段提取硝态氮含量的特征波段模型参数

模型	特征波段	校正集R_c	RMSEC	预测集R_p	RMESP
1	671	0.7240	13.7	0.7523	12.6
2	671，355	0.7835	12.4	0.8440	10.4

表 13.13　铵态氮含量的特征波段模型参数

模型	特征波段	校正集R_c	RMSEC	预测集R_p	RMESP
1	1467	0.6952	0.90	0.7261	0.77
2	1467，558	0.9405	0.43	0.8831	0.54
3	1467，558，2489	0.9511	0.39	0.8757	0.56
4	1467，558，2489，1802	0.9602	0.36	0.8754	0.55

从表 13.12 可以看出，经二次特征波段提取所建立的硝态氮含量的预测模型并未显著改善初步特征波段提取的预测效果，最高预测相关系数为 0.84，预测均方根误差为 10.4。相对于试验样本硝态氮含量值 (4.3~80.7mg/kg，平均 29.2mg/kg)，平均相对误差达到 35% 左右。可见，所得到的模型较难以对硝态氮含量进行精确、稳定的分析和预测。这与 Nakatani 等[138] 用 NIRS 分析仪对牛粪、猪粪和鸡粪添加木屑和稻草的联合堆肥样品进行硝态氮含量的 NIRS 测定结果是一致的。有研究表明，NO_3^--N 在 220~270nm 紫外区域有较为强烈的吸收[145,146]。

对于铵态氮，经二次特征波段提取所建立的一元线性模型的预测精度明显低于其他模型 (表 13.13)。在 3 个多元模型中，尽管模型 3 和模型 4 对校正集样品的预测效果略优于模型 2，但对预测集样品的预测效果则以模型 2 较好，其预测值与实测值的关系如图 13.11，平均绝对误差为 0.44，相对误差为 11.8%。

因此，结合模型的简易度，认为模型 2 为对醋糟基质铵态氮含量进行预测的最优模型。该模型的表达式为：

$$y = 3.6442 - 6.3937x_{1467} + 4.3182x_{558} \tag{13-2}$$

式中，y 为醋糟基质铵态氮含量 (g/kg)；x_{1467} 和 x_{558} 分别为 1467nm 和 558nm 对应的反射吸光度经 SGF 处理后的数值。

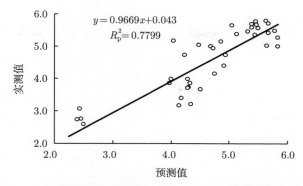

图 13.11 预测集样品铵态氮含量实测值与预测值的关系

参 考 文 献

[1] 李萍萍. 设施园艺中的土壤生态问题分析及清洁生产对策 [J]. 农业工程学报, 2011, 32(s2): 346–351.

[2] 李式军, 高祖明. 现代无土栽培技术 [M]. 北京: 北京农业大学出版社, 1988.

[3] 郭世荣. 无土栽培学 [M]. 北京: 中国农业出版社, 2011.

[4] 李萍萍, 朱咏莉. 基于农林废弃物的植物培育基质开发及应用技术研究进展 [J]. 南京林业大学学报 (自然科学版), 2015, 39(5): 161–168.

[5] 李萍萍, 毛罕平, 王多辉, 等. 苇末菇渣在蔬菜基质栽培中的应用效果 [J]. 中国蔬菜, 1998(5): 12–15.

[6] IGLESIAS-JIMÉNEZ E, GARCÍA V P. Relationships between Organic Carbon and Total Organic Matter in Municipal Solid Wastes and City Refuse Compost[J]. Biores. Techn., 1992, 41(3): 265–272.

[7] 曹喜涛, 黄为一, 常志州, 等. 鸡粪堆制过程中氮素损失及减少氮素损失的机理 [J]. 江苏农业学报, 2004, 20(2): 106–110.

[8] RIFFALDI R, LEVI-MINZI R, PERA A, et al. Evaluation of Compost Maturity By Means of Chemical and Microbial Analyses[J]. Waste Management & Research, 1986, 4(1): 387–396.

[9] 罗维, 陈同斌. 湿度对堆肥理化性质的影响 [J]. 生态学报, 2004, 24(11): 2656–2663.

[10] 陈同斌, 罗维, 高定, 等. 混合堆肥过程中自由空域 (FAS) 的层次效应及动态变化 [J]. 环境科学, 2004, 25(6): 150–153.

[11] NAKASAKI K, YAGUCHI H, SASAKI Y, et al. Effects Of pH Control On Composting Of Garbage[J]. Waste Management & Research, 1993, 11(2): 117–125.

[12] SAIDPULLICINO D, ERRIQUENS F, GIGLIOTTI G. Changes in the chemical characteristics of water-extractable organic matter during composting and their influence on compost stability and maturity[J]. Bioresource Technology, 2007, 98(9): 1822–1831.

[13] 陈广银, 王德汉, 项钱彬. 蘑菇渣与落叶联合堆肥过程中养分变化的研究 [J]. 农业环境科学学报, 2006, 25(5): 1347–1353.

[14] 张相锋, 王洪涛, 周辉宇, 等. 花卉秸秆和牛粪联合堆肥的中试研究 [J]. 环境科学学报, 2003, 23(3): 360–364.

[15] ZHANG Y, HE Y. Co-composting solid swine manure with pine sawdust as organic substrate[J]. Bioresource Technology, 2006, 97(16): 2024.

[16] KALAMDHAD A S, KAZMI A A. Effects of turning frequency on compost stability

and some chemical characteristics in a rotary drum composter[J]. Chemosphere, 2009, 74(10): 1327.

[17] OGUNWANDE G A, OSUNADE J A, ADEKALU K O, et al. Nitrogen loss in chicken litter compost as affected by carbon to nitrogen ratio and turning frequency[J]. Bioresource Technology, 2008, 99(16): 7495–7503.

[18] NOGUEIRA W A, NOGUEIRA F N, DEVENS D C. Temperature and pH control in composting of coffee and agricultural wastes[J]. Water Science & Technology, 1999, 40(1): 113–119.

[19] 贾程, 张增强, 张永涛. 污泥堆肥过程中氮素形态的变化 [J]. 环境科学学报, 2008, 28(11): 2269–2276.

[20] BRINTON W F. Volatile Organic Acids In Compost: Production and Odorant Aspects[J]. Compost Science & Utilization, 1998, 6(1): 75–82.

[21] ZUCCONI F, FORTE M, MONACO A, et al. Biological evaluation of compost maturity[J]. Biocycle, 1981, 22(4): 27–29.

[22] 叶姜瑜. 一种纤维素分解菌鉴别培养基 [J]. 微生物学通报, 1997, 24(4): 251–252.

[23] 傅力, 王德培, 丁友昉. 里氏木霉 DWC5 纤维素酶的性质及应用的研究 [J]. 新疆农业大学学报, 2001, 24(1): 43–48.

[24] DING Z Y, WANG Y H, ZHANG K C. The Study on Cellulase Production by Box-Solid-State Fermentation[J]. Liquor-making, 2003.

[25] 刘长虹. 食品分析及实验 [M]. 北京: 化学工业出版社, 2006.

[26] R.E. 布坎南, N.E. 吉本斯. 伯杰细菌鉴定手册 [M]. 8 版. 北京: 科学出版社, 1984.

[27] 魏景超. 真菌鉴定手册 [M]. 上海: 上海科学技术出版社, 1979.

[28] XI B, ZHANG G, LIU H. Process kinetics of inoculation composting of municipal solid waste[J]. Journal of Hazardous Materials, 2005, 124(1–3): 165–172.

[29] HAUG R T. Compost engineering; principles and practice[J]. Compostagem, 1980.

[30] HUE N V, LIU J. Predicting Compost Stability[J]. Compost Science & Utilization, 1995, 3(2): 8–15.

[31] WU L, MA L Q. Relationship between compost stability and extractable organic carbon[J]. Journal of Environmental Quality, 2002, 31(4): 1323.

[32] 本多淳裕. 廃棄物堆肥化システムとその装置 (廃棄物のコンポスト化〈特集〉)[J]. 用水と廃水, 産業用水調査会, 1977, 19(10): 1191–1120.

[33] GARCIA C, HERNANDEZ T, COSTA F, et al. Evaluation of the maturity of municipal waste compost using simple chemical parameters[J]. Communications in Soil Science & Plant Analysis, 1992, 23(13–14): 1501–1512.

[34] CHANYASAK V, KUBOTA H. Carbon/Organic Nitrogen Ratio in Water Extract as Measure of Composting Degradation[J]. Journal of Fermentation Technology, 1981, 59(3): 215–219.

[35] MOREL J L, COLIN F, GERMON J C, et al. Methods for the evaluation of the maturity of municipal refuse compost[J]. Composting of Agricultural & Other Wastes, 1985.

[36] BERNAI M P, PAREDES C, SÁNCHEZ-MONEDERO M A, et al. Maturity and stability parameters of composts prepared with a wide range of organic wastes[J]. Bioresource Technology, 1998, 63(1): 91–99.

[37] ZMORA-NAHUM S, MARKOVITCH O, TARCHITZKY J, et al. Dissolved organic carbon (DOC) as a parameter of compost maturity[J]. Soil Biology & Biochemistry, 2005, 37(11): 2109–2116.

[38] ZUCCONI F de. Compost specifications for the production and characterization of compost from municipal solid waste[J]. Compost: production, quality and use, Elsevier Applied Science, 1987: 30–50.

[39] TIQUIA S M, TAM N F Y, HODGKISS I J. Effects of turning frequency on composting of spent pig-manure sawdust litter[J]. Bioresource Technology, 1997, 62(1–2): 37–42.

[40] 牛永绮, 陈兰生. 土壤有机质测定方法的进展 [J]. 干旱环境监测, 1998(2): 97–100.

[41] RAVIV M, OKA Y, KATAN J, et al. High-nitrogen compost as a medium for organic container-grown crops[J]. Bioresource Technology, 2005, 96(4): 419–427.

[42] HSU J H, LO S L. Chemical and spectroscopic analysis of organic matter transformations during composting of pig manure[J]. Environmental Pollution, 1999, 104(2): 189–196.

[43] INBAR Y, CHEN Y, HADAR Y. Solid-state Carbon-13 Nuclear Magnetic Resonance and Infrared Spectroscopy of Composted Organic Matter[J]. Soil Science Society of America Journal, 1989, 53(6): 1695.

[44] ROLETTO E, CONSIGLIO M, JODICE R, et al. Chemical parameters for evaluating compost maturity[J]. Biocycle, 1985, 26(2): 46–47.

[45] DE BOODT M, VERDONCK O. The physical properties of the substrates in horticulture[J]. Acta Horticulturae, 1972(26): 37–44.

[46] ROUIN N, CARON J, PARENT L. Influence of some artificial substrates on productivity and dris diagnosis of greenhouse tomatoes[J]. Acta Horticulturae, 1988(221): 45–52.

[47] PILL W G, RIDLEY K T. Growth of Tomato and Coreopsis in Response to Coir Dust in Soilless Media[J]. Horttechnology, 1998, 8(3): 401–405.

[48] 秦嘉海, 陈广泉, 陈修斌. 糠醛渣混合基质在番茄无土栽培中的应用 [J]. 中国蔬菜, 1997, 1(4): 13–15.

[49] 孙治强, 张惠梅, 王吉庆, 等. 番茄工厂化育苗木糖渣基质与肥料配比研究 [J]. 农业工程学报, 1998, 14(3): 177–180.

[50] 陈振德, 黄俊杰, 翟光辉, 等. 西芹穴盘育苗复合基质的应用 [J]. 中国蔬菜, 1998, 1(2): 10–13.

[51] 李萍萍, 胡永光, 李式军, 等. 芦苇末有机基质在蔬菜栽培上应用效果的研究 [J]. 沈阳农业大学学报, 2000, 31(1): 93–95.

[52] 高俊杰, 焦自高, 于贤昌, 等. 施肥对温室基质栽培甜瓜各器官养分吸收及分配的影响 [J]. 山东农业大学学报 (自然科学版), 2006, 37(3): 402–404.

[53] 董静, 张运涛, 王桂霞, 等. 日光温室草莓基质栽培与有土栽培比较试验 [J]. 北方园艺, 2008(3): 8–10.

[54] 庞云. 温室无土栽培黄瓜水肥耦合效应研究初探 [J]. 内蒙古农业科技, 2006(6): 49–50.

[55] 张钰, 郭世荣, 孙锦. 营养液浓度和用量对醋糟基质栽培番茄生长、产量和品质的影响 [J]. 中国土壤与肥料, 2013(3): 87–91.

[56] 张亚红, 陈端生, 黄晚华. 日光温室黄瓜群体结构参数及群体内辐射分布分析 [J]. 农业工程学报, 2003, 19(1): 172–176.

[57] 黄毅, 张玉龙. 保护地生产条件下的土壤退化问题及其防治对策 [J]. 土壤通报, 2004, 35(2): 212–216.

[58] 吴志行, 石海仙, 董明光, 等. 大棚蔬菜连作障碍及土壤次生盐渍原因与防止 [J]. 长江蔬菜, 1994(5): 21–23.

[59] 童有为, 陈淡飞. 温室土壤次生盐渍化的形成和治理途径研究 [J]. 园艺学报, 1991(2): 159–162.

[60] 李俊良, 崔德杰, 孟祥霞, 等. 山东寿光保护地蔬菜施肥现状及问题的研究 [J]. 土壤通报, 2002, 33(2): 126–128.

[61] 刘凤淮, 文廷刚, 杜小凤, 等. 蔬菜连作障碍因子分析及其防治措施 [J]. 江西农业学报, 2008, 20(5): 41–43.

[62] 段崇香, 于贤昌, 崔希刚, 等. 日光温室黄瓜有机基质栽培基质配方的研究 [C]//2002.

[63] 白纲义. 有机生态型无土栽培营养特点及其生态意义 [J]. 中国蔬菜, 2000, 1(s1): 0–9.

[64] 蒋卫杰, 郑光华, 汪浩, 等. 有机生态型无土栽培技术及其营养生理基础 [J]. 园艺学报, 1996(2): 139–144.

[65] 孙军利, 赵宝龙, 蒋卫杰, 等. 不同施肥对日光温室春茬黄瓜生长、产量和品质影响 [J]. 石河子大学学报 (自科版), 2006, 24(6): 689–693.

[66] 李建明, 王忠红, 邹志荣. 不同配比有机基质养分转化与甜瓜生长发育关系 [J]. 沈阳农业大学学报, 2006, 37(3): 427–431.

[67] KABORÉ W T, HOUOT S, HIEN E, et al. Effect of the raw materials and mixing ratio of composted wastes on the dynamic of organic matter stabilization and nitrogen availability in composts of Sub-Saharan Africa[J]. Bioresource Technology, 2010, 101(3): 1002–1013.

[68] 关松荫. 土壤酶及其研究法 [M]. 北京: 农业出版社, 1986.

[69] 程丽娟, 薛泉宏. 微生物学实验技术 [M]. 北京: 科学出版社, 2012.

[70] RIBEIRO H M, ROMERO A M, PEREIRA H, et al. Evaluation of a compost obtained from forestry wastes and solid phase of pig slurry as a substrate for seedlings production[J]. Bioresource Technology, 2007, 98(17): 3294–3297.

[71] 朱雨薇, 卜崇兴, 朱月林, 等. 有机缓释肥与蛭石的配比对黄瓜生长和产量的影响 [J]. 沈阳农业大学学报, 2006, 37(3): 509–512.

[72] 李中邵, 闵首军, 黄春堂, 等. 用有机缓释肥代替营养液的黄瓜栽培试验研究 [J]. 长江蔬菜, 2007(4): 36–38.

[73] 张卓勇, 陈杭亭, 王丹, 等. 电感耦合等离子体发射光谱法测定东北大豆中微量元素 [J]. 光谱学与光谱分析, 2002, 22(4): 673–675.

[74] 鲍士旦. 土壤农化分析. 3 版 [M]. 北京: 中国农业出版社, 2000.

[75] BILGER W, SCHREIBER U, BOCK M. Determination of the quantum efficiency of photosystem II and of non-photochemical quenching of chlorophyll fluorescence in the field[J]. Oecologia, 1995, 102(4): 425–432.

[76] 高三基, 罗俊, 陈如凯, 等. 甘蔗品种抗旱性光合生理指标及其综合评价 [J]. 作物学报, 2002, 28(1): 94–98.

[77] BOYER J S. CHAPTER 4-WATER DEFICITS AND PHOTOSYNTHESIS[J]. Soil Water Measurement Plant Responses & Breeding for Drought Resistance, 1976: 153–190.

[78] 斯琴巴特尔, 吴红英. 不同逆境对玉米幼苗根系活力及硝酸还原酶活性的影响 [J]. 干旱地区农业研究, 2001, 19(2): 67–70.

[79] 曲复宁, 王云山, 张敏, 等. 高温胁迫对仙客来根系活力和叶片生化指标的影响 [J]. 华北农学报, 2002, 17(2): 127–131.

[80] HEUVELINK E. Evaluation of a Dynamic Simulation Model for Tomato Crop Growth and Development[J]. Annals of Botany, 1999, 83(4): 413–422.

[81] LOPEZ J C, BAILLE A, BONACHELA S, et al. Analysis and prediction of greenhouse green bean (Phaseolus vulgaris L.) production in a Mediterranean climate[J]. Biosystems Engineering, 2008, 100(1): 86–95.

[82] 陈立松, 刘星辉. 水分胁迫对荔枝叶片氮和核酸代谢的影响及其与抗旱性的关系 [J]. 分子植物 (英文版), 1999(1): 49–56.

[83] 冯彩平, 薛崧. 水分胁迫与植物氮代谢的关系: III. 水分和高温胁迫对谷子叶片组分工蛋白的影响 [J]. 干旱地区农业研究, 1995(2): 88–92.

[84] 江云, 马友华, 陈伟, 等. 作物水分利用率的影响因素及其提高途径探讨 [J]. 中国农学通报, 2007, 23(9): 269–273.

[85] 裴芸, 别之龙. 塑料大棚中不同灌水量下限对生菜生长和生理特性的影响 [J]. 农业工程学报, 2008, 24(9): 207–211.

[86] DEMMIG-ADAMS B. Carotenoids and photoprotection in plants: A role for the xanthophyll zeaxanthin[J]. Biochimica et Biophysica Acta (BBA)-Bioenergetics, 1990, 1020(1): 1–24.

[87] 黎朋红, 汪有科, 马理辉, 等. 涌泉根灌湿润体特征值变化规律研究 [J]. 水土保持学报, 2009, 23(6): 190–194.

[88] BHATNAGAR P R, CHAUHAN H S. Soil water movement under a single surface trickle source[J]. Agricultural Water Management, 2008, 95(7): 799–808.

[89] ZHANG R, CHENG Z, ZHANG J, et al. Sandy Loam Soil Wetting Patterns of Drip Irrigation: a Comparison of Point and Line Sources[J]. Procedia Engineering, 2012, 28: 506–511.

[90] 李毅, 关冰艺. 滴灌两点源交汇入渗的斥水土壤水分运动规律 [J]. 排灌机械工程学报, 2013, 31(1): 81–86.

[91] 顾东祥, 汤亮, 曹卫星, 等. 基于图像分析方法的水稻根系形态特征指标的定量分析 [J]. 作物学报, 2010, 36(5): 810–817.

[92] 赵丽娟. 基质含水量与电导率复合无线传感器及其应用 [D]. 江苏: 江苏大学, 2012.

[93] 侯坤. 基于 Android 平台的土壤基质多参数检测仪研制 [D]. 江苏: 江苏大学, 2016.

[94] 盛庆元. 基质多参数便携式检测仪研制 [D]. 江苏: 江苏大学, 2013.

[95] 徐坤, 张西良, 李萍萍, 等. 便携式无土栽培基质多参数无线检测仪 [J]. 农业机械学报, 2015, 46(3): 302–309.

[96] 王一鸣. 基于介电法的土壤水分测量技术 [C]//中国农业工程学会 2007 年学术年会. 2007.

[97] 孙宇瑞. 非饱和土壤介电特性测量理论与方法的研究 [D]. 北京: 中国农业大学, 2000.

[98] 王一鸣, 孙凯, 杨绍辉. 土壤墒情 (旱情) 监测与预测预报研究进展 [C]//中国数字农业与农村信息化学术研究研讨会. 2005.

[99] 王祖鹏, 于名讯, 潘士兵. 复合材料电磁参数计算的理论研究进展 [J]. 材料导报, 2009, 23(z2): 246–249.

[100] FARES A, HAMDHANI H, JENKINS D M. Temperature-Dependent Scaled Frequency: Improved Accuracy of Multisensor Capacitance Probes[J]. Soilence Society of America Journal, 2007, 71(3): 894–900.

[101] GIESE K, TIEMANN R. Determination of the complex permittivity from thin-sample time domain reflectometry improved analysis of the step response waveform[J]. Advances in Molecular Relaxation Processes, 1975, 7(1): 45–59.

[102] DALTON F N, HERKELRATH W N, RAWLINS D S, et al. Time-domain reflectometry: simultaneous measurement of soil water content and electrical conductivity[J]. Science, American Association for the Advancement of Science, 1984, 224: 989–991.

[103] 杨卫中, 王一鸣, 李保国, 等. 基于相位检测原理的 TDR 土壤电导率测量研究 [J]. 农业机械学报, 2010, 41(11): 183–187.

[104] 孙宇瑞, 汪懋华. 一种土壤电导率测量方法的数学建模与实验研究 [J]. 农业工程学报, 2001, 17(2): 20–23.

[105] 李民赞, 王琦, 汪懋华. 一种土壤电导率实时分析仪的试验研究 [J]. 农业工程学报, 2004, 20(1): 51–55.

[106] 陈玲, 李民赞, 赵勇. 便携式土壤电导率测试仪改进设计及实验 [J]. 农机化研究, 2009, 31(7): 175–177.

[107] 李民赞, 孔德秀, 张俊宁, 等. 基于蓝牙与 PDA 的便携式土壤电导率测试仪开发 [J]. 江苏大学学报 (自然科学版), 2008, 29(2): 93–96.

[108] 陈玲, 李民赞. 基于 ZigBee 的土壤电导率测量系统 [C]//纪念中国农业工程学会成立 30 周年暨中国农业工程学会 2009 年学术年会. 2009.

[109] 刘虎, 王振宇, 魏占民, 等. 电磁感应式大地电导率仪在土壤学领域中的应用研究 [J]. 天津农业科学, 2009, 15(1): 55–58.

[110] 蒲胜海, 冯广平, 李磐, 等. 无土栽培基质理化性状测定方法及其应用研究 [J]. 新疆农业科学, 2012, 49(2): 267–272.

[111] ADAMCHUK V I, HUMMEL J W, MORGAN M T, et al. On-the-go soil sensors for precision agriculture[J]. Computers & Electronics in Agriculture, 2004, 44(1): 71–91.

[112] ADAMCHUK V I, LUND E D, SETHURAMASAMYRAJA B, et al. Direct measurement of soil chemical properties on-the-go using ion-selective electrodes[J]. Computers & Electronics in Agriculture, 2005, 48(3): 272–294.

[113] SCHIRRMANN M, GEBBERS R, KRAMER E, et al. Soil pH Mapping with an On-The-Go Sensor[J]. Sensors, 2011, 11(1): 573.

[114] SAMOUËLIAN A, COUSIN I, TABBAGH A, et al. Electrical resistivity survey in soil science: a review[J]. Soil & Tillage Research, 2005, 83(2): 173–193.

[115] VALENTE A, MORAIS R, TULI A, et al. Multi-functional probe for small-scale simultaneous measurements of soil thermal properties, water content, and electrical conductivity[J]. Sensors & Actuators A Physical, 2006, 132(1): 70–77.

[116] 井云鹏, 范基胤, 王亚男, 等. 智能传感器的应用与发展趋势展望 [J]. 黑龙江科技信息, 2013(21): 111–112.

[117] ARROQUI M, MATEOS C, MACHADO C, et al. Application note: RESTful Web Services improve the efficiency of data transfer of a whole-farm simulator accessed by Android smartphones[J]. Computers & Electronics in Agriculture, 2012, 87(9): 14–18.

[118] 孙学岩. 基于 Zigbee 无线传感器网络的温室测控系统 [J]. 仪表技术与传感器, 2010(8): 47–49.

[119] 雷远, 熊建设, 赵晓慧. 基于 WiFi 的无线传感器网络设计与研究 [J]. 现代电子技术, 2009, 32(18): 192–193.

[120] 李建明. 设施农业概论 [M]. 北京: 化学工业出版社, 2010.

[121] SOTO F, VERA J A, VERA J A. Wireless Sensor Networks for precision horticulture in Southern Spain[J]. Computers & Electronics in Agriculture, 2009, 68(1): 25–35.

[122] 唐思敏. WIFI 技术及其应用研究 [J]. 福建电脑, 2009, 25(10): 59.

[123] 宋立伟. 无线传感器网络节点的设计及在农业中的应用 [D]. 辽宁: 大连海事大学, 2011.

[124] 张红英. 基于单片机实现的 WiFi 无线传感器网络产品综述 [J]. 科技传播, 2011(12): 243+245.

[125] 张勇, 刘宇鹏, 齐国富. 浅谈 WIFI 无线覆盖技术及其实现 [J]. 信息系统工程, 2010(6): 60–61.

[126] OLSOY P J, GRIGGS T C, ULAPPA A C, et al. Nutritional analysis of sagebrush by near-infrared reflectance spectroscopy:[J]. Journal of Arid Environments, 2016, 134: 125–131.

[127] HU J, MA X, LIU L, et al. Rapid evaluation of the quality of chestnuts using near-infrared reflectance spectroscopy[J]. Food Chemistry, 2017.

[128] ZHANG W, QU Z, WANG Y, et al. Near-infrared reflectance spectroscopy (NIRS) for rapid determination of ginsenoside Rg1 and Re in Chinese patent medicine Naosaitong pill[J]. Spectrochimica Acta Part A Molecular & Biomolecular Spectroscopy, 2015, 139: 184–188.

[129] 陆婉珍. 现代近红外光谱分析技术 [M]. 2 版. 北京: 中国石化出版社, 2007.

[130] NAM J J, SANG H L. Non-destructive Analysis of Compost by Near Infrared Spectroscopy[J]. Journal of the Korean Chemical Society, 2000, 44(5).

[131] 黄光群, 韩鲁佳, 杨增玲. 近红外漫反射光谱法快速测定畜禽粪便堆肥多组分含量 [J]. 光谱学与光谱分析, 2007, 27(11): 2203–2207.

[132] 吴玉萍, 杨宇虹, 晋艳, 等. 近红外光谱法快速测定烤烟漂浮育苗基质中的有机质和水分 [J]. 中国烟草科学, 2008, 29(4): 15–17.

[133] 皇才进, 韩鲁佳, 刘贤, 等. 基于近红外光谱技术的秸秆工业分析 [J]. 光谱学与光谱分析, 2009, 29(4): 960–963.

[134] 刘波平, 秦华俊, 罗香, 等. PLS-BP 法近红外光谱同时检测饲料组分的研究 [J]. 光谱学与光谱分析, 2007, 27(10): 2005–2009.

[135] SMIDT E, MEISSL K. The applicability of Fourier transform infrared (FT-IR) spectroscopy in waste management.[J]. Waste Management, 2007, 27(2): 268.

[136] GRUBE M, LIN J G, LEE P H, et al. Evaluation of sewage sludge-based compost by FT-IR spectroscopy[J]. Geoderma, 2006, 130(3–4): 324–333.

[137] ASAI T, SHIMIZU S, KOGA T, et al. Quick Determination of Total Nitrogen, Total Carbon and Crude Ash in Cattle Manure Using Near Infrared Reflectance Spectroscopy[J]. Journal of the Science of Soil & Manure Japan, 1993, 64(6): 669–675.

[138] NAKATANI M, HARADA Y, HAGA K, et al. Near Infrared Spectroscopy Analysis for the Changes in Quality of Cattle Wastes during Composting Process[J]. Japanese Journal of Soil Science & Plant Nutrition, 1995, 7(C2): 187–189.

[139] MALLEY D F, MCCLURE C, MARTIN P D, et al. Compositional Analysis of Cattle Manure During Composting Using a Field-Portable Near-Infrared Spectrometer[J]. Communications in Soil Science & Plant Analysis, 2005, 36(4–6): 455–475.

[140] 褚小立, 袁洪福, 陆婉珍. 近红外分析中光谱预处理及波长选择方法进展与应用 [J]. 化学进展, 2004, 16(4): 528–542.

[141] 赵杰文, 郭志明, 陈全胜, 等. 近红外光谱法快速检测绿茶中儿茶素的含量 [J]. 光学学报, 2008, 28(12): 2302–2306.

[142] 严衍禄. 近红外光谱分析基础与应用 [M]. 北京: 中国轻工业出版社, 2005.

[143] 徐惠荣, 汪辉君, 黄康, 等. PLS 和 SMLR 建模方法在水蜜桃糖度无损检测中的比较研究 [J]. 光谱学与光谱分析, 2008, 28(11): 2523–2526.

[144] 刘建学. 实用近红外光谱分析技术 [M]. 北京: 中国石化出版社, 2008.

[145] 蔡顺香. 紫外分光光度法快速测定蔬菜中的硝酸盐含量 [J]. 福建农业学报, 2005, 20(2): 125–127.

[146] 冷家峰, 刘仙娜, 王泽俊. 紫外吸光光度法测定蔬菜鲜样中硝酸盐氮 [J]. 理化检验–化学分册, 2004, 40(5): 288–289.

[147] 卢俊寰, 汪有科. 滴灌土壤湿润体特性室外试验研究 [J]. 中国农村水利水电, 2012, 3: 1-11.

索　引